国家卫生健康委员会"十四五"规划教材配套教材
全国高等学校药学类专业第九轮规划教材配套教材

供药学类专业用

物理学
学习指导与习题集

第4版

主　编　王晨光

副主编　陈　曙　石继飞　刘凤芹

编　者　(以姓氏笔画为序)

王晨光(哈尔滨医科大学)

王章金(华中科技大学物理学院)

石继飞(内蒙古科技大学包头医学院)

刘凤芹(山东大学物理学院)

李玉娟(沈阳药科大学)

张　宇(哈尔滨医科大学)

张　燕(广西医科大学)

陈　曙(中国药科大学)

高　杨(牡丹江医学院)

盖立平(大连医科大学)

梁媛媛(中国人民解放军海军军医大学)

人民卫生出版社

·北　京·

图书在版编目（CIP）数据

物理学学习指导与习题集 / 王晨光主编. —4 版
. —北京：人民卫生出版社，2023.10
ISBN 978-7-117-35024-2

I.①物… II.①王… III.①物理学 —医学院校 —教
学参考资料 IV.①O4

中国国家版本馆 CIP 数据核字（2023）第 122915 号

人卫智网	www.ipmph.com	医学教育、学术、考试、健康， 购书智慧智能综合服务平台
人卫官网	www.pmph.com	人卫官方资讯发布平台

物理学学习指导与习题集
Wulixue Xuexi Zhidao yu Xitiji
第 4 版

主　　编：王晨光
出版发行：人民卫生出版社（中继线 010-59780011）
地　　址：北京市朝阳区潘家园南里 19 号
邮　　编：100021
E - mail：pmph @ pmph.com
购书热线：010-59787592　010-59787584　010-65264830
印　　刷：廊坊十环印刷有限公司
经　　销：新华书店
开　　本：787 × 1092　1/16　　印张：11
字　　数：275 千字
版　　次：2007 年 7 月第 1 版　　2023 年 10 月第 4 版
印　　次：2023 年 11 月第 1 次印刷
标准书号：ISBN 978-7-117-35024-2
定　　价：52.00 元

打击盗版举报电话：010-59787491　E-mail：WQ @ pmph.com
质量问题联系电话：010-59787234　E-mail：zhiliang @ pmph.com
数字融合服务电话：4001118166　　E-mail：zengzhi @ pmph.com

前　言

依据人民卫生出版社关于全国高等学校药学类专业第九轮规划教材修订编写要求,我们在编写《物理学》(第 8 版)的同时,对其配套教材《物理学学习指导与习题集》(第 4 版)进行了修订编写工作。

本书编写的目的是使学生在学习《物理学》(第 8 版)教材内容的基础上,更好地掌握物理学的基本概念和思想方法,进一步提高学生应用物理知识分析问题和解决问题的能力,便于学生复习、掌握及检验所学知识。同时,也为从事物理学教学的教师提供一本必要的教学参考书,以利于教师更好地实施教学,提升教学效果。

本版在第 3 版的基础上,对具体内容进行了完善和更新,每章设置【要点概览】【重点例题解析】【知识与能力测评】【参考答案】四部分,其中【参考答案】部分中"本章习题解答"给出了主干教材各章后习题详解,"知识与能力测评参考答案"只给出"知识与能力测评"中习题的最终答案。书中最后还设置了十套由各种题型构成的综合模拟试题及其参考答案。

本书适合综合大学和医药院校在药学及临床药学等专业教学中配合《物理学》(第 8 版)教材使用,同时也适用于其他药学和医学相关专业教学使用。本书还可供各类高校其他专业的师生和从事医药类研究工作者参考使用。

由于时间仓促及作者水平的限制,本书难免会有一些疏漏和不足,衷心希望使用本书的教师和同学们提出宝贵意见!

王晨光

2023 年 3 月

目　录

第一章　力学基础

【要点概览】

质点是在运动中可以忽略其大小和形状的理想物体,刚体可以看成是一个没有形变的理想物体,而弹性体是在受到力的作用时会发生形变,若外力被移除后还能恢复到原来的形状和大小的理想物体。本章内容包括了质点的运动、刚体的转动以及弹性体形变的基本规律。

1. 质点的位置变化可以用从一点到另一点的有向线段来表示,即位移 r。

2. 质点在某一位置附近位移变化的快慢可用速度 v 表示,其中 $v = \dfrac{\mathrm{d}r}{\mathrm{d}t}$。

3. 质点在某一时刻速度的变化率用加速度 a 表示。其中 $a = \dfrac{\mathrm{d}v}{\mathrm{d}t} = \dfrac{\mathrm{d}^2 r}{\mathrm{d}t^2}$。

4. 质点在运动过程中所受合外力的冲量,等于这个质点动量的增量,即动量定理:

$$I = \int_{t_2}^{t_1} F \mathrm{d}t = p_2 - p_1 = m v_2 - m v_1。$$

5. 如果质点系不受外力或所受合外力为零,则其总动量保持不变,即动量守恒定律:$\sum F_i = 0$ 时,$\sum m_i v_i =$ 常矢量。

6. 功可定义为力在质点位移方向的分量与质点位移大小的乘积。合外力对质点所做的功等于质点动能的增量,这一结论称为动能定理。

7. 保守力做功等于势能增量的负值。外力和非保守内力做功之和等于质点系机械能的增量,称为功能原理,即 $A_{外} + A_{非保内} = E_B - E_A$。

8. 质点系在只有保守力做功,外力和非保守内力都不做功或做的总功为零时,质点系的总机械能保持不变,这一结论称为机械能守恒定律,即 $A_{外} + A_{非保内} = 0$ 时,$E_{kA} + E_{pA} = E_{kB} + E_{pB}$。

9. 刚体转过的角度称角位移,角位移对时间的变化率称为角速度,即 $\omega = \dfrac{\mathrm{d}\theta}{\mathrm{d}t}$。角位移和角速度都是矢量,它们的方向由右手定则判定。

10. 角速度对时间的变化率称为角加速度,即 $\alpha = \dfrac{\mathrm{d}\omega}{\mathrm{d}t} = \dfrac{\mathrm{d}^2\theta}{\mathrm{d}t^2}$。

11. 角位移、角速度和角加速度是用来描述刚体转动状态的物理量,统称为角量;描述刚体上某一点的位移、速度和加速度等运动状态的物理量称为线量。

12. 反映刚体转动惯性大小的物理量称为刚体对转轴的转动惯量，$J = \sum\limits_{i=1}^{n} m_i r_i^2 = \int r^2 \mathrm{d}m$。

13. 将力的作用点位置矢量与力的矢积定义为力矩，即 $\boldsymbol{M} = \boldsymbol{r} \times \boldsymbol{F}$。

14. **刚体转动定律**：刚体在合外力矩的作用下，刚体的转动加速度与合外力矩的大小成正比、与刚体的转动惯量成反比，即 $\boldsymbol{M} = J\boldsymbol{\alpha}$。

15. 力矩对刚体所做的功符合动能定理：当力矩做正功时，刚体的转动动能增加，当力矩做负功时，刚体的转动动能减少。即 $A = \int_{\omega_1}^{\omega_2} J\omega\mathrm{d}\omega = \frac{1}{2}J\omega_2^2 - \frac{1}{2}J\omega_1^2$。

16. 做定轴转动的刚体对转轴的角动量等于刚体对该转轴的转动惯量与角速度的乘积，即 $\boldsymbol{L} = J\boldsymbol{\omega}$。

17. 力矩与力矩对刚体作用时间的乘积称为冲量矩，定轴转动的刚体所受到的冲量矩等于刚体对该转轴角动量的增量，称为刚体对转轴的角动量定理：

$$\int_{t_1}^{t_2} \boldsymbol{M}\mathrm{d}t = \int_{L_1}^{L_2} \mathrm{d}\boldsymbol{L} = \boldsymbol{L}_2 - \boldsymbol{L}_1。$$

18. 当定轴转动的刚体所受外力对转轴的合力矩为零时，刚体对该转轴的角动量保持不变。这一结论称为刚体对转轴的角动量守恒定律，即当 $\boldsymbol{M} = 0$ 时，$\boldsymbol{L} = J\boldsymbol{\omega} = $ 恒矢量。

19. 进动是物体在高速旋转时受到不平衡的外力矩作用时，物体在绕自身对称轴旋转的同时，其对称轴本身又绕另一轴旋转的运动。进动的角速度大小为 $\omega_{\mathrm{P}} = \dfrac{M}{L\sin\theta}$。

20. 弹性体在外力作用下所发生的相对形变量称为应变，单位面积上的附加内力称为该点处的应力。

21. 物体发生长度的变化与原来长度的比值称为正应变，即 $\varepsilon = \dfrac{\Delta l}{l_0}$，正应力为 $\sigma = \dfrac{F}{S}$。

22. 弹性体上下两个表面受到与界面平行且方向相反的外力作用使其两个平行截面之间发生平行移动，这种形变称为剪切形变，即 $\gamma = \dfrac{\Delta x}{d} = \tan\varphi$，切应力为 $\tau = \dfrac{F}{S}$。

23. 物体体积的改变量与原来的体积之比，称为体应变，即 $\theta = \dfrac{\Delta V}{V_0}$。

24. 弹性体在一定的形变范围内，应力与应变成正比，这一规律即为胡克定律。其中，$\sigma = E\varepsilon$（杨氏模量），$\tau = G\gamma$（切变模量），$p = -K\theta$（体积模量）。

【重点例题解析】

例题 1　固定在一起的两个同轴均匀圆柱体可绕其光滑水平轴转动（如图 1-1 所示，过 O 点垂直纸面轴），大、小圆柱体的半径分别为 R 和 r，质量分别为 M 和 m，绕在两柱上的绳子分别与物体 m_1 和 m_2 相连，m_1 和 m_2 挂在圆柱体两侧。设 $m_1 = m_2 = m$，$R = 2r$，$M = 10m$，已知圆柱体的转动惯量通式为 $mr^2/2$，求证圆柱体转动时的角加速度 $\alpha = \dfrac{2g}{51r}$。

解：两个固定在一起的同轴均匀圆柱体的转动惯量是两个圆柱体转动惯量之和：

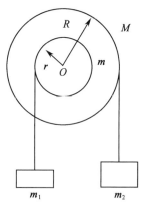

图 1-1

$$J = J_1 + J_2 = \frac{1}{2}mr^2 + \frac{1}{2}MR^2$$

以 m_2 的运动方向沿绳建立坐标系,设坐标方向向下为正,如图 1-2 所示,对 m_1、m_2 应用牛顿第二定律:

$$对于 m_2 : m_2g - T_2 = m_2a_2$$
$$T_2 = m_2(g - a_2)$$
$$对于 m_1 : T_1 - m_1g = m_1a_1$$
$$T_1 = m_1(a_1 + g)$$

作用在圆柱体的外力矩为:

$$M = T_2'R - T_1'r$$

应用转动定律:

$$M = J\alpha$$
$$T_2'R - T_1'r = (J_1 + J_2)\alpha$$

考虑角量与线量的关系 $a = r\alpha$,有: $a_1 = r\alpha$

$$a_2 = R\alpha$$

考虑 $T_1' = T_1, T_2' = T_2$

方程联立,解此方程组得:　$\alpha = \dfrac{(m_2R - m_1r)g}{\dfrac{1}{2}MR^2 + \dfrac{1}{2}mr^2 + m_2R^2 + m_1r^2}$

由于 $m_1 = m_2 = m, R = 2r, M = 10m$,则 $\alpha = \dfrac{mrg}{20mr^2 + \dfrac{1}{2}mr^2 + 4mr^2 + mr^2} = \dfrac{2g}{51r}$

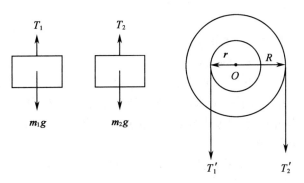

图 1-2

例题 2　有一根长度为 8.0m 的铜丝和一根长度为 4.0m 的钢丝,横截面积均为 0.50cm^2。将它们串联后,加 500N 的拉力,求每根金属丝的长度改变了多少?（杨氏模量 $E_{铜} = 1.10 \times 10^{11}$Pa;$E_{钢} = 2.00 \times 10^{11}$Pa）

解:根据胡克定律,$E = \dfrac{\sigma}{\varepsilon}$

又　　　　　　　　　　　　　　　　$\varepsilon = \dfrac{\Delta l}{l_0}, \sigma = \dfrac{F}{S}$

得
$$E = \frac{\sigma}{\varepsilon} = \frac{F \cdot l_0}{S \cdot \Delta l}$$

若铜丝和钢丝原长度设为 $l_{0铜}$ 和 $l_{0钢}$，它们加力后改变量分别为：

$$\Delta l_{铜} = \frac{F \cdot l_{0铜}}{S \cdot E_{铜}} = \frac{500 \times 8}{5 \times 10^{-5} \times 1.10 \times 10^{11}} = 7.27 \times 10^{-4} \text{m}$$

$$\Delta l_{钢} = \frac{F \cdot l_{0钢}}{S \cdot E_{钢}} = \frac{500 \times 4}{5 \times 10^{-5} \times 2.00 \times 10^{11}} = 2.00 \times 10^{-4} \text{m}$$

【知识与能力测评】

1. 一根质量为 M、长度为 L 的链条被竖直地悬挂起来，最低端刚好与秤盘接触，今将链条释放并让它落到秤上。证明：链条下落长度为 x 时，秤的读数为 $N = \dfrac{3Mgx}{L}$。

2. 有一轻质绳绕过一个质量可以忽略不计且轴光滑的滑轮，质量皆为 m 的甲、乙二人分别抓住绳的两端从同一高度静止开始加速上爬。求：

（1）二人是否同时到达顶点？以甲、乙二人为一个系统，在运动中该系统的动量是否守恒？ 机械能是否守恒？ 系统对滑轮轴的角动量是否守恒？

（2）当甲相对于绳的运动速度 u 是乙相对绳的速度的 2 倍时，甲、乙二人的速度各是多少？

3. 如图 1-3 所示，在一辆小车上装有固定光滑的弧形轨道，轨道下端水平，小车质量为 m，静止放在光滑的水平面上。今有一质量也为 m、速度为 v 的铁球沿轨道下端水平射入并沿弧形轨道上升某一高度，然后下降离开小车。求：

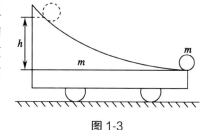

图 1-3

（1）铁球离开小车时相对地面的速度。

（2）铁球沿弧面上升的最大高度 h。

4. 有一根轻质绳绕过一个质量可以忽略不计且轴光滑的滑轮，质量为 M_1 的人抓住绳的一端 A，而绳的另一端 B 系了一个质量为 $M_2(M_1 = M_2)$ 的物体，如图 1-4 所示。若人从静止开始加速上爬，当人相对于绳的速度为 u 时，B 端物体上升的速度为多少？

5. 有一飞轮以 1 500r/min 的转速绕定轴做反时针转动。制动后，飞轮均匀地减速，经时间 $t = 50$s 而停止转动。求：

（1）角加速度 β。

（2）从开始制动到静止，飞轮转过的转数。

（3）制动开始后 $t = 25$s 时飞轮的角速度 ω。

（4）设飞轮的半径 $R = 1$m，求 $t = 25$s 时飞轮边缘上一点的速度和加速度。

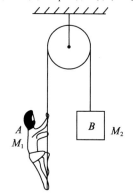

图 1-4

6. 如图 1-5 所示，长为 L 的均匀细棒 AB，A 端悬挂在铰链上。开始时使棒自水平位置无初速度向下摆动，当棒通过竖直位置时，铰链突然松脱，棒自由下落。

（1）在下落过程中，棒的质心做什么运动？

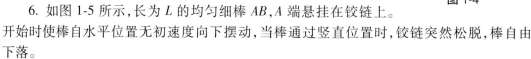

（2）自由脱落后，当棒质心 C 下降了 h 距离时，棒一共转了多少圈？

7. 有一长为 l、质量可以忽略的直杆，可绕通过其一端的水平光滑轴在竖直平面内做定轴转动，在杆的另一端固定着一个质量为 m 的小球。现将杆由水平位置静止释放。求：

（1）杆刚被释放时的角加速度 β_0。

（2）杆与水平方向的夹角为 60° 时的角加速度 β。

8. 如图 1-6 所示，一长为 l、质量为 M 的匀质竖直杆可绕通过杆上端的固定水平轴 O 无摩擦地转动。一个质量为 m 的泥团在垂直于轴 O 的图面内以水平速度 v_0 打在杆的中点并黏住。求：

（1）杆开始转动时的角速度。

（2）杆摆起的最大角度。

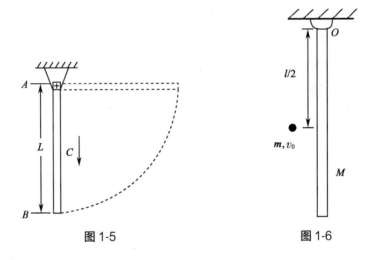

图 1-5   图 1-6

9. 人在垂直站立时，每根股骨承受的压缩力大约为体重的一半。设股骨的平均横截面积为 8.0cm^2，压缩弹性模量为 $9.4 \times 10^9 \text{Pa}$，平躺时的股骨长度为 43.0cm，那么一个体重为 800N 的人站立比平躺时，股骨大约缩短了多少？

10. 如果海水的体积模量为 $2.3 \times 10^9 \text{Pa}$，求压强增加 $1.0 \times 10^7 \text{Pa}$ 会使 1m^3 的海水体积减小多少？

【参考答案】

一、本章习题解答

1. 一个物体能在与水平面成 α 角的斜面上匀速滑下。试证明当它以初速率 v_0 沿该斜面向上滑动时，它能向上滑动的距离为 $v_0^2/(4g\sin \alpha)$。

解： 由于物体匀速下滑，因此有

$$mg\sin \alpha - \mu mg\cos \alpha = 0$$

上滑时摩擦力向下，设向下的加速度为 a，则有

$$mg\sin \alpha + \mu mg\cos \alpha = ma$$

解得

$$a = 2g\sin \alpha$$

物体沿斜面向上做初速为 v_0 的匀减速直线运动，末速为 0，加速度为 $-a$。因此滑动距离为

$$s = \frac{v_0^2}{2a} = \frac{v_0^2}{4g\sin\alpha}$$

2. 沿半径为 R 的半球形碗的光滑内壁,质量为 m 的小球以角速度 ω 在一水平面内做匀速圆周运动,求该水平面离碗底的高度。

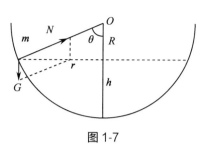

图 1-7

解: m 受重力和碗壁支持力,由于小球在水平面内做匀速圆周运动,小球所受的合力必在该水平面内,且为小球匀速圆周运动的向心力。设该圆的半径为 r,并设 θ 角,如图 1-7 所示,则有

$$mg\tan\theta = m\omega^2 r = m\omega^2 R\sin\theta$$

$$\cos\theta = \frac{g}{\omega^2 R} = \frac{R-h}{R}$$

所以

$$h = R\left(1 - \frac{g}{\omega^2 R}\right)$$

3. 一滑轮两侧分别挂着 A、B 两物体,$m_A = 20\text{kg}$,$m_B = 10\text{kg}$,现用力 f 欲将滑轮提起(图 1-8)。设绳和滑轮的质量、轮轴的摩擦可以忽略不计,当力 f 分别等于以下大小时:

(1)98N。

(2)196N。

(3)392N。

(4)784N。

求物体 A、B 的加速度和两侧绳中的张力。

解: 如图 1-8 所示。

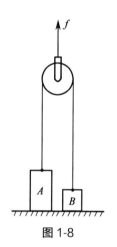

图 1-8

$$G_A = m_A g = 20 \times 9.8 = 196\text{N}$$

$$G_B = m_B g = 10 \times 9.8 = 98\text{N}$$

(1)

$$T = \frac{f}{2} = 49\text{N}$$

$$G_A > T, G_B > T$$

A、B 的加速度均为 0。

(2)

$$T = \frac{f}{2} = 98\text{N}$$

$$G_A > T, G_B = T$$

A、B 的加速度均为 0。

(3)

$$T = \frac{f}{2} = 196\text{N}$$

$$G_A = T$$

A 的加速度为 0。

$$a_B = \frac{T - m_B g}{m_B} = \frac{196 - 10 \times 9.8}{10} = 9.8\text{m/s}^2$$

(4)

$$T = \frac{f}{2} = 392\text{N}$$

$$a_A = \frac{T - m_A g}{m_A} = \frac{392 - 20 \times 9.8}{20} = 9.8 \text{m/s}^2$$

$$a_B = \frac{T - m_B g}{m_B} = \frac{392 - 10 \times 9.8}{10} = 29.4 \text{m/s}^2$$

4. (1)以 5.0m/s 的速率匀速提升一个质量为 10kg 的物体,10 秒内提升力做了多少功?

(2)以 10m/s 的速率将物体匀速提升到同样高度,所做的功是否比前一种情况多?

(3)上述两种情况下,功率是否相同?

(4)用一个大小不变的力将该物体从静止状态提升到同一高度,物体的最后速率达 5.0m/s。这一过程中做功多少?平均功率多大?开始和结束时的功率多大?

解: (1) $A = Fs = mgv_1 t_1 = 10 \times 9.8 \times 5 \times 10 = 4.9 \times 10^3 \text{J}$

(2)力和位移与(1)相同,功也相同。

(3) $P_1 = \dfrac{A}{t_1} = \dfrac{4.9 \times 10^3}{10} = 490 \text{W}$

$$P_2 = \frac{A}{t_2} = \frac{A}{v_1 t_1 / v_2} = \frac{4.9 \times 10^3 \times 10}{5 \times 10} = 980 \text{W}$$

提升速率不同,时间就不同,功率也就不同。

(4) $F - mg = ma = m\dfrac{v^2}{2s}$

$$F = m\left(g + \frac{v^2}{2s}\right) = 10 \times \left(9.8 + \frac{5^2}{2 \times 5 \times 10}\right) = 100.5 \text{N}$$

$$A = Fs = 100.5 \times 5 \times 10 = 5.03 \times 10^3 \text{J}$$

或 $A = mgv_1 t_1 + \dfrac{1}{2}mv^2 = 10 \times 9.8 \times 5 \times 10 + \dfrac{1}{2} \times 5 \times 5^2 = 5.03 \times 10^3 \text{J}$

$$t = \frac{v_1 t_1}{v/2} = \frac{2 \times 5 \times 10}{5} = 20 \text{s}$$

$$\overline{P} = \frac{A}{t} = \frac{5.03 \times 10^3}{20} = 251.5 \text{W}$$

$$P_0 = Fv_0 = 0$$

$$P_5 = Fv_5 = 100.5 \times 5 = 503 \text{W}$$

5. 一链条总长为 l,置于光滑水平桌面上,其一端下垂,长度为 a(图 1-9)。设开始时链条静止,求链条刚好离开桌边时的速度。

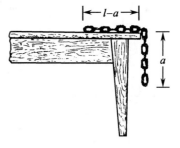

图 1-9

解: 如图 1-9 所示,链条下滑过程中仅下垂段重力做功。设某时刻下垂段长为 x,重力作用于其重心。设链条总质量为 m,下垂段质量为 $\dfrac{m}{l}x$,链条再下落 $\mathrm{d}x$ 时重力的功为 $\dfrac{m}{l}xg\mathrm{d}x$。由动能定理,有

$$\frac{1}{2}mv^2 = \int_a^l \frac{m}{l}xg\mathrm{d}x = \frac{1}{2}mg\frac{l^2 - a^2}{l}$$

所以

$$v = \sqrt{\frac{g}{l}(l^2 - a^2)}$$

另外,由于仅有重力做功,对于链条、地球系统,机械能守恒。设桌面为重力势能的零点,则有

$$-\frac{m}{l}ag\frac{a}{2} = -mg\frac{l}{2} + \frac{1}{2}mv^2$$

同样可得

$$v = \sqrt{\frac{g}{l}(l^2 - a^2)}$$

6. 质量为 m 的小球沿光滑轨道滑下,轨道形状如图1-10所示。

(1)要使小球沿圆形轨道运动一周,小球开始下滑时的高度 H 至少应多大?

(2)如果小球从 $h = 2R$ 的高度处开始滑下,小球将在何处以何速率脱离轨道? 其后运动将如何?

解:如图1-10所示。

(1)要使小球到轨道最高点 A 仍不脱离,极限情况为接触力为0。这时小球仅受重力,由牛顿第二定律,有

$$mg = m\frac{v^2}{R}$$

小球从高为 H 处滑到圆形轨道最高点 A 的过程中,仅重力做功,对小球、地球系统、机械能守恒。以圆形轨道最低点为重力势能零点。则有

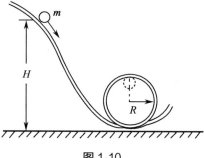

图1-10

$$mgH = mg \cdot 2R + \frac{1}{2}mv^2 = 2mgR + \frac{1}{2}mgR$$

所以

$$H = \frac{5}{2}R$$

(2)设小球脱离轨道处的轨道半径和最高点处的半径夹角为 θ,则对该点有

$$mg\cos\theta = m\frac{v_1^2}{R}$$

且

$$mg \times 2R = mg(R + R\cos\theta) + \frac{1}{2}mv_1^2$$

$$= mgR + mgR\cos\theta + \frac{1}{2}mgR\cos\theta$$

所以

$$\theta = \arccos\frac{2}{3} = 48.2°$$

$$v_1 = \sqrt{Rg\cos\theta} = \sqrt{2Rg/3}$$

小球将于和最高点半径夹角为 $\theta = 48.2°$,即 $\frac{5}{3}R$ 高处脱离轨道,随后以速率 $\sqrt{2Rg/3}$ 做仰角为 θ 的斜抛运动。

v_1 的竖直分量为 $v_1\sin\theta$,经过 $\dfrac{v_1\sin\theta}{g}$ 时间竖直分量为0,到达最高点。v_1 的水平分量为

$v_1\cos\theta$,到达最高点时经过的水平距离为

$$v_1\cos\theta \cdot \frac{v_1\sin\theta}{g} = \frac{4\sqrt{5}}{27}R$$

最高点高度为

$$\frac{(v_1\sin\theta)^2}{2g} + \frac{5}{3}R = \frac{50}{27}R$$

小球斜抛了水平距离为 $\frac{4\sqrt{5}}{27}R$ 时达到最大高度,最大高度为 $\frac{50}{27}R$。

7. 一弹簧原长为 l,劲度系数为 k。弹簧上端固定,下端挂一质量为 m 的物体。先用手将物体托住,使弹簧保持原长。

(1)如果将物体慢慢放下,使物体达平衡位置而静止,弹簧伸长多少? 弹性力多大?

(2)如果将物体突然释放,物体达最低位置时弹簧伸长多少? 弹性力又是多大? 物体经过平衡位置时的速率多大?

解:(1)物体慢慢放下,达平衡位置而静止,则作用在物体上的重力和弹性力达平衡。设弹簧伸长 x_0,弹性力为 $-kx_0$,因此有

$$mg - kx_0 = 0$$

则

$$-kx_0 = -mg$$

$$x_0 = mg/k$$

(2)物体突然释放,下落过程中仅受重力和弹性力作用,对物体、地球、弹簧系统机械能守恒。设物体达最低点时弹簧伸长 x,并以此位置为重力势能零点,则有

$$mgx = \frac{1}{2}kx^2$$

则

$$x = 2mg/k$$

$$-kx = -2mg$$

设经过平衡位置时的速率为 v,则有

$$mgx = \frac{1}{2}kx_0^2 + mg(x - x_0) + \frac{1}{2}mv^2$$

$$= \frac{m^2g^2}{2k} + mgx - \frac{m^2g^2}{k} + \frac{1}{2}mv^2$$

所以

$$v = g\sqrt{\frac{m}{k}}$$

8. 空中停着一个气球,气球下吊着的软梯上站着一人。当这个人沿着软梯向上爬时:

(1)气球是否运动? 如果运动,怎样运动?

(2)对于人和气球组成的系统,在竖直方向的动量是否守恒?

解:(1)当人沿软梯向上爬时,气球将向下运动。

(2)吊有一人的气球悬于空中,合外力为0,系统动量守恒。

9. 质量为 $m = 10g$ 的子弹,水平射入静置于光滑水平面上的物体。物体质量为 $M = 0.99kg$,与一弹簧连接(图 1-11)。设该弹簧的劲度 $k = 1.0N/cm$,碰撞使之压缩 $0.10m$,求:

(1)弹簧的最大势能。

(2)碰撞后物体的速率。

（3）子弹的初速度。

解：如图 1-11 所示。

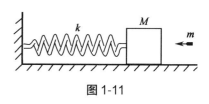

图 1-11

（1）$E_p = \dfrac{1}{2}kx^2 = \dfrac{1}{2} \times 100 \times 0.1^2 = 0.5J$

（2）弹簧压缩过程机械能守恒，因此有

$$\frac{1}{2}(M+m)v^2 = E_p = \frac{1}{2}kx^2$$

$$v = x\sqrt{\frac{k}{M+m}} = 0.1 \times \sqrt{\frac{100}{0.99+0.01}} = 1m/s$$

（3）子弹射入物体的过程动量守恒，因此有

$$mv_0 = (M+m)v$$

$$v_0 = \frac{M+m}{m}v = \frac{0.99+0.01}{0.01} \times 1 = 100m/s$$

10. 功率为 0.1kW 的电动机带动一台车床，用来切削一个直径为 10cm 的木质圆柱体。电动机的转速为 600r/min，车床功率只有电动机功率的 65%，求切削该圆柱的力。

解：由 $F = \dfrac{p}{\omega r}$ 得

$$F = \frac{p}{\omega r} = \frac{0.1 \times 10^3 \times 0.65 \times 60}{2\pi \times 600 \times 0.1/2} = 20.7N$$

11. 质量为 500g、直径为 40cm 的圆盘，绕过盘心的垂直轴转动，转速为 1 500r/min。要使它在 20 秒内停止转动，求制动力矩的大小、圆盘原来的转动动能和该力矩的功。

解：

$$E_k = \frac{1}{2}J\omega^2 = \frac{1}{4}mr^2\omega^2 = \frac{1}{4} \times 0.5 \times 0.2^2 \times \left(\frac{2\pi \times 1\,500}{60}\right)^2$$

$$= 123J$$

$$M = J\alpha = \frac{1}{2}mr^2\frac{\omega}{t} = \frac{1}{2} \times 0.5 \times 0.2^2 \times \frac{2\pi \times 1\,500}{60 \times 20}$$

$$= 7.85 \times 10^{-2}N \cdot m$$

$$A = M\theta = M\frac{\omega}{2}t = \frac{7.85 \times 10^{-2}}{2} \times \frac{2\pi \times 1\,500}{60} \times 20 = 123J$$

或
$$A = E_k = 123J$$

12. 如图 1-12 所示，用细线绕在半径为 R、质量为 m_1 的圆盘上，线的一端挂有质量为 m_2 的物体。如果圆盘可绕过盘心的垂直轴在竖直平面内转动，摩擦力矩不计，求物体下落的加速度、圆盘转动的角加速度及线中的张力。

解：圆盘 m_1、物体 m_2 受力，如图 1-12 所示。

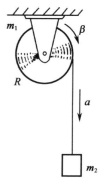

对 m_1 $TR = J\alpha = \dfrac{1}{2}m_1R^2\alpha$ 式（1）

对 m_2 $m_2g - T = m_2a$ 式（2）

且 $a = R\alpha$ 式（3）

将式（3）代入式（1），两端除以 R，并和式（2）相加，得

图 1-12

$$a = \frac{2m_2 g}{m_1 + 2m_2}$$

代入式(3),得

$$\alpha = \frac{a}{R} = \frac{2m_2 g}{(m_1 + 2m_2)R}$$

代入式(1),得

$$T = \frac{m_1 m_2 g}{m_1 + 2m_2}$$

13. 在图 1-13 中圆柱体的质量为 60kg,直径为 0.50m,转速为 1 000r/min,其余尺寸见图。现要求在 5.0 秒内使其制动。当闸瓦和圆柱体之间的摩擦系数 $\mu = 0.4$,制动力 f 及其所做的功各为多少?

解:如图 1-13 所示。

摩擦力矩为

$$\mu \cdot \frac{0.5 + 0.75}{0.5} f \cdot \frac{d}{2} = J\beta = \frac{1}{2}m\left(\frac{d}{2}\right)^2 \cdot \frac{\omega}{t}$$

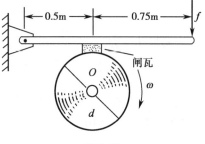

图 1-13

所以

$$f = \frac{0.5}{0.5 + 0.75} \times \frac{md\omega}{4\mu t} = \frac{0.5}{0.5 + 0.75} \times \frac{60 \times 0.5 \times 2\pi \times 1\,000}{4 \times 0.4 \times 5 \times 60} = 157\text{N}$$

摩擦力矩的功为

$$A = E_k = \frac{1}{2}J\omega^2 = \frac{1}{4}m\left(\frac{d}{2}\right)^2 \cdot \omega^2$$

$$= \frac{1}{4} \times 60 \times \left(\frac{0.5}{2}\right)^2 \cdot \left(\frac{2\pi \times 1\,000}{60}\right)^2 = 1.03 \times 10^4 \text{J}$$

14. 直径为 0.30m、质量为 5.0kg 的飞轮,边缘绕有绳子。现以恒力拉绳子,使之由静止均匀地加速,经 10 秒转速达 10r/s,设飞轮的质量均匀地分布在外周上。求:

(1)飞轮的角加速度和在这段时间内转过的圈数。

(2)拉力和拉力所做的功。

(3)拉动 10 秒时,飞轮的角速度、轮边缘上任一点的速度和加速度。

解:因为飞轮的质量均匀地分布在外周上,所以有

$$J = mr^2 = md^2/4$$

(1)飞轮的角加速度

$$\alpha = \frac{\omega}{t} = \frac{2\pi \times 10}{10} = 2\pi = 6.28\text{r/s}^2$$

总转数

$$N = \frac{\theta}{2\pi} = \frac{1}{2\pi} \times \frac{1}{2}\alpha t^2 = \frac{1}{4\pi} \times 2\pi \times 10^2 = 50\text{r}$$

(2)拉力

$$F = \frac{M}{r} = \frac{J\alpha}{r} = mr\alpha = 5 \times \frac{0.3}{2} \times 6.28 = 4.71\text{N}$$

拉力的功即拉力矩的功

$$A = Fr\theta = 4.71 \times \frac{0.3}{2} \times 2\pi \times 50 = 222\text{J}$$

或用等于末转动动能求拉力的功

$$A = E_k = \frac{1}{2}J\omega^2 = \frac{1}{2} \times 5 \times \left(\frac{0.3}{2}\right)^2 \times (2\pi \times 10)^2 = 222\text{J}$$

（3）拉动10秒时飞轮的角速度

$$\omega = 2\pi \times 10 = 62.8\text{r/s}$$

轮边缘上任一点的速度沿切向大小为

$$v = \omega r = 62.8 \times \frac{0.3}{2} = 9.42\text{m/s}$$

轮边缘上任一点的切向加速度为

$$a_t = \alpha r = 6.28 \times \frac{0.3}{2} = 0.942\text{m/s}^2$$

法向加速度为

$$a_n = \omega^2 r = 62.8^2 \times \frac{0.3}{2} = 5.92 \times 10^2\text{m/s}^2$$

法向加速度远大于切向加速度,因此轮边缘上任一点的总加速度和法向加速度近似相等,即大小为$5.92 \times 10^2\text{m/s}^2$,方向指向轴心。

15. 如图1-14所示,A、B两飞轮的轴杆可由摩擦啮合器C使之联结。开始时B轮静止,A轮以转速$n_A = 600\text{r/min}$转动。然后使A、B联结,因而B轮得到加速,而A轮减速,直到A、B的转速都等于$n = 200\text{r/min}$。设A轮的转动惯量$J_A = 10\text{kg}\cdot\text{m}^2$。求:

（1）B轮的转动惯量J_B。

（2）啮合过程中损失的机械能。

解:如图1-14所示

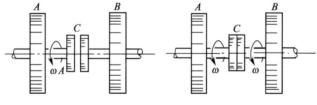

图 1-14

（1）两轮啮合过程中外力矩为0,角动量守恒。即

$$J_A\omega_A = (J_A + J_B)\omega$$

$$J_B = \frac{\omega_A}{\omega}J_A - J_A = \left(\frac{n_A}{n} - 1\right)J_A$$

$$= \left(\frac{600}{200} - 1\right) \times 10 = 20\text{kg}\cdot\text{m}^2$$

（2）啮合过程中损失的机械能为

$$-\Delta E = \frac{1}{2}J_A\omega_A^2 - \frac{1}{2}(J_A + J_B)\omega^2$$

$$= \frac{1}{2} \times 10 \times \left(\frac{2\pi \times 600}{60}\right)^2 - \frac{1}{2}(10 + 20) \times \left(\frac{2\pi \times 200}{60}\right)^2$$

$$= 1.32 \times 10^4\text{J}$$

16. 一人坐在可以自由旋转的平台上轴线处,双手各执一个哑铃。设哑铃的质量 $m = 2.0\text{kg}$,两哑铃相距 $2l_1 = 150\text{cm}$ 时,平台角速度 $\omega_1 = 2\pi\text{r/s}$。将两哑铃间距离减为 $2l_2 = 80\text{cm}$ 时,平台角速度增为 $\omega_2 = 3\pi\text{r/s}$。设人与平台对于转轴的转动惯量不变,求人所做的功。

解: 对人、哑铃和平台系统,在哑铃间距减小过程中,合外力距为 0,系统角动量守恒。设人与平台对转轴的转动惯量为 J,则有

$$(J + 2ml_1^2)\omega_1 = (J + 2ml_2^2)\omega_2$$
$$J(\omega_2 - \omega_1) = 2m(l_2^2\omega_1 - l_2^2\omega_2)$$

在哑铃间距离减小过程中,人所做的功就等于系统转动动能的增量,即

$$A = \frac{1}{2}(J + 2ml_2^2)\omega_2^2 - \frac{1}{2}(J + 2ml_1^2)\omega_1^2$$

$$= \frac{1}{2}J(\omega_2 - \omega_1)(\omega_1 + \omega_2) + (ml_2^2\omega_2^2 - ml_1^2\omega_1^2)$$

$$= m\left[(l_1^2\omega_1 - l_2^2\omega_2)(\omega_1 + \omega_2) + (l_2^2\omega_2^2 - l_1^2\omega_1^2)\right]$$

$$= m\omega_1\omega_2(l_1^2 - l_2^2)$$

$$= 2 \times 2\pi \times 3\pi \times \left[\left(\frac{1.5}{2}\right)^2 - \left(\frac{0.8}{2}\right)^2\right] = 47.7\text{J}$$

17. 一根质量为 m、长为 l 的均匀细棒,绕水平光滑转轴 O 在竖直平面内转动。O 轴离 A 端的距离为 $l/3$,此时的转动惯量为 $\frac{1}{9}ml^2$,今使棒从静止开始由水平位置绕 O 轴转动,求:

(1) 棒在水平位置上刚起动时的角加速度。

(2) 棒转到竖直位置时角速度和角加速度。

(3) 转到垂直位置时,在 A 端的速度及加速度(重力作用点集中于距支点 $\frac{l}{6}$ 处)。

解: 转轴到 A 端的距离为 $\frac{l}{3}$,即转轴到细棒质心的距离为 $\frac{l}{6}$。

(1) 细棒在水平位置上刚起动时所受的力矩为

$$M = mg \cdot \frac{l}{6} = \frac{1}{6}mgl$$

由转动定律,可得此时细棒的角加速度为

$$\beta = \frac{M}{I} = \frac{\frac{1}{6}mgl}{\frac{1}{9}ml^2} = \frac{3g}{2l}$$

(2) 细棒转到竖直位置时,所受的力矩为 0,角加速度为 0。但角速度最大,由机械能守恒,得

$$mg \cdot \frac{l}{6} = \frac{1}{2}I\omega^2$$

即

$$\omega = \sqrt{\frac{3g}{l}}$$

（3）竖直位置时，A 端的速度为

$$v_A = \omega \cdot \frac{l}{3} = \sqrt{\frac{3g}{l}} \cdot \frac{l}{3} = \sqrt{\frac{gl}{3}}$$

A 端的加速度即为向心加速度

$$a_A = a_n = \omega^2 \cdot \frac{l}{3} = g$$

18. 一个砂轮直径为 2.0m，质量为 1.5kg，以 900r/min 的转速转动。一件工具以 200N 的正压力作用在轮的边缘上，使砂轮在 10 秒内停止转动。求砂轮和工具之间的摩擦系数（已知砂轮的转动惯量 $J = \frac{1}{2}MR^2$，轴上的摩擦可忽略不计）。

解： 磨轮在 10 秒内所受的摩擦力矩（设摩擦系数为 μ）

$$M_f = \mu NR = 200 \times 1\mu = 200\mu$$

产生的角加速度 $\alpha = \dfrac{M_f}{J}$，即

$$\alpha = \frac{200\mu}{\frac{1}{2} \times 1.5 \times 1^2} = \frac{800}{3}\mu$$

由 $\omega = \omega_0 - \alpha t$ 得（这里 $\omega = 0$）

$$\omega_0 = \alpha t$$

$$\frac{800}{3}\mu = \frac{900 \times \frac{2\pi}{60}}{10}$$

即

$$\frac{800}{3}\mu = 3\pi$$

所以

$$\mu = \frac{9}{800}\pi$$

19. 在边长为 2.0×10^{-2}m 的立方体的两平行面上，各施以 9.8×10^2N 的切向力，两个力的方向相反，使两平行面的相对位移为 0.10×10^{-2}m，求其切变模量。

解： 由 $G = \dfrac{\tau}{\gamma} = \dfrac{F \cdot d}{S \cdot \Delta x}$ 得

$$G = \frac{9.8 \times 10^2 \times 2.0 \times 10^{-2}}{(2.0 \times 10^{-2})^2 \times 0.1 \times 10^{-2}} = 4.9 \times 10^7 \text{Pa}$$

20. 试计算截面积为 5.0cm^2 的股骨：

（1）在拉力作用下骨折将发生时所具有的张力。（骨的抗张强度为 12×10^7Pa）

（2）在 4.5×10^4N 的压力作用下它的应变。（骨的压缩弹性模量为 9×10^9Pa）

解：（1）由 $\sigma = \dfrac{F}{S}$ 得

$$F = 12 \times 10^7 \times 5 \times 10^{-4} = 6.0 \times 10^4 \text{N}$$

（2）由 $E = \dfrac{\sigma}{\varepsilon} = \dfrac{F/S}{\varepsilon}$ 得

$$\varepsilon = \frac{F}{E \times S} = \frac{4.5 \times 10^4}{9 \times 10^9 \times 5 \times 10^{-4}} = 1.0 \times 10^{-2}$$

21. 松弛的肱二头肌伸长 2.0cm 时，所需要的力为 10N。当它处于挛缩状态而主动收缩时，产生同样的伸长量则需 200N 的力。若将它看成是一条长 0.20m、横截面积为 50cm² 的均匀柱体，求上述两种状态下它的弹性模量。

解：由 $E = \dfrac{\sigma}{\varepsilon} = \dfrac{F \cdot l_0}{S \cdot \Delta l}$ 得

$$E_1 = \frac{F_1 \cdot l_0}{S \cdot \Delta l} = \frac{10 \times 0.20}{50 \times 10^{-4} \times 2 \times 10^{-2}} = 2.0 \times 10^4 \, \text{Pa}$$

$$E_2 = \frac{F_2 \cdot l_0}{S \cdot \Delta l} = \frac{200 \times 0.20}{50 \times 10^{-4} \times 2 \times 10^{-2}} = 4.0 \times 10^5 \, \text{Pa}$$

22. 设某人下肢骨的长度约为 0.60m，平均横截面积为 6.0cm²，该人体重为 900N。问此人单脚站立时下肢骨缩短了多少（骨的压缩弹性模量为 $9 \times 10^9 \text{Pa}$）？

解：由 $E = \dfrac{\sigma}{\varepsilon} = \dfrac{F \cdot l_0}{S \cdot \Delta l}$ 得

$$\Delta l = \frac{F \cdot l_0}{S \cdot E} = \frac{900 \times 0.60}{6.0 \times 10^{-4} \times 9 \times 10^9} = 1 \times 10^{-4} \, \text{m}$$

23. 当人竖直站立用双手各提起重 200N 的物体，若锁骨长为 0.2m，脊柱的横截面的面积为 1.44cm²，求：

(1) 右锁骨与椎骨相连处的力矩。

(2) 脊柱所受的合力矩。

(3) 脊柱所承受的正应力。

解：(1) 由 $M = F \times r$ 得

力矩大小：$M = 200 \times 0.2 = 4.0 \times 10 \text{N} \cdot \text{m}$

力矩方向：从正面观察为逆时针方向。

(2) 由于左、右手同时对脊柱产生大小相等、方向相反的力矩，所以脊柱所受的合力矩为 0。

(3) 由 $\sigma = \dfrac{F}{S}$ 得

$$\sigma = \frac{200 \times 2}{1.44 \times 10^{-4}} = 2.78 \times 10^6 \, \text{Pa}$$

二、知识与能力测评参考答案

1. 略。

2. (1) 同时到达，动量不守恒，机械能不守恒，角动量守恒；(2) $v_{甲} = v_{乙} = \dfrac{3}{4}u$。

3. (1) 0；(2) $h = \dfrac{u^2}{4g}$。

4. 提示：选择物和人为系统，系统对 O 轴角动量守恒，得 $v_{人} = v_{物}$（相对而言），可得

$$v_{物} = \frac{u}{2} \text{。}$$

5. (1)$\beta = -3.14r/s^2$；(2)$N = 625$；(3)$\omega = 78.5r/s$；(4)$v = 78.5m/s$，$a = 6.16 \times 10^3 m/s^2$。

6. (1)质心做平抛运动；(2)$n = \frac{1}{2\pi}\sqrt{\frac{6h}{L}}$。

7. (1)$\beta_0 = \frac{g}{l}$；(2)$\beta = \frac{g}{2l}$。

8. (1)$\dfrac{6mv_0}{(3m+4M)l}$；(2)$\theta = \arccos\left[1 - \dfrac{3m^2v_0^2}{(m+M)(3m+4M)gl}\right]$。

9. $\Delta l = 0.002\ 3cm$。

10. $\Delta V = -0.004\ 3m^2$。

第二章　流体的运动

【要点概览】

本章以流体作为研究对象,讨论理想流体和黏性流体在流动过程中的基本规律及其应用。

1. 绝对不可压缩,完全没有黏性的流体称为理想流体。

2. 空间任意点处流体质元的流速不随时间而改变,这种流动称为定常流动,其速度只为空间的函数,即 $v = f(x,y,z)$。

3. 在流体流动的空间即流速场中,作出一些曲线,曲线上任何一点的切线方向都与该时刻流经该点流体质元的速度方向一致,这些曲线称为这一时刻的流线。

4. 如果在运动的流体中,任取一个横截面,那么经过该截面周界的流线就围成一个管状区域,称为流管。

5. 连续性方程:不可压缩的流体做定常流动时,流管的横截面积与该处平均流速的乘积为一常量,$Sv =$ 常量。

6. 伯努利方程:理想流体做定常流动时,同一流管的不同截面处,单位体积流体的动能、单位体积流体的势能与该处压强之和为一常量,$\frac{1}{2}\rho v^2 + \rho gh + p =$ 常量。

7. 牛顿黏性定律:流体内部相邻两流体层之间黏性力的大小与液体的黏度、这两层之间的接触面积、接触处的速度梯度成正比,$F = \eta \frac{dv}{dx} S$。

8. 流体在管中各流体层之间仅做相对滑动而不混合的流动状态为层流;当流体的流速增加到某一定值时,流体可能在各个方向上运动,有垂直于管轴方向的分速度,因而各流体层将混淆起来,而且可能出现涡旋的流动状态为湍流。

9. 雷诺数与流体的黏度、密度,流体流速以及管道的半径有关,即 $Re = \frac{\rho vr}{\eta}$,是流体流动状态的判断依据。

10. 泊肃叶定律:不可压缩的牛顿流体在水平圆管中做定常流动时,层流条件下其流量与流管两端的压强梯度成正比,与管子半径的四次方成正比,$Q = \frac{\pi R^4}{8\eta L}(p_1 - p_2)$,其中 $R_f = \frac{8\eta L}{\pi R^4}$ 为流阻。

11. 黏性流体的伯努利方程:不可压缩的黏性流体在流动过程中有能量损失,伯努利方程修正为，$\frac{1}{2}\rho v_1^2 + \rho gh_1 + p_1 = \frac{1}{2}\rho v_2^2 + \rho gh_2 + p_2 + w$。

12. 黏性流体在均匀水平圆管内流动时，能量的损失均匀地分布在流体流动的路程上，与管的长度成正比，$w = \frac{8\eta L}{R^2}v$。

13. 斯托克斯定律：球形物体在黏性流体中运动时，若运动速度很小（雷诺数 $Re < 1$），其所受到的黏性阻力与球体的半径、速度、流体的黏度成正比，$f = 6\pi\eta rv$。

【重点例题解析】

例题 1   水以 $3 \times 10^5 \text{Pa}$ 的绝对压强通过内径为 6.0cm 的管道从地下进入一栋实验大楼，然后用内径为 4.0cm 的管道引导到 15m 高的实验室中，当进口处的流速为 4m/s 时，求实验室水龙头（出口处）的流速和压强。

解：已知进口处的管内径 $d_1 = 6.0\text{cm}$，流速为 $v_1 = 4\text{m/s}$，实验室出口处的管内径 $d_2 = 4.0\text{cm}$，高 $h_2 = 15\text{m}$，根据连续性方程，$S_1 v_1 = S_2 v_2$，得

$$v_2 = \frac{S_1 v_1}{S_2} = \left(\frac{d_1}{d_2}\right)^2 v_1 = \left(\frac{6}{4}\right)^2 \times 4\text{m/s} = 9\text{m/s}$$

再根据伯努利方程，$p_1 + \frac{1}{2}\rho v_1^2 + \rho gh_1 = p_2 + \frac{1}{2}\rho v_2^2 + \rho gh_2$，得

$$p_2 = p_1 + \frac{1}{2}\rho(v_1^2 - v_2^2) + \rho g(h_1 - h_2)$$

$$p_2 = 3 \times 10^5 + \frac{1}{2} \times 10^3 \times (4^2 - 9^2) + 10^3 \times 10 \times (0 - 15)\text{Pa} = 1.2 \times 10^5\text{Pa}$$

例题 2   血液在直径为 2.0cm 的动脉血管中的平均流速为 0.30m/s。若不考虑其他因素。

（1）判断血管中血液的流动状态。

（2）血液流过这样的血管 20cm 后的血压降低多少？（设血液的密度 $\rho = 1.05 \times 10^3\text{kg/m}^3$，黏度系数 $\eta = 4.0 \times 10^{-3}\text{Pa·s}$）

解：（1）已知动脉血管直径为 $d = 2.0\text{cm}$，平均血流流速为 $v = 0.30\text{m/s}$，根据雷诺数公式得

$$Re = \frac{\rho vr}{\eta} = \frac{1.05 \times 10^3 \times 0.3 \times 0.01}{4.0 \times 10^{-3}} = 788 < 1\,000，流动状态为层流。$$

（2）再根据泊肃叶定律得 $\Delta p = \frac{8\eta LQ}{\pi r^4} = \frac{8\eta Lv}{r^2}$

$$\Delta p = \frac{8 \times 4.0 \times 10^{-3} \times 0.2 \times 0.3}{0.01^2}\text{Pa} = 19.2\text{Pa}$$

【知识与能力测评】

1. 理想流体和定常流动分别是如何定义的？

2. 已知流体在截面积 $S_1 = 0.1\text{m}^2$ 处流管内的流速为 0.5m/s，计算流经截面积 $S_2 = 0.5\text{m}^2$ 处的流速。

3. 水管中的 A 处水流速度为 2m/s,计示压强为 10^4Pa,水管的 B 处高度比 A 处降低了 1m,如果 B 处水管的横截面积是 A 处的 1/2,计算 B 处的计示压强。

4. 水在截面不同的水管中做定常流动,出口处的直径是最细处直径的 2 倍,且比最细处高 2m,若出口处的流速为 2m/s,问最细处的压强为多少? 若在此处开一小孔,水会不会流出来? (设大气压 $p_0 \approx 1.0 \times 10^5$Pa)

5. 在圆柱形容器内盛有 4m 深的水,在侧壁水面下 3m 和 1m 处各有两个同样大的小孔,孔的横截面积为 $0.02m^2$,计算在此瞬时从上、下两孔流出水的流量。

6. 一个截面积很大的顶端开口的容器,在其底侧面和底部中心各开一个截面积为 $0.5cm^2$ 的小孔,水从容器顶部以 $200cm^3/s$ 的流量注入容器中,计算容器中水面可上升的高度。

7. 一根水平管中流动的液体密度为 ρ,粗处横截面积为 S_1,细处横截面积为 S_2,分别在两处各装一个竖直小管,两小管中液面的高度差为 h,试证明其流量为: $Q = S_1 S_2 \sqrt{\dfrac{2gh}{S_1^2 - S_2^2}}$。

8. 在一根截面积恒定的水平管中流动的液体,如果每立方米的液体流过 1m 的长度损失的能量为 60J,计算管道中相隔 200m 远的两点的压强差。

9. 半径为 r 的小球,在黏滞系数为 η、密度为 ρ_0 的流体中下落,若下落过程中所受的阻力与下落速度服从斯托克斯定律,球的终极速度为 v,计算小球的密度。

10. 一条直径为 6mm 的小动脉平均血流速度为 0.20m/s,在某处出现部分阻塞,若狭窄处的有效直径为 4mm。试求狭窄处会不会发生湍流? (设血液的密度 $\rho = 1.05 \times 10^3 kg/m^3$,黏度系数 $\eta = 4.0 \times 10^{-3}Pa \cdot s$)

【参考答案】

一、本章习题解答

1. 应用连续性方程的条件是什么?

答:不可压缩的流体做定常流动。

2. 在推导伯努利方程的过程中,用过哪些条件? 伯努利方程的物理意义是什么?

答:在推导伯努利方程的过程中,用过的条件是不可压缩、无内摩擦力的流体(即理想流体)做定常流动。伯努利方程的物理意义是理想流体做定常流动时,同一流管的不同截面处,流体单位体积的动能、单位体积的势能与该处的压强之和都是相等的。

3. 两条木船朝同一方向并进时,会彼此靠拢甚至导致船体相撞。试解释产生这一现象的原因。

答:因为当两条木船朝同一方向并进时,两船之间水的流速增加,根据伯努利方程可知,它们之间的压强会减小,每一条船受到内外侧水的压力差增大,因此两船会彼此靠拢甚至导致船体相撞。

4. 冷却器由 19 根 $\Phi20mm \times 2mm$(即管的外直径为 20mm,壁厚为 2mm)的列管组成,冷却水由 $\Phi54mm \times 2mm$ 的导管流入列管中,已知导管中水的流速为 1.4m/s,求列管中水流的速度。

解:已知列管的内直径 $d_1 = 20 - 2 \times 2 = 16$mm,列管的数目 $n = 19$,导管的内直径 $d_0 = 54 - 2 \times 2 = 50$mm,导管内流体的流速 $v_0 = 1.4$m/s,根据连续性方程知

$$S_0 v_0 = S_1 v_1 + S_2 v_2 + \cdots + S_n v_n = nSv, 则$$

$$v = \frac{S_0 v_0}{nS} = \frac{\frac{1}{4}\pi d_0^2 v_0}{n_1 \frac{1}{4}\pi d_1^2} = \frac{d_0^2 v_0}{n_1 d_1^2} = \frac{50^2 \times 1.4}{19 \times 16^2} \text{m/s} = 0.7\text{m/s}$$

5. 水管上端的截面积为 $4.0 \times 10^{-4}\text{m}^2$，水的流速为 5.0m/s，水管下端比上端低 10m，下端的截面积为 $8.0 \times 10^{-4}\text{m}^2$。

（1）求水在下端的流速。

（2）如果水在上端的压强为 $1.5 \times 10^5\text{Pa}$，求下端的压强。

解：（1）已知水管上端的截面积 $S_1 = 4.0 \times 10^{-4}\text{m}^2$，水的流速 $v_1 = 5.0\text{m/s}$，相对高度 $h_1 = 10\text{m}$，压强 $p_1 = 1.5 \times 10^5\text{Pa}$，水管下端的截面积 $S_2 = 8.0 \times 10^{-4}\text{m}^2$，根据连续性方程：$S_1 v_1 = S_2 v_2$ 得到水在下端的流速为

$$v_2 = \frac{S_1 v_1}{S_2} = \frac{4.0 \times 10^{-4} \times 5.0}{8.0 \times 10^{-4}}\text{m/s} = 2.5\text{m/s}$$

（2）根据伯努利方程知：$\frac{1}{2}\rho v_1^2 + \rho g h_1 + p_1 = \frac{1}{2}\rho v_2^2 + \rho g h_2 + p_2$，$h_2 = 0$，$\rho_{水} = 1.0 \times 10^3\text{kg/m}^3$，则水在下端的压强为

$$p_2 = \frac{1}{2}\rho v_1^2 + \rho g h_1 + p_1 - \frac{1}{2}\rho v_2^2 - \rho g h_2$$

$$= \frac{1}{2} \times 1.0 \times 10^3 \times 5.0^2 + 1.0 \times 10^3 \times 9.8 \times 10 + 1.5 \times 10^5 - \frac{1}{2} \times 1.0 \times 10^3 \times 2.5^2$$

$$= 2.6 \times 10^5\text{Pa}$$

6. 水平的自来水管粗处的直径是细处的两倍。如果水在粗处的流速和压强分别是 1.00m/s 和 $1.96 \times 10^5\text{Pa}$，那么水在细处的流速和压强各是多少？

解：（1）已知 $d_1 = 2d_2$，$v_1 = 1.00\text{m/s}$，$p_1 = 1.96 \times 10^5\text{Pa}$，根据连续性方程知：$S_1 v_1 = S_2 v_2$，则

$$v_2 = \frac{S_1 v_1}{S_2} = \frac{\frac{1}{4}\pi d_1^2 v_1}{\frac{1}{4}\pi d_2^2} = \frac{d_1^2 v_1}{d_2^2} = \frac{(2d_2)^2}{d_2^2} \times 1.00\text{m/s} = 4.00\text{m/s}$$

（2）根据伯努利方程知（水平管）：$\frac{1}{2}\rho v_1^2 + p_1 = \frac{1}{2}\rho v_2^2 + p_2$，则

$$p_2 = \frac{1}{2}\rho v_1^2 + p_1 - \frac{1}{2}\rho v_2^2$$

$$= \frac{1}{2} \times 10^3 \times 1.00^2 + 1.96 \times 10^5 - \frac{1}{2} \times 10^3 \times 4.00^2$$

$$= 1.89 \times 10^5\text{Pa}$$

7. 利用压缩空气，把水从一密封的筒内通过一根管以 1.2m/s 的流速压出。当管的出口处高于筒内液面 0.60m 时，问筒内空气的压强比大气压高多少？

解：已知 $v_1 = 1.2\text{m/s}$，$h_1 = 0.60\text{m}$，$p_1 = p_0$，根据伯努利方程知

$$\frac{1}{2}\rho v_1^2 + \rho g h_1 + p_1 = \frac{1}{2}\rho v_2^2 + \rho g h_2 + p_2$$

由于 $S_1 \ll S_2$，则 $v_2 = 0$，因此

$$p_2 - p_0 = \frac{1}{2}\rho v_1^2 + \rho g h_1 = \frac{1}{2} \times 10^3 \times 1.2^2 + 10^3 \times 9.8 \times 0.6 = 6.60 \times 10^3 \text{Pa}$$

8. 文丘里流量计主管的直径为 0.25m,细颈处的直径为 0.10m,如果水在主管的压强为 $5.5 \times 10^4 \text{Pa}$,在细颈处的压强为 $4.1 \times 10^4 \text{Pa}$,求水的流量是多少?

解:已知 $d_1 = 0.25\text{m}, d_2 = 0.10\text{m}, p_1 = 5.5 \times 10^4 \text{Pa}, p_2 = 4.1 \times 10^4 \text{Pa}$,根据文丘里流量计公式得到

$$Q = S_1 S_2 \sqrt{\frac{2(p_1 - p_2)}{\rho(S_1^2 - S_2^2)}} = \frac{1}{4}\pi d_1^2 d_2^2 \sqrt{\frac{2(p_1 - p_2)}{\rho(d_1^4 - d_2^4)}}$$

$$= \frac{1}{4} \times 3.14 \times 0.25^2 \times 0.1^2 \times \sqrt{\frac{2 \times (5.5 - 4.1) \times 10^4}{10^3 \times (0.25^4 - 0.1^4)}}$$

$$= 4.2 \times 10^{-2} \text{m}^3/\text{s}$$

9. 一水平管道的内直径从 200mm 均匀地缩小到 100mm,在管道中通以甲烷(密度 $\rho = 0.645\text{kg/m}^3$),并在管道的 1、2 两处分别装上压强计(图 2-1),压强计的工作液体是水。设 1 处 U 形管压强计中的水面高度差 $h_1' = 40\text{mm}$,2 处压强计中的水面高度差 $h_2' = -98\text{mm}$(负号表示开管液面低于闭管液面),求甲烷的体积流量 Q。

解:已知 $d_1 = 200\text{mm} = 0.200\text{m}, d_2 = 100\text{mm} = 0.100\text{m}, \rho = 0.645\text{kg/m}^3, \rho' = 1.0 \times 10^3 \text{kg/m}^3$, $h_1' = 40\text{mm} = 0.040\text{m}, h_2' = -98\text{mm} = -0.098\text{m}$,根据文丘里流量计公式知

$$Q = S_1 S_2 \sqrt{\frac{2(p_1 - p_2)}{\rho(S_1^2 - S_2^2)}} = \frac{1}{4}\pi d_1^2 d_2^2 \sqrt{\frac{2\rho' g(h_1' - h_2')}{\rho(d_1^4 - d_2^4)}}$$

$$= \frac{1}{4} \times 3.14 \times 0.2^2 \times 0.1^2 \times \sqrt{\frac{2 \times 1.0 \times 10^3 \times 9.8 \times (0.040 + 0.098)}{0.645 \times (0.2^4 - 0.1^4)}}$$

$$= 0.525 \text{m}^3/\text{s}$$

10. 将皮托管插入河水中测量水速,测得其两管中水柱上升的高度各为 0.5cm 和 5.4cm,求水速。

解:已知 $h_1 = 5.4\text{cm} = 0.054\text{m}, h_2 = 0.5\text{cm} = 0.005\text{m}$,根据毕托管流速计公式得

$$v = \sqrt{2g(h_1 - h_2)} = \sqrt{2 \times 9.8 \times (0.054 - 0.005)} = 0.98 \text{m/s}$$

11. 如图 2-2 所示的装置是一采气管,采集 CO_2 气体,如果压强计的水柱差是 2.0cm,采气管的横截面积为 10cm^2。求 5 分钟所采集的 CO_2 的量是多少 m^3?已知 CO_2 的密度为 2kg/m^3。

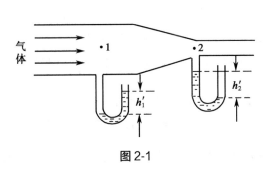

图 2-1

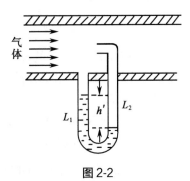

图 2-2

解:已知 $h' = 2.0\text{cm} = 0.02\text{m}, S = 10\text{cm}^2, t = 5\text{min}, \rho = 2\text{kg/m}^3, \rho' = 1.0 \times 10^3\text{kg/m}^3$，根据比托管流速计公式得到

$$v = \sqrt{\frac{2\rho'gh'}{\rho}} = \sqrt{\frac{2 \times 1.0 \times 10^3 \times 9.8 \times 0.02}{2}} = 14\text{m/s}$$

所以 5 分钟采集的 CO_2 为

$$V = Svt = 10 \times 10^{-4} \times 14 \times 5 \times 60 = 4.2\text{m}^3$$

12. 水桶底部有一小孔，桶中水深 $h = 0.3\text{m}$。试求在下列情况下，从小孔流出的水相对于桶的速度：

（1）桶是静止的。

（2）桶匀速上升。

解:（1）已知 $h_1 = 0.3\text{m}, p_1 = p_2 = p_0, S_1 \gg S_2$，桶是静止时，根据伯努利方程知：$\frac{1}{2}\rho v_1^2 + \rho g h_1 + p_1 = \frac{1}{2}\rho v_2^2 + \rho g h_2 + p_2$，由于 $S_1 \gg S_2$，则 $v_1 = 0$，因此，从小孔流出的水相对于桶的速度为

$$v_2 = \sqrt{2gh_1} = \sqrt{2 \times 9.8 \times 0.3} = 2.4\text{m/s}$$

（2）桶匀速上升时，从小孔流出的水相对于桶的速度不变，即 $v_2 = 2.4\text{m/s}$

13. 注射器的活塞截面积 $S_1 = 1.2\text{cm}^2$，而注射器针孔的截面积 $S_2 = 0.25\text{mm}^2$。当注射器水平放置时，用 $f = 4.9\text{N}$ 的力压迫活塞，使之移动 $l = 4\text{cm}$，问水从注射器中流出需要多少时间？

解:已知 $S_1 = 1.2\text{cm}^2, S_2 = 0.25\text{mm}^2, f = 4.9\text{N}, l = 4\text{cm}$，作用在活塞上的附加压强：$\Delta p = \frac{f}{S_1} = \frac{4.9}{1.2 \times 10^{-4}} = 4.08 \times 10^4\text{Pa}$，根据水平管的伯努利方程得到

$$\frac{1}{2}\rho v_1^2 + p_1 = \frac{1}{2}\rho v_2^2 + p_2$$

由于 $p_1 = p_0 + \Delta p, p_2 = p_0, S_1 \gg S_2$，则 $v_1 \approx 0$，因此，注射器针孔的流速为

$$v_2 = \sqrt{\frac{2(p_1 - p_2)}{\rho}} = \sqrt{\frac{2\Delta p}{\rho}} = \sqrt{\frac{2 \times 4.08 \times 10^4}{1 \times 10^3}} = 9.03\text{m/s}$$

根据连续性方程知：$S_1 v_1 = S_2 v_2$，则注射器活塞的移动速度为

$$v_1 = \frac{S_2 v_2}{S_1} = \frac{0.25 \times 10^{-6} \times 9.03}{1.2 \times 10^{-4}} = 0.018\ 8\text{m/s}$$

水从注射器中流出需要的时间为

$$t = \frac{l}{v_1} = \frac{0.04}{0.018\ 8} = 2.13\text{s}$$

14. 用一截面为 5.0cm^2 的虹吸管把截面积大的容器中的水吸出。虹吸管的最高点在容器的水面上 1.20m 处，出水口在此水面下 0.60m 处。求在定常流动条件下，管内最高点的压强和虹吸管的流量。

解:（1）设 A 为容器液面上一点，B 为虹吸管最高点，D 为虹吸管出口处。已知 $S_D = 5.0\text{cm}^2 = 5.0 \times 10^{-4}\text{m}^2, h_B = 1.20\text{m}, h_D = -0.60\text{m}, S_A \gg S_D, v_A \approx 0$，选取出口 D 为高度参考点，对于 A、D 两处，$p_A = p_D = p_0 = 1.013 \times 10^5\text{Pa}$，应用伯努利方程，则：$\frac{1}{2}\rho v_A^2 + \rho g h_A = \frac{1}{2}\rho v_D^2 + \rho g h_D$

$$v_D = \sqrt{2g(h_A - h_D)} = \sqrt{2gh_{AD}} = \sqrt{2 \times 9.8 \times 0.6} = 3.43\text{m/s}$$

B、D 两处(均匀管)应用伯努利方程得:$\rho gh_B + p_B = \rho gh_D + p_D$

$$p_B = p_D + \rho g(h_D - h_B)$$
$$= 1.013 \times 10^5 + 10^3 \times 9.8 \times (-0.60 - 1.20) = 8.4 \times 10^4 \text{pa}$$

(2)虹吸管的流量为

$$Q = S_D v_D = 5.0 \times 10^{-4} \times 3.43 = 1.72 \times 10^{-3} \text{m}^3/\text{s}$$

15. 匀速地将水注入一个容器中,注入的流量为 $Q = 150\text{cm}^3/\text{s}$,容器的底部有面积为 $S = 0.50\text{cm}^2$ 的小孔,使水不断流出。求达到稳定状态时,容器中水的高度。

解:已知 $Q = 150\text{cm}^3/\text{s} = 1.5 \times 10^{-4}\text{m}^3/\text{s}$,$S_2 = 0.5\text{cm}^2 = 5.0 \times 10^{-5}\text{m}^2$,因为以一定流量 Q 匀速地将水注入一容器中,开始水位较低,流出量较少,水位不断上升,流出量也不断增加,当流入量等于流出量时,水位就达到稳定,则

$$v_2 = \sqrt{2gh} \text{ 和 } Q_2 = S_2\sqrt{2gh} = Q$$

$$h = \frac{Q^2}{S_2^2 \times 2g} = \frac{(1.50 \times 10^{-4})^2}{(5.0 \times 10^{-5})^2 \times 2 \times 9.8} = 0.46\text{m}$$

16. 如图 2-3 所示,两个很大的开口容器 B 和 F,盛有相同的液体。由容器 B 底部接一水平非均匀管 CD,水平管的较细部分 1 处连接到一竖直的 E 管,并使 E 管下端插入容器 F 的液体内。假设液流是理想流体做定常流动。如果管中 1 处的横截面积是出口 2 处的一半,并设管的出口处比容器 B 内的液面低 h,问 E 管中液体上升的高度 H 是多少?

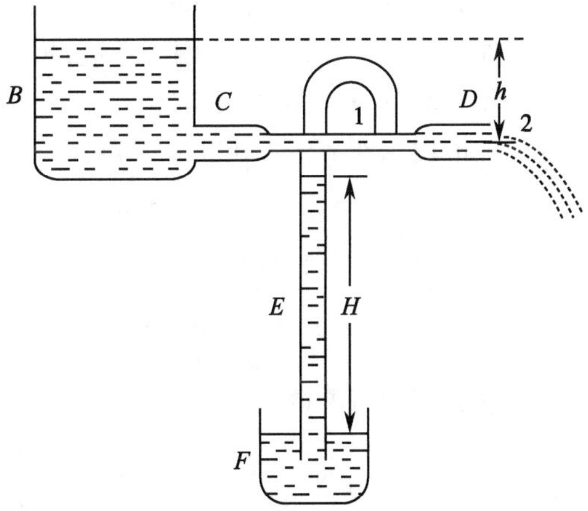

解:已知截面积 $S_1 = \frac{1}{2}S_2$,由连续性方程得 $v_1 = \frac{S_2}{S_1}v_2 = 2v_2$,考虑到 B 槽中的液面流速相对于出口处的流速很小,由伯努利方程求得

$$v_2 = \sqrt{2gh}$$

图 2-3

对 1、2 两点列伯努利方程

$$p_1 + \frac{1}{2}\rho v_1^2 = p_2 + \frac{1}{2}\rho v_2^2$$

因为,$p_2 = p_0$,p_0 为大气压,所以,$p_1 = p_0 - 3\rho gh$,即 1 处的压强小于 p_0,又因为 F 槽液面的压强也为 p_0,故 E 管中液柱上升的高度 H 应满足:

$$p_1 + \rho gH = p_0$$

解得 $$H = 3h$$

17. 水从一截面为 5cm^2 的水平管 A,流入两根并联的水平支管 B 和 C,它们的截面积分

别为 4cm^2 和 3cm^2。如果水在管 A 中的流速为 100cm/s,在管 C 中的流速为 50cm/s。问:

(1)水在管 B 中的流速是多大?

(2)B、C 两管中的压强差是多少?

(3)哪根管中的压强最大?

解:(1)已知 $S_A = 5\text{cm}^2$,$S_B = 4\text{cm}^2$,$S_C = 3\text{cm}^2$,$v_A = 100\text{cm/s} = 1.00\text{m/s}$,$v_C = 50\text{cm/s} = 0.50\text{m/s}$,根据连续性方程知:$S_A v_A = S_B v_B + S_C v_C$

$$v_B = \frac{S_A v_A - S_C v_C}{S_B} = \frac{5 \times 1 - 3 \times 0.5}{4} = 0.875\text{m/s}$$

(2)根据伯努利方程知

A、B 两处:$\dfrac{1}{2}\rho v_A^2 + \rho g h_A + p_A = \dfrac{1}{2}\rho v_B^2 + \rho g h_B + p_B$

A、C 两处:$\dfrac{1}{2}\rho v_A^2 + \rho g h_A + p_A = \dfrac{1}{2}\rho v_C^2 + \rho g h_C + p_C$

因此,$p_B - p_C = \dfrac{1}{2}\rho(v_C^2 - v_B^2) = \dfrac{1}{2} \times 10^3 \times (0.5^2 - 0.875^2) = -258\text{Pa}$

(3)由以上两个方程可知:$v_A > v_B > v_C$

则:$p_A < p_B < p_C$,即 C 管压强最大。

18. 如图 2-4 所示,在水箱侧面的同一铅直线的上、下两处各开一小孔,若从这两个小孔的射流相交于一点 P,试证:$h_1 H_1 = h_2 H_2$。

证明:根据小孔流速规律 $v = \sqrt{2gh}$

知 $v_1 = \sqrt{2gh_1}$ 和 $v_2 = \sqrt{2gh_2}$

再根据平抛运动规律得

$$x = vt \text{ 和 } H = \frac{1}{2}gt^2$$

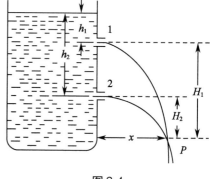

图 2-4

联立以上关系式,得

$$4hH = x^2$$

由于 $x_1 = x_2$

所以 $h_1 H_1 = h_2 H_2$

19. 在一个顶部开口、高度为 0.1m 的直立圆柱形水箱内装满水,水箱底部开有一小孔,已知小孔的横截面积是水箱的横截面积的 $1/400$。求:

(1)通过水箱底部的小孔将水箱内的水流尽需要多少时间?

(2)欲使水面距小孔的高度始终维持在 0.1m,把相同数量的水从这个小孔流出又需要多少时间?并把此结果与(1)的结果进行比较。

解:(1)已知 $h_1 = 0.1\text{m}$,$S_2 = S_1/400$,随着水的流出,水位不断下降,流速逐渐减小,根据小孔流速规律得到在任意水位处水的流速为:$v_2 \approx \sqrt{2gh}$,该处厚度为 $-\text{d}h$ 的一薄层从小孔流出时间为

$$\text{d}t = -\frac{S_1 \text{d}h}{S_2 v_2} = -\frac{S_1 \text{d}h}{S_2 \sqrt{2gh}}$$

整个水箱的水流尽所需时间为

$$t_1 = \int_{h_1}^0 -\frac{S_1 \mathrm{d}h}{S_2\sqrt{2gh}} = \int_{0.1}^0 -\frac{400\mathrm{d}h}{\sqrt{2\times 9.8\times h}} = -\frac{400}{\sqrt{2\times 9.8}}\times 2\sqrt{h}\,\Big|_{0.1}^0 = 57.1\mathrm{s}$$

（2）水面距小孔的高度始终维持在 0.1m，则小孔速度始终不变，仍为 $v_2 = \sqrt{2gh_1}$，则相同数量的水从这个小孔流出需要的时间为

$$t_2 = \frac{S_1 h_1}{S_2 v_2} = \frac{400\times 0.1}{\sqrt{2\times 9.8\times 0.1}} = 28.6\mathrm{s}$$

比较（1）（2）可知：$t_1 = 2t_2$

20. 使体积为 $25\mathrm{cm}^3$ 的水，在均匀的水平管中从压强为 $1.3\times 10^5\mathrm{Pa}$ 的截面移到压强为 $1.1\times 10^5\mathrm{Pa}$ 的截面时，克服摩擦力所做的功是多少？

解: 已知 $V = 25\mathrm{cm}^3 = 2.5\times 10^{-5}\mathrm{m}^3$，$p_1 = 1.3\times 10^5\mathrm{Pa}$，$p_2 = 1.1\times 10^5\mathrm{Pa}$，由实际流体运动规律知：$\frac{1}{2}\rho v_1^2 + \rho gh_1 + p_1 = \frac{1}{2}\rho v_2^2 + \rho gh_2 + p_2 + w$，因此克服摩擦力所做的功为

$$w = p_1 - p_2 = 1.3\times 10^5 - 1.1\times 10^5 = 2.0\times 10^4\mathrm{Pa}（水平均匀管）$$
$$W = w\cdot V = 2.0\times 10^4\times 2.5\times 10^{-5} = 0.50\mathrm{J}$$

21. 20℃的水，在半径为 1.0cm 的水平管内流动，如果管中心处的流速是 10cm/s。求由于黏性使得管长为 2.0m 的两个端面间的压强差是多少？

解: 已知 $R = 1.0\mathrm{cm}$，$v_{\max} = 10\mathrm{cm/s} = 0.10\mathrm{m/s}$，$L = 2.0\mathrm{m}$，$t = 20℃$，查表知 20℃时水的黏度系数为：$\eta_{水} = 1.005\times 10^{-3}\mathrm{Pa\cdot s}$，由泊肃叶定律的推导可知流速为

$$v = \frac{p_1 - p_2}{4\eta L}(R^2 - r^2)$$

当 $r = 0$，$v_{\max} = \frac{(p_1 - p_2)R^2}{4\eta L}$，因此两个端面间的压强差为

$$p_1 - p_2 = \frac{4\eta L v_{\max}}{R^2} = \frac{4\times 1.005\times 10^{-3}\times 2\times 0.10}{(1.0\times 10^{-2})^2} = 8.04\mathrm{Pa}$$

22. 直径为 0.01mm 的水滴，在速度为 2cm/s 的上升气流中，能否向地面落下？设空气的 $\eta = 1.8\times 10^{-5}\mathrm{Pa\cdot s}$。

解: 已知 $d = 0.01\mathrm{mm} = 10^{-5}\mathrm{m}$，$v = 2\mathrm{cm/s} = 0.02\mathrm{m/s}$，$\eta = 1.8\times 10^{-5}\mathrm{Pa\cdot s}$，水滴受到重力、浮力、黏性阻力作用，由斯托克斯定律得

$$f_{阻} = 6\pi\eta rv = 6\pi\times 1.8\times 10^{-5}\times 0.5\times 10^{-5}\times 0.02 = 3.39\times 10^{-11}\mathrm{N}$$
$$mg - f_{浮} = \frac{1}{6}\pi d^3(\rho - \rho')g \approx \frac{1}{6}\pi\times (10^{-5})^3\times 10^3\times 9.8 = 5.13\times 10^{-12}\mathrm{N} < f_{阻}$$

故水滴不会落下。

23. 一条半径 $r_1 = 3.0\times 10^{-3}\mathrm{m}$ 的小动脉被一硬斑部分阻塞，此狭窄处的有效半径 $r_2 = 2.0\times 10^{-3}\mathrm{m}$，血流平均速度 $v_2 = 0.50\mathrm{m/s}$。已知血液黏度 $\eta = 3.00\times 10^{-3}\mathrm{Pa\cdot s}$，密度 $\rho = 1.05\times 10^3\mathrm{kg/m}^3$。试求：

（1）未变狭窄处的平均血流速度。

（2）狭窄处会不会发生湍流？

（3）狭窄处血流的动压强是多少？

解: 已知血液黏度 $\eta = 3.00\times 10^{-3}\mathrm{Pa\cdot s}$，密度 $\rho = 1.05\times 10^3\mathrm{kg/m}^3$，小动脉的半径 $r_1 = $

3.0×10^{-3} m, 狭窄处的有效半径 $r_2 = 2.0 \times 10^{-3}$ m, 血流平均速度 $v_2 = 0.50$ m/s

（1）根据连续性方程 $S_1 v_1 = S_2 v_2$ 得未变狭窄处的平均血流速度为

$$v_1 = \frac{S_2 v_2}{S_1} = \frac{r_2^2}{r_1^2} v_2 = \frac{2^2}{3^2} \times 0.50 = 0.22 \text{m/s}$$

（2）雷诺数 $Re = \frac{\rho v_2 r_2}{\eta} = \frac{1.05 \times 10^3 \times 0.5 \times 2 \times 10^{-3}}{3 \times 10^{-3}} = 350 < 1\,000$，不会发生湍流。

（3）狭窄处的血流动压强 $P_{动} = \frac{1}{2} \rho v_2^2 = \frac{1}{2} \times 1.05 \times 10^3 \times 0.5^2 = 131 \text{Pa}$

二、知识与能力测评参考答案

1. 略。

2. 0.1m/s。

3. 1.38×10^4 Pa。

4. 9.1×10^4 Pa, $9.1 \times 10^4 < p_0$，水不会流出。

5. 0.15m³/s, 0.09m³/s。

6. 0.2m。

7. 略。

8. 1.2×10^4 Pa。

9. $\rho_0 + \dfrac{9\eta v}{2gr^2}$。

10. 不会发生湍流。

第三章	分子动理论

【要点概览】

分子动理论是研究物质热运动性质和规律的经典微观统计理论,主要包括气体分子运动论的基本方程,气体分子的运动速率以及液体和固体的表面层现象等内容。本章学习在经典力学范畴内处理随机问题的基本方法。

1. 物质的微观模型:①一切物质都是由大量分子组成的;②所有的分子都处在不停的、无规则的热运动中;③分子间有相互作用力。分子力的作用使分子在空间形成某种规则的分布,而分子的无规则热运动将破坏这种规则分布。

2. 对质量为 M、摩尔质量为 μ 的理想气体,满足理想气体物态方程 $pV = \dfrac{M}{\mu}RT$。

3. 理想气体的微观模型:①气体分子的大小和分子间距相比可以忽略不计;②分子之间或分子与器壁之间的碰撞为完全弹性碰撞,碰撞前后分子动能不变;③分子之间的相互作用力和分子所受重力可以忽略不计。

4. 气体压强大小和分子数密度及分子平均平动动能成正比 $p = \dfrac{2}{3}n\left(\dfrac{1}{2}m\overline{v^2}\right) = nRT$ 式中,k 为玻耳兹曼常量,$\dfrac{1}{2}m\overline{v^2}$ 称为分子的平均平动动能。

5. 理想气体分子平均平动动能只与气体温度有关,且与气体热力学温度成正比 $\dfrac{1}{2}m\overline{v^2} = \dfrac{3}{2}kT$。

6. 分子速率按麦克斯韦速率分布函数规律分布 $f(v) = \dfrac{\mathrm{d}N}{N\mathrm{d}v}$。

7. 分子速率的三种统计平均值分别为

最概然速率:$v_{\mathrm{p}} = \sqrt{\dfrac{2kT}{m}} = \sqrt{\dfrac{2RT}{\mu}} \approx 1.41\sqrt{\dfrac{RT}{\mu}}$

平均速率:$\overline{v} = \sqrt{\dfrac{8kT}{\pi m}} = \sqrt{\dfrac{8RT}{\mu}} \approx 1.60\sqrt{\dfrac{RT}{\mu}}$

方均根速率:$\sqrt{\overline{v^2}} = \sqrt{\dfrac{3kT}{m}} = \sqrt{\dfrac{3RT}{\mu}} \approx 1.73\sqrt{\dfrac{RT}{\mu}}$

8. 气体分子在连续两次碰撞之间所经过的自由路程的平均值称为平均自由程 $\overline{\lambda}$,各分子在单位时间内的平均碰撞次数称为平均碰撞频率 $\overline{Z}$，$\overline{Z}=\dfrac{\overline{v}}{\overline{\lambda}}$。

9. 表面张力是与液体表面相切，使液体表面收缩的力，即 $f=\alpha l$，式中 α 称为液体的表面张力系数。

10. 液体表面层中的分子比内部分子多出的势能总和称为液体的表面能，其值为 $\Delta E=\alpha\Delta S$。

11. 弯曲液面的附加压强是由于表面张力的存在而产生的，其大小为 $\Delta p=\dfrac{2\alpha}{R}$。

12. 固体分子对附着层液体分子的作用力与液体内部分子对其的作用力不同，产生润湿与不润湿现象。接触角为锐角时，液体润湿固体，接触角为钝角时，液体不润湿固体。

13. 液体在润湿的毛细管中上升，在不润湿的毛细管中下降的现象称为毛细现象。液体在管内上升或下降的高度为

$$h=\frac{2\alpha\cos\varphi}{\rho gr}$$

14. 细管中出现多个气泡，由于弯曲液面附加压强的存在使液体在管中流动受到阻碍的现象称为气体栓塞。

15. 溶于液体后能使该液体的表面张力系数减小的物质称为液体表面活性物质，所具有的调节表面活性的能力在生命活动中发挥了重要作用。

【重点例题解析】

例题 1　一容器内储存压强为 1atm，温度为 300K 的理想气体。问 1m^3 这种气体中含有多少个分子？这种分子总的平均平动动能是多少？

解：atm 为压强的工程单位，1atm $=1.013\times10^5$Pa

由理想气体压强公式 $p=nkT$　$n=\dfrac{p}{kT}$

带入相关数值 $n=\dfrac{1.013\times10^5}{1.38\times10^{-23}\times300}=2.45\times10^{25}\,\mathrm{m}^{-3}$

总平均平动动能是所有分子的平均平动动能之和：

$$\overline{\varepsilon}=\frac{1}{2}m\overline{v^2}\times n=\frac{3}{2}kT\times\frac{p}{kT}=\frac{3}{2}\times p=\frac{3}{2}\times1.013\times10^5=1.52\times10^5\mathrm{J}$$

例题 2　根据水的密度 $\rho=1.0\times10^3\mathrm{kg/m}^3$ 和水的摩尔质量 $M=1.8\times10^{-2}\mathrm{kg}$，利用阿伏伽德罗常数 $N_A=6.0\times10^{23}\mathrm{mol}^{-1}$，估算水分子的质量和水分子的直径。

解：每个水分子的质量 $m=\dfrac{M}{N_A}=\dfrac{1.8\times10^{-2}}{6.0\times10^{23}}=3.0\times10^{-26}$

水的摩尔体积 $V=\dfrac{M}{\rho}$

把水分子看作一个挨一个紧密排列的小球，则每个分子的体积为 $V_0=\dfrac{V}{N_A}$

而根据球体积的计算公式，用 d 表示水分子直径，$V_0=\dfrac{4\pi R^3}{3}=\dfrac{\pi d^3}{6}$

解得 $d = 4 \times 10^{-10}$m。

【知识与能力测评】

1. 若对一容器中的气体进行压缩,并同时对它加热,当气体温度从 27℃ 上升到 177℃ 时,其体积减少一半。求:

(1)气体压强的变化。

(2)分子的平均动能和方均根速率的变化。

2. 设容器内有 $m = 2.66$kg 氧气,若其气体分子的平动动能总和是 $E_k = 4.14 \times 10^5$J。求:

(1)气体分子的平均平动动能。

(2)气体温度。

3. 在容积 $V = 1$m³ 的容器内混有 $N_1 = 1.0 \times 10^{25}$ 个氢气分子和 $N_2 = 4.0 \times 10^{25}$ 个氧气分子,混合气体的温度为 400K。求:

(1)气体分子的平动动能总和。

(2)混合气体的压强。

4. 一容积为 10cm³ 的电子管,当温度为 300K 时,用真空泵把管内的空气抽成压强为 5×10^{-6}mmHg 的高真空,问此时管内有多少个空气分子? 这些空气分子的平均平动动能的总和是多少? 平均转动动能的总和是多少? 平均动能的总和是多少? (760mmHg = 1.013×10^5Pa,空气分子可认为是刚性双原子分子)

5. 2×10^{-3}m³ 的刚性双原子分子理想气体,其内能为 6.75×10^2J。求:

(1)气体的压强。

(2)若分子总数为 5.4×10^{22} 个,求分子的平均平动动能及气体的温度。

6. 储有 1mol 氧气,容积为 1m³ 的容器以 $v = 10$m/s 的速度运动。若容器突然停止,设其中氧气的 80% 的机械运动动能转化为气体分子的热运动动能,问气体的温度及压强各升高了多少?

7. 容器内有 11kg 二氧化碳和 2kg 氢气,已知混合气体的内能是 8.1×10^6J。求:

(1)混合气体的温度。

(2)两种气体分子的平均动能。(二氧化碳的 $M_{mol} = 44 \times 10^{-3}$kg/mol)

8. 由 N 个分子组成的气体,其分子速率分布如图 3-1 所示。

(1)试用 N 与 v_0 表示 a 的值。

(2)试求速率在 $1.5 \sim 2.0 \, v_0$ 的分子数目。

(3)试求分子的平均速率。

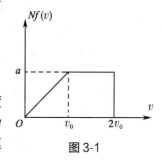

图3-1

9. 一氧气瓶的容积为 V,充了气未使用时压强为 p_1,温度为 T_1;使用后瓶内氧气的质量减少为原来的一半,其压强降为 p_2。求此时瓶内氧气的温度 T_2 及使用前后分子热运动平均速率之比 $\overline{v_1}/\overline{v_2}$。

10. 已知氧分子的有效直径 $d = 3.0 \times 10^{-10}$m,试求氧分子在标准状态下的分子数密度 n、平均速率 $\bar{v}$、平均碰撞频率 $\bar{Z}$ 和平均自由程 $\bar{\lambda}$。

11. 在半径为 R 的球形容器里储有分子有效直径为 d 的气体,试求该容器中最多可容纳多少个分子才能使气体分子之间不致相碰。

【参考答案】

一、本章习题解答

1. 压强为 1.32×10^7 Pa 的氧气瓶,容积是 32×10^{-3} m³。为避免混入其他气体,规定瓶内的氧气压强降到 1.013×10^6 Pa 时就应充气。设每天需用 0.4 m³、1.013×10^5 Pa 的氧,一瓶氧气能用几天?

解:使压强降到 $p_2 = 1.013 \times 10^6$ Pa 时,体积变为 V_2,由 $p_1 V_1 = p_2 V_2$ 得

$$V_2 = \frac{p_1 V_1}{p_2} = \frac{1.32 \times 10^7 \times 32 \times 10^{-3}}{1.013 \times 10^6} = 0.417 \text{m}^3$$

可用的氧气体积为　　　　$V_3 = 0.417 - 0.032 = 0.385 \text{m}^3$

压强为 $p_3 = 1.013 \times 10^5$ Pa 时可用的氧气体积为

$$V_4 = \frac{p_2 V_3}{p_4} = \frac{1.013 \times 10^6 \times 0.385}{1.013 \times 10^5} = 3.85 \text{m}^3, \text{可用的天数为 } n = \frac{3.85}{0.4} = 9.6 \text{ 天}$$

2. 一空气泡,从 3.04×10^5 Pa 的湖底升到 1.013×10^5 Pa 的湖面。湖底温度为 $7\,℃$,湖面温度为 $27\,℃$。气泡到达湖面时的体积是它在湖底时的多少倍?

解:空气泡位于湖底时体积为 V_1,湖面气泡体积为 V_2

由　$\dfrac{p_1 V_1}{T_1} = \dfrac{p_2 V_2}{T_2}$　得　$\dfrac{V_2}{V_1} = \dfrac{p_1 T_2}{p_2 T_1} = \dfrac{3.04 \times 10^5 \times (273 + 27)}{1.013 \times 10^5 \times (273 + 7)} = 3.2$

3. 两个盛有压强分别为 p_1 和 p_2 的同种气体的容器,容积分别为 V_1 和 V_2,用一带有开关的玻璃管连接。打开开关使两容器连通,并设过程中温度不变,求容器中的压强。

解:由 $pV = \dfrac{M}{\mu} RT$ 得 V_1 体积的气体质量为 $M_1 = \dfrac{p_1 V_1 \mu}{RT}$,$V_2$ 体积的气体质量为 $M_2 = \dfrac{p_2 V_2 \mu}{RT}$

则连通后容器中的气体压强 $p(V_1 + V_2) = \dfrac{M_1 + M_2}{\mu} RT$,得 $p = \dfrac{p_1 V_1 + p_2 V_2}{V_1 + V_2}$

4. 将理想气体压缩,使其压强增加 1.013×10^4 Pa,温度保持在 $27\,℃$。问单位体积内的分子数增加多少?

解:由 $pV = nRT$ 得 $\dfrac{n}{V} = \dfrac{p}{RT} = \dfrac{1.013 \times 10^4}{8.314 \times (273 + 27)} = 4$,则单位体积内的分子个数为 $\dfrac{n}{V} \times N_A = 4 \times 6.02 \times 10^{23} = 2.4 \times 10^{24}$

5. 一容器贮有压强为 1.33 Pa,温度为 $27\,℃$ 的气体。求:

(1)气体分子平均平动动能是多大?

(2)1cm^3 中分子的总平动动能是多少?

解:(1)气体分子的平均平动动能

$$\bar{\varepsilon} = \frac{3}{2} kT = \frac{3 \times 1.38 \times 10^{-23} \times (273 + 27)}{2} = 6.21 \times 10^{-21} \text{J}$$

(2)由 $\dfrac{n}{V} \times N_A = \dfrac{p}{RT} \times N_A = \dfrac{1.33 \times 6.02 \times 10^{23}}{8.314 \times (273 + 27)} = 3.2 \times 10^{20}$,则 1cm^3 中的气体分子个数为 $n_1 = 3.2 \times 10^{20} \times 1 \times 10^{-6} = 3.2 \times 10^{14}$,所以其气体分子总的平动动能为 $E_k = n_1 \bar{\varepsilon} = 3.2 \times 10^{14} \times 6.21 \times 10^{-21} = 1.99 \times 10^{-6} \text{J}$。

6. 一容积 $V = 11.2 \times 10^{-3}$ m³ 的真空系统已被抽到 $p_1 = 1.33 \times 10^{-3}$ Pa。为了提高系统的

真空度,将它放在 $T = 573K$ 的烘箱内烘烤,使器壁释放吸附的气体分子。如果烘烤后的压强增为 $p_2 = 1.33Pa$,问器壁原来吸附了多少个分子?

解:由 $pV = nRT$ 得原来容器内的气体分子摩尔数为,设原温度 $T_0 = 300K$

$$n_1 = \frac{p_1 V}{RT_0} = \frac{1.33 \times 10^{-3} \times 11.2 \times 10^{-3}}{8.314 \times 300} = 5.97 \times 10^{-9}$$

烘烤后容器内的气体分子摩尔数为 $n_2 = \frac{p_2 V}{RT} = \frac{1.33 \times 11.2 \times 10^{-3}}{8.314 \times 573} = 3.13 \times 10^{-6}$

则释放的气体分子个数为

$$n = (n_2 - n_1) N_A = (3.13 \times 10^{-6} - 5.97 \times 10^{-9}) \times 6.02 \times 10^{23} = 1.88 \times 10^{18}。$$

7. 温度为 27℃时,1g 氢气、氦气和水蒸气的内能各为多少?

解:由摩尔数 $n = \frac{M}{\mu}$ 得,1g 氢气的摩尔数为 $n_1 = \frac{1}{2}$,1g 氦气的摩尔数为 $n_2 = \frac{1}{4}$,1g 水蒸气的摩尔数为 $n_3 = \frac{1}{18}$,氢气、氦气和水蒸气分别为双原子、单原子和三原子分子,其自由度 i_1、i_2、i_3 分别为 5、3、6。

由气体分子内能 $\bar{\varepsilon} = \frac{n}{2}RT$,得在 27℃下 1g 氢气的内能为

$$E_1 = n_1 \times \frac{5}{2}RT = \frac{1}{2} \times \frac{5}{2} \times 8.314 \times 300 = 3.12 \times 10^3 J,$$

1g 氦气的内能为

$$E_2 = n_2 \times \frac{3}{2}RT = \frac{1}{4} \times \frac{3}{2} \times 8.314 \times 300 = 9.35 \times 10^2 J,$$

1g 水蒸气的内能为

$$E_3 = n_3 \times \frac{6}{2}RT = \frac{1}{18} \times \frac{6}{2} \times 8.314 \times 300 = 4.16 \times 10^2 J。$$

8. 计算在 $T = 300K$ 时,氢、氧和水银蒸气的最概然速率、平均速率和方均根速率。

解:根据三种速率的公式解得:

氢气的 $v_P = \sqrt{\frac{2RT}{\mu}} = \sqrt{\frac{2 \times 8.314 \times 300}{2 \times 10^{-3}}} = 1\,579 m/s,$

$$\bar{v} = \sqrt{\frac{8RT}{\pi\mu}} = \sqrt{\frac{8 \times 8.314 \times 300}{3.14 \times 2 \times 10^{-3}}} = 1\,782 m/s,$$

$$\sqrt{\overline{v^2}} = \sqrt{\frac{3RT}{\mu}} = \sqrt{\frac{3 \times 8.314 \times 300}{2 \times 10^{-3}}} = 1\,934 m/s。$$

氧气的 $v_P = \sqrt{\frac{2RT}{\mu}} = \sqrt{\frac{2 \times 8.314 \times 300}{32 \times 10^{-3}}} = 395 m/s,$

$$\bar{v} = \sqrt{\frac{8RT}{\pi\mu}} = \sqrt{\frac{8 \times 8.314 \times 300}{3.14 \times 32 \times 10^{-3}}} = 446 m/s,$$

$$\sqrt{\overline{v^2}} = \sqrt{\frac{3RT}{\mu}} = \sqrt{\frac{3 \times 8.314 \times 300}{32 \times 10^{-3}}} = 484 m/s。$$

$$水银蒸气的 v_P = \sqrt{\frac{2RT}{\mu}} = \sqrt{\frac{2 \times 8.314 \times 300}{200 \times 10^{-3}}} = 158\text{m/s},$$

$$\bar{v} = \sqrt{\frac{8RT}{\pi\mu}} = \sqrt{\frac{8 \times 8.314 \times 300}{3.14 \times 200 \times 10^{-3}}} = 178\text{m/s},$$

$$\sqrt{\overline{v^2}} = \sqrt{\frac{3RT}{\mu}} = \sqrt{\frac{3 \times 8.314 \times 300}{200 \times 10^{-3}}} = 193\text{m/s}_{\circ}$$

9. 某些恒星的温度达到 10^8K 的数量级,在该温度下原子已不存在,只有质子存在。试求:

(1)质子的平均平动动能是多少电子伏特?

(2)质子的方均根速率有多大?

解:(1)$\bar{\varepsilon} = \frac{3}{2}kT = \frac{3 \times 1.38 \times 10^{-23} \times 10^8}{2 \times 1.6 \times 10^{-19}} = 1.29 \times 10^4\text{eV}$

(2)$\sqrt{\overline{v^2}} = \sqrt{\frac{3RT}{\mu}} = \sqrt{\frac{3 \times 8.314 \times 10^8}{1 \times 10^{-3}}} = 1.579 \times 10^6\text{m/s}$

10. 真空管中气体的压强一般约为 1.33×10^{-3}Pa。设气体分子直径 $d = 3.0 \times 10^{-10}$m。求在 27℃时,单位体积中的分子数及分子的平均自由程。

解:由单位体积内的分子个数表达式得

$$N_A \frac{n}{V} = \frac{p}{kT} = \frac{1.33 \times 10^{-3}}{1.38 \times 10^{-23} \times (273 + 27)} = 3.2 \times 10^{17}$$

由分子平均自由程的公式得

$$\bar{\lambda} = \frac{kT}{\sqrt{2}\pi d^2 p} = \frac{1.38 \times 10^{-23} \times 300}{\sqrt{2}\pi \times (3 \times 10^{-10})^2 \times 1.33 \times 10^{-3}} = 7.79\text{m}_{\circ}$$

11. 一矩形框被可移动的横杆分成两部分,横杆与框的一对边平行,长度为 10cm。若这两部分分别有表面张力系数为 40×10^{-3}N/m 和 70×10^{-3}N/m 的液膜,求横杆所受的力。

解:设横杆长为 l,两液膜对横杆的作用力方向相反,其合力的方向与表面张力较大的同方向,大小为

$$F = 2\alpha_2 l - 2\alpha_1 l = 2l(\alpha_2 - \alpha_1) = 2 \times 0.1 \times (70 - 40) \times 10^{-3} = 6 \times 10^{-3}\text{N}_{\circ}$$

12. 油与水之间的表面张力系数为 18×10^{-3}N/m,现将 1g 油在水中分裂成直径为 2×10^{-4}cm 的小滴,问所做的功是多少(已知油的密度为 0.9g/cm^3)?

解:一个大油滴的表面 $S_1 = 4\pi R^2$,$R = \sqrt[3]{\frac{3m}{4\pi\rho}} = 0.64 \times 10^{-2}$m

n 个小油滴总的表面积 $S_2 = n4\pi r^2$,则油滴表面积增加而做的功为 $W = \Delta E = \alpha(S_2 - S_1) = 4\pi(nr^2 - R^2)\alpha$

又 $\frac{4\pi R^3}{3}\rho = n\frac{4\pi r^3}{3}\rho$,得 $n = \frac{R^3}{r^3}$

最后 $W = \Delta E = \alpha(S_2 - S_1) = 4\pi(nr^2 - R^2)\alpha = 4\pi R^2\left(\frac{R}{r} - 1\right)\alpha = 2.87 \times 10^{-4}\text{J}_{\circ}$

13. 表面张力系数为 72.7×10^{-3}N/m 的水在一毛细管中上升 2.5cm,丙酮($\rho = 792\text{kg/m}^3$)在同样的毛细管中上升 1.4cm。设两者均为完全润湿毛细管,求丙酮的表面张力

系数。

解：由 $h = \dfrac{2\alpha\cos\theta}{\rho g r}$，得 $\dfrac{h_{水}}{h_{丙酮}} = \dfrac{\alpha_{水}\,\rho_{丙酮}}{\alpha_{丙酮}\rho_{水}}$

$$\alpha_{丙酮} = \frac{\alpha_{水}\,\rho_{丙酮}h_{丙酮}}{\rho_{水}\,h_{水}} = \frac{72.7\times10^{-3}\times792\times1.4\times10^{-2}}{1.0\times10^{3}\times2.5\times10^{-2}} = 32.2\times10^{-3}\text{N/m}_{\circ}$$

二、知识与能力测评参考答案

1. (1)3 倍;(2)1.5 倍,1.22 倍。

2. (1)8.27×10^{-21}J;(2)400K。

3. (1)4.14×10^{5}J;(2)2.76×10^{5}Pa。

4. 1.61×10^{12}个,10^{-8}J,0.667×10^{-8}J,1.67×10^{-8}J。

5. (1)1.35×10^{5}Pa;(2)7.5×10^{-21}J,362K。

6. 0.062K,0.51Pa。

7. (1)300K;(2)1.24×10^{-20}J,1.04×10^{-20}J。

8. (1)$a = (2/3)(N/v_0)$;(2)$\dfrac{1}{3}N$;(3)$11v_0/9$。

9. $T_2 = 2T_1p_2/p_1$,$\dfrac{\overline{v_1}}{\overline{v_2}} = \sqrt{\dfrac{p_1}{2p_2}}$。

10. $2.69\times10^{25}\text{m}^{-3}$,$4.26\times10^{2}\text{m/s}$,$4.58\times10^{9}\text{s}^{-1}$,$9.3\times10^{-8}$m。

11. $0.47\dfrac{R^2}{d^2}$。

第四章　振动和波

【要点概览】

任何一个物理量在某一数值附近的往复变化都可以称为振动,其中物体在其平衡位置附近所做的往复运动称为机械振动。波是振动在时空中的传播过程,同时也是能量的传播过程。机械振动在弹性介质中的传播称为机械波。本章主要介绍机械振动和机械波的基本性质和规律,包括简谐振动方程及特征量、简谐振动的矢量图示法、简谐振动的合成;阻尼振动和受迫振动;机械波的产生及简谐波的波动方程、波的能量、波的衍射和干涉现象;声阻抗、声强级和响度级、多普勒效应等。

1. 简谐振动是最简单、最基本的振动,简谐振动方程 $x = A\cos(\omega t + \varphi)$ 说明做简谐振动的物体在平衡位置附近的运动是周期性的。简谐振动物体的速度和加速度分别为

$$v = \frac{\mathrm{d}x}{\mathrm{d}t} = -A\omega\sin(\omega t + \varphi) = A\omega\cos\left(\omega t + \varphi + \frac{\pi}{2}\right)$$

$$a = \frac{\mathrm{d}v}{\mathrm{d}t} = -A\omega^2\cos(\omega t + \varphi) = A\omega^2\cos(\omega t + \varphi + \pi) = -\omega^2 x$$

2. 由简谐振动方程可以看出,当振幅(A)、频率(ν 或 ω)和初相位(φ)三个量确定之后,这一简谐振动就完全确定了,所以振幅、频率(周期)、相位称为简谐振动的特征量。其中 $\nu = \frac{1}{T} = \frac{\omega}{2\pi}$。

3. 简谐振动中位移和时间的关系,可以用几何方法形象地表示出来,称为简谐振动的矢量图示法。矢量图示法非常直观、形象地描述了简谐振动的运动规律,在确定初相位及研究同方向、同频率的振动合成时还可以避免复杂的计算。

4. 简谐振动的动能和势能均随时间而周期性变化,但是总能量在振动过程中是一个常量,即符合机械能守恒定律,$E = E_{\mathrm{k}} + E_{\mathrm{p}} = \frac{1}{2}m\omega^2 A^2 = \frac{1}{2}kA^2$。

5. 两个同方向、同频率简谐振动的合振动仍然是一简谐振动,合振动的振幅 A 和初相位 φ 都可以用矢量合成的方法按几何关系求得。

6. 两个同方向、不同频率简谐振动的合振动不再是简谐振动,而是比较复杂的振动。拍作为一个特例,是由振幅和初相位相同、频率较大但非常接近的两个振动合成的,拍频为 $\nu = |\nu_2 - \nu_1|$。

7. 两个相互垂直简谐振动合成,如果频率成简单的整数比时,则合振动具有稳定的封闭轨迹,即李萨如图形。同频率时,合振动为椭圆轨迹,其轨迹方程为

$$\frac{x^2}{A_1^2} + \frac{y^2}{A_2^2} - \frac{2xy}{A_1A_2}\cos(\varphi_2 - \varphi_1) = \sin^2(\varphi_2 - \varphi_1)。$$

8. 由于阻尼的存在,振动系统的振幅不断减小的振动称为阻尼振动。欠阻尼情况下,$x = Ae^{-\beta t}\cos(\omega t + \varphi)$;过阻尼时,物体的运动随时间缓慢地回到平衡位置;临界阻尼时,物体将以最快速度回到平衡位置。

9. 振动系统在持续周期性外力作用下的振动,称为受迫振动。当驱动力频率接近于系统固有频率时,会发生受迫振动振幅最大的现象称为共振。理论上共振振幅为

$$A = \frac{h}{2\beta\sqrt{\omega_0^2 - \beta^2}}。$$

10. 物体在弹性介质中振动时,由于弹性力的作用,使振动状态在介质中传播出去,从而形成了机械波。描述波的特征物理量有波长、波速、周期或频率,其中 $u = \frac{\lambda}{T} = \lambda\nu$。

11. 简谐波的波动方程表示沿波传播方向上的各个不同质点在不同时刻的位移,即

$$y = A\cos\left[\omega\left(t \mp \frac{x}{u}\right) + \varphi\right]$$

12. 波传播时介质中的各质点要发生振动,同时介质要发生形变,因而具有动能和弹性势能,且动能和势能实时相等,同时达到最大值或最小值,总能量为

$$E = E_k + E_p = \rho\Delta VA^2\omega^2\sin^2\left[\left(\omega t - \frac{x}{u}\right) + \varphi\right]。$$

13. 单位时间内通过垂直于波传播方向的单位面积的平均能量称为能流密度或波的强度,即 $I = \overline{\varepsilon}u = \frac{1}{2}\rho uA^2\omega^2$。波的强度是体现波动中能量传播的一个重要物理量。

14. 波在介质中传播时,强度随着传播距离的增加而减弱,振幅也随之减小,这种现象称为波的衰减,主要包括吸收衰减、扩散衰减和散射衰减,其中吸收衰减公式为 $I = I_0 e^{-\mu x}$,μ 为介质的吸收系数。

15. 根据惠更斯原理,介质中波前上每一点都可以看作独立的波源,发出球面子波,在其后的任一时刻,这些子波的包络面形成新的波阵面。惠更斯原理是解释波的衍射现象的理论基础。

16. 根据波的叠加原理,几列波在同一介质中传播时,无论相遇与否,都将保持自己原有的特性(频率、波长、振动方向等),按照自身原来的传播方向继续前进,不受其他波的影响,在相遇处任一质点的振动是各波在该点所引起振动的矢量和。

17. 波源的频率相同、振动方向相同、相位相同或有固定相位差的两列波相遇时,有地方振动加强,而另一些地方振动减弱或完全抵消的现象称为波的干涉。波源同相时,波程差 $\delta = r_2 - r_1 = \pm k\lambda$ $k = 0,1,2\cdots$干涉加强;波程差 $\delta = r_2 - r_1 = \pm(2k+1)\frac{\lambda}{2}$ $k = 0,1,2\cdots$干涉减弱。

18. 振幅相同、频率相同、振动方向相同而传播方向相反的两列波叠加而成驻波。驻波是一种特殊的干涉现象。驻波的振动方程为

$$y = y_1 + y_2 = 2A\cos 2\pi\frac{x}{\lambda}\cos 2\pi\frac{t}{T}$$

$\left|\cos 2\pi\frac{x}{\lambda}\right| = 1$ 时,振动的振幅最大,称为波腹;$\left|\cos 2\pi\frac{x}{\lambda}\right| = 0$ 时,振动的振幅为零,称为

波节。

19. 声波是纵波,当其在介质中传播时,介质的密度做周期性变化,因而相应各点的压强随之发生变化,显然,声压是空间和时间的函数,其声压幅值 $P_m = \rho u A \omega$。

20. 声阻抗的大小等于介质的密度和波速的乘积 $Z = \rho u$,显然声阻抗是由介质固有性质所决定的常数,是表征介质声学性质的物理量。声波在传播过程中,只有遇到两种声阻抗不同的介质界面时,才会发生反射和折射(透射)。

21. 声强是单位时间内通过垂直于声波传播方向的单位面积的声波平均能量,即 $I = \frac{1}{2}\rho u A^2 \omega^2 = \frac{P_m^2}{2Z}$。

22. 在一定频率下,引起听觉的最低可闻声强称为听阈,由听阈曲线、痛阈曲线、20Hz 和 20 000Hz 线所围成的区域,称为听觉区域。

23. 在声学中用对数来标度声强的等级称为声强级,即 $L = \lg\frac{I}{I_0}(\mathrm{B}) = 10\lg\frac{I}{I_0}(\mathrm{dB})$,其中 $I_0 = 10^{-12}\mathrm{W/m^2}$ 为 1 000Hz 声波的听阈值。

24. 人耳对声音强弱的主观感觉称为响度,为了区分各种不同声音响度的大小,把不同的响度也分为若干等级,称为响度级。频率不同、响度级相同的各点连成的曲线称为等响曲线。

25. 由于波源和观测者相对于介质运动,使得观测者接收到的频率与波源发出的频率不同的现象称为多普勒效应。观测者接收频率为 $\nu' = \frac{u \pm v_o}{u \mp v_s}\nu$。多普勒效应造成的发射和接收的频率之差称为多普勒频移。

【重点例题解析】

例题 1　设单摆摆长为 l,摆锤重量为 m,摆锤初始位置偏离平衡位置的角度为 $\theta_o(\theta_o \leqslant 5°)$,求单摆运动方程。

分析:摆锤偏离平衡位置,其重力沿摆动的切向有分力,故摆锤在该力的作用下做加速运动。运用牛顿第二定律及转动问题的处理办法建立振动方程。

解:重力在切线方向的分力为 $-mg\sin\theta$,由牛顿第二定律有

$$-mg\sin\theta = ma_t = ml\alpha = ml\frac{\mathrm{d}^2\theta}{\mathrm{d}t^2}$$

小角度下 $\sin\theta$ 近似为 θ,消去 m,整理有 $\dfrac{\mathrm{d}^2\theta}{\mathrm{d}t^2} + \dfrac{g}{l}\theta = 0$

令 $\dfrac{g}{l} = \omega^2$,有　　　　　　$\dfrac{\mathrm{d}^2\theta}{\mathrm{d}t^2} + \omega^2\theta = 0$

所以单摆的微振动是简谐振动,其运动方程为 $\theta = \theta_0\cos(\omega t + \varphi_0)$。其中 θ_0 和 φ_0 与摆锤的初始位置和计时起点相关。

例题 2　一平面简谐波沿 x 轴正方向传播,波速为 100m/s,$t = 0$ 时的波形如图 4-1 所示。求:

(1)振幅、波长、周期、频率。

(2)波动方程。

（3）写出 $x = 0.4$m 处的质点的振动表达式。

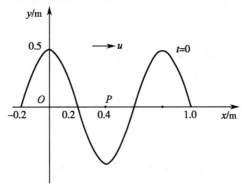

图 4-1

解：（1）$A = 0.5$m，$\lambda = 0.4 \times 2 = 0.8$m，$T = \dfrac{\lambda}{u} = \dfrac{0.8}{100} = 0.008$s，$\nu = \dfrac{1}{T} = 125$Hz

（2）$\omega = 2\pi\nu = 250\pi$

$t = 0$ 时，O 点由最大位移向平衡位置移动，所以其相位 $\varphi = 0$，波动方程为：

$$y = A\cos\left[\omega\left(t - \frac{x}{u}\right) + \varphi\right] = 0.5\cos\left[250\pi\left(t - \frac{x}{100}\right)\right]\text{m}$$

（3）$x = 0.4$m 处的质点的振动表达式为：

$$y = 0.5\cos\left[250\pi\left(t - \frac{0.4}{100}\right)\right] = 0.5\cos(250\pi t - \pi)\text{m}$$

例题 3 两列波同时在一弦线上传播，波动方程分别为 $y_1 = 3\cos(10\pi t + 0.1\pi x)$m 和 $y_2 = 3\cos(10\pi t - 0.1\pi x)$m，求弦线上波节的位置。

分析：由波的叠加原理可知，两列相向传播的波满足相干条件时产生驻波。从两列波的波动方程看，两列波满足相干条件且传播方向相反，所以形成驻波。

解：根据三角函数性质变换波动方程形式

$$y_1 = 3\cos(10\pi t + 0.1\pi x) = 3\cos\left[2\pi\left(\frac{t}{1/5} + \frac{x}{20}\right)\right]$$

$$y_2 = 3\cos(10\pi t - 0.1\pi x) = 3\cos\left[2\pi\left(\frac{t}{1/5} - \frac{x}{20}\right)\right]$$

根据驻波公式 $y = y_1 + y_2 = \left(2A\cos 2\pi \dfrac{x}{\lambda}\right)\cos 2\pi \dfrac{t}{T}$，带入相应数值得

$$y = y_1 + y_2 = \left(2 \times 3\cos 2\pi \frac{x}{20}\right)\cos 2\pi \frac{t}{1/5} = (6\cos 0.1\pi x)\cos 10\pi t$$

根据驻波性质，$\left|2A\cos 2\pi \dfrac{x}{\lambda}\right| = 0$ 的那些点振动的振幅为 0，即 $0.1\pi x = \pm \dfrac{2k-1}{2}\pi$ 时，x 的位置为波节，则波节的位置为

$$x = \pm 10 \frac{2k-1}{2} = \pm(10k-5)\text{m} \qquad k = 1, 2, 3, \cdots$$

【知识与能力测评】

1. 一个物体在光滑的水平面上做简谐振动，振幅是 12cm，在距平衡位置 6cm 处的速度

是 24cm/s。求:

(1)周期 T。

(2)当速度是 12cm/s 时的位移。

2. 一个物体做简谐振动,其速度最大值 $v_m = 3 \times 10^{-2}$ m/s,振幅 $A = 2 \times 10^{-2}$ m。若 $t = 0$ 时,物体位于平衡位置且向 x 轴的负方向运动。求:

(1)振动周期 T。

(2)加速度的最大值 a_m。

(3)振动方程。

3. 一个质点做简谐振动,其振动方程为 $x = 0.24\cos\left(\dfrac{1}{2}\pi t + \dfrac{1}{3}\pi\right)$ m,试用旋转矢量法求质点由初始状态($t = 0$ 的状态)运动到 $x = -0.12$m、$v < 0$ 的状态所需的最短时间。

4. 一个弹簧振子沿 x 轴做简谐振动,已知振动物体的最大位移 $x_m = 0.4$m,最大恢复力 $F_m = 0.8$N,最大速度 $v_m = 0.8$m/s,又知 $t = 0$ 时刻的位移为 0.2m,且速度沿 x 轴的负方向。求:

(1)振动系统的能量。

(2)振动方程。

5. 质点做简谐振动的振动曲线如图 4-2 所示,试根据图写出该质点的振动方程。

6. 一个波源沿 y 轴做简谐振动,周期 $T = 0.01$s,经平衡位置向正方向运动时作为计时起点。若此振动以 $v = 400$m/s 的速度沿 x 轴正方向传播。求:

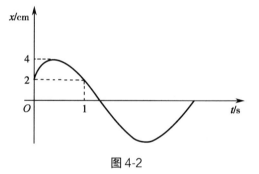

图 4-2

(1)波源的初相和波动方程。

(2)距波源 8m 处质点的振动方程和初相。

(3)距波源 $x_1 = 9$m 和 $x_2 = 10$m 两点间的相位差,哪点相位落后?

7. 一列平面简谐波在截面面积为 3.00×10^{-2} m^2 的管内空气中传播,频率为 300Hz,波速为 340m/s。若在 10s 内通过截面的能量为 2.70×10^{-2} J。求:

(1)通过截面的平均能流。

(2)波的平均能流密度。

(3)波的平均能量密度。

8. 如图 4-3 所示,S_1、S_2 为两平面简谐波相干波源。S_2 的相位比 S_1 的相位超前 $\pi/4$,波长 $\lambda = 8.00$m,$r_1 = 12.0$m,$r_2 = 14.0$m,S_1 和 S_2 在 P 点引起的振动振幅分别为 0.30m 和 0.20m,求 P 点的合振幅。

9. 弦线上驻波相邻波节的距离为 65cm,弦的振动频率为 2.3×10^2Hz,求波的波长和传播速度。

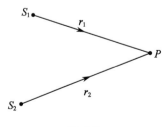

图 4-3

10. A 列火车以 43.2km/h 的速度行驶,其上一乘客听到对面驶来的 B 列火车鸣笛声的频率为 512Hz;当这一火车过后,听到其鸣笛声的频率为 428Hz。求 B 列火车上的乘客听到 B 列火车鸣笛的频率和 B 列火车相对于地面的速度(设空气中声波的速度为 340m/s)。

11. 一质量为 $m = 5.85$kg 的物体,挂在弹簧上,让它在竖直方向上做自由振动。在无阻尼情况下,其振动周期为 $T = 0.4\pi$s;在阻力与物体运动速度成正比的某一介质中,它的振动周期为 $T = 0.5\pi$s。求当速度为 0.01m/s 时,物体在阻尼介质中所受的阻力。

12. 振动和波动有何区别和联系?

13. 一个 30dB 的声音是否一定比 10dB 的声音要响?

【参考答案】

一、本章习题解答

1. 轻弹簧一端相接的小球沿 x 轴做简谐振动,振幅为 A。若 $t = 0$ 时,小球的运动状态分别为以下几种情况时,试确定上述各状态的初相位:

(1) $x = -A$。

(2) 过平衡位置,向 x 轴负方向运动。

(3) 过 $x = A/2$ 处,向 x 轴正方向运动。

(4) 过 $x = A/2$ 处,向 x 轴负方向运动。

解:简谐振动方程: $x = A\cos(\omega t + \varphi)$

$t = 0$ 时: $x_0 = A\cos\varphi, v_0 = -A\omega\sin\varphi$

(1) $x_0 = A\cos\varphi = -A, \cos\varphi = -1, \therefore \varphi = \pi$

(2) $x_0 = A\cos\varphi = 0, \cos\varphi = 0, \varphi = \pm\dfrac{\pi}{2}$

$\qquad v_0 = -A\omega\sin\varphi < 0, \sin\varphi > 0, \therefore \varphi = \dfrac{\pi}{2}$

(3) $x_0 = A\cos\varphi = \dfrac{A}{2}, \cos\varphi = \dfrac{1}{2}, \varphi = \pm\dfrac{\pi}{3}$

$\qquad v_0 = -A\omega\sin\varphi > 0, \therefore \varphi = -\dfrac{\pi}{3}$

(4) $x_0 = A\cos\varphi = \dfrac{A}{2}, \cos\varphi = \dfrac{1}{2}, \varphi = \pm\dfrac{\pi}{3}$

$\qquad v_0 = -A\omega\sin\varphi < 0, \therefore \varphi = \dfrac{\pi}{3}$

2. 一质点沿 x 轴做简谐振动,振幅为 5.0×10^{-2}m,频率为 2.0Hz,在 $t = 0$ 时,质点经平衡位置处向 x 轴正方向运动,求振动表达式。如该质点在 $t = 0$ 时,经平衡位置处向 x 轴负方向运动,求振动表达式。

解:简谐振动方程为 $x = A\cos(\omega t + \varphi)$,速度为 $v = -A\omega\sin(\omega t + \varphi)$

$t = 0$ 时,经平衡位置处向 x 轴正方向运动: $x = 0, v > 0, \sin\varphi < 0, \therefore \varphi = -\dfrac{\pi}{2}$

则: $x = 5.0 \times 10^{-2}\cos\left(4\pi t - \dfrac{\pi}{2}\right)$m

$t = 0$ 时,经平衡位置处向 x 轴负方向运动: $x = 0, v < 0, \sin\varphi > 0, \therefore \varphi = \dfrac{\pi}{2}$

则:$x = 5.0 \times 10^{-2} \cos\left(4\pi t + \dfrac{\pi}{2}\right)$m

3. 质量为 5.0×10^{-3}kg 的振子做简谐振动,其振动方程为 $x = 6.0 \times 10^{-2} \cos\left(5t + \dfrac{2}{3}\pi\right)$。求:

(1)角频率、频率、周期和振幅。

(2)$t = 0$ 时的位移、速度、加速度和所受的力。

解:(1)$\omega = 5$rad/s,$\nu = \dfrac{\omega}{2\pi} = \dfrac{5}{2\pi}$Hz,$T = \dfrac{2\pi}{5}$s,$A = 6.0 \times 10^{-2}$m

(2)$t = 0$ 时:$x = 6.0 \times 10^{-2} \cos\dfrac{2}{3}\pi = -3 \times 10^{-2}$m

$$v = -6.0 \times 10^{-2} \times 5 \sin\dfrac{2}{3}\pi = -0.26\text{m/s}$$

$$a = -\omega^2 x = 0.75\text{m/s}^2$$

$$F = ma = 3.75 \times 10^{-3}\text{N}$$

4. 两个同方向、同频率的简谐振动的振动方程为 $x_1 = 4.0 \times 10^{-2} \cos\left(3\pi t + \dfrac{\pi}{3}\right)$m 和 $x_2 = 3.0 \times 10^{-2} \cos\left(3\pi t - \dfrac{\pi}{6}\right)$m,求它们的合振动的振动方程。

解:$A = \sqrt{A_1^2 + A_2^2 + 2A_1 A_2 \cos(\varphi_2 - \varphi_1)}$

$$= \sqrt{(4 \times 10^{-2})^2 + (3 \times 10^{-2})^2 + 2 \times 4 \times 10^{-2} \times 3 \times 10^{-2} \cos\left(-\dfrac{\pi}{6} - \dfrac{\pi}{3}\right)} = 5.0 \times 10^{-2}\text{m}$$

$$\varphi = \arctan\dfrac{A_1 \sin\varphi_1 + A_2 \sin\varphi_2}{A_1 \cos\varphi_1 + A_2 \cos\varphi_2} = \arctan\dfrac{4 \times 10^{-2} \sin\dfrac{\pi}{3} + 3 \times 10^{-2} \sin\left(-\dfrac{\pi}{6}\right)}{4 \times 10^{-2} \cos\dfrac{\pi}{3} + 3 \times 10^{-2} \cos\left(-\dfrac{\pi}{6}\right)} = 0.135\pi$$

则:$x = 5.0 \times 10^{-2} \cos(3\pi t + 0.135\pi)$m

5. 设某质点的位移可用两个简谐振动的叠加来表示,其振动方程为 $x = A\sin\omega t + B\sin 2\omega t$。

(1)写出该质点的速度和加速度表示式。

(2)这一运动是否为简谐振动?

解:(1)$v = \dfrac{\mathrm{d}x}{\mathrm{d}t} = A\omega\cos\omega t + 2B\omega\cos 2\omega t$

$$a = \dfrac{\mathrm{d}v}{\mathrm{d}t} = -A\omega^2 \sin\omega t - 4B\omega^2 \sin 2\omega t$$

(2)不是简谐振动

6. 一质点同时参与两个相互垂直的简谐振动,其表达式各为 $x = A\cos\omega t$,$y = -2A\sin\omega t$,试求合振动的形式。

解:$x = A\cos\omega t$

$$y = -2A\sin\omega t = 2A\cos\left(\omega t + \dfrac{\pi}{2}\right)$$

消去参数 t,合振动轨迹为 $\dfrac{x^2}{A^2} + \dfrac{y^2}{4A^2} = 1$

由于 φ_y 比 φ_x 超前 $\dfrac{\pi}{2}$，所以为顺时针旋转的椭圆。

7. 一波源的频率为 400Hz，在空气中的波长为 0.85m，求该波在空气中的传播速度。如果该波进入骨密质中的波长变为 9.5m，求它在骨密质中的频率和波速是多少？

解:已知 $\nu_1 = 400\mathrm{Hz}, \lambda_1 = 0.85\mathrm{m}$

则 $u_1 = \nu_1 \lambda_1 = 400 \times 0.85 = 340\mathrm{m/s}$

波在不同的介质中传播时，频率只和波源的性质有关，它不随传播介质变化，所以它的频率不会改变。则

$$\nu_2 = \nu_1 = 400\mathrm{Hz}$$
$$u_2 = \nu_2 \lambda_2 = 400 \times 9.5 = 3\,800\mathrm{m/s}$$

在介质中传播的速度与介质的性质有关，所以在不同的介质中，虽然频率不变，但波速是变化的，故在不同的介质中波长 λ 也会发生变化，在波速大的介质中的波长较波速小的介质中的波长更长。

8. 已知平面波波源的振动方程为 $y = 6.0 \times 10^{-2}\cos(9\pi t)\mathrm{m}$，并以 2.0m/s 的速度把振动传播出去，求:

(1)离波源 5m 处振动的振动方程。

(2)这点与波源的相位差。

解:(1) $y = 6.0 \times 10^{-2}\cos\left[9\pi\left(t - \dfrac{5}{2}\right)\right]\mathrm{m}$

(2) $\Delta\varphi = -\dfrac{45}{2}\pi$

9. 一平面余弦纵波的频率为 25kHz，以 $5.0 \times 10^3\mathrm{m/s}$ 的速度在介质中传播，若波源的振幅为 0.060mm，初相位为 0。求:

(1)波长、周期及波动方程。

(2)在波源起振后 0.000 1s 时的波形。

解:(1)波长: $\lambda = \dfrac{u}{\nu} = \dfrac{5 \times 10^3}{25 \times 10^3} = 0.2\mathrm{m}$

周期: $T = \dfrac{1}{\nu} = \dfrac{1}{25 \times 10^3} = 4 \times 10^{-5}\mathrm{s}$

则波动方程:

$$y = A\cos\left[2\pi\left(\dfrac{t}{T} - \dfrac{x}{\lambda}\right) + \varphi\right] = 6 \times 10^{-5}\cos\left[2\pi\left(\dfrac{t}{4 \times 10^{-5}} - \dfrac{x}{0.2}\right) + 0\right]$$
$$= 6 \times 10^{-5}\cos(5 \times 10^4 \pi t - 10\pi x)\mathrm{m}$$

(2)在波源起振后 0.000 1s 时的波形为:

$$y = 6 \times 10^{-5}\cos(5 \times 10^4 \pi \times 0.000\,1 - 10\pi x) = 6 \times 10^{-5}\cos(5\pi - 10\pi x)\mathrm{m}$$

10. 一平面简谐波，沿直径为 0.14m 的圆形管中的空气传播，波的平均强度为 $8.5 \times 10^{-3}\mathrm{W/m^2}$，频率为 256Hz，波速为 340m/s，求:

(1)波的平均能量密度和最大能量密度各是多少？

(2)每两个相邻同相面间的空气中有多少能量？

解:(1) $I = \bar{\varepsilon}u$　平均能量密度: $\bar{\varepsilon} = \dfrac{I}{u} = 2.5 \times 10^{-5}\mathrm{J/m^3}$

最大能量密度：$\overline{\varepsilon}_{max} = 2\overline{\varepsilon} = 5 \times 10^{-5} \text{J/m}^3$

（2）两个相邻同相面间的空气能量：

$$E = \overline{\varepsilon} \cdot S \cdot \lambda = \overline{\varepsilon} \cdot \left(\frac{D}{2}\right)^2 \pi \cdot \frac{u}{\nu} = 2.5 \times 10^{-5} \times \left(\frac{0.14}{2}\right)^2 \pi \times \frac{340}{256} = 5.11 \times 10^{-7} \text{J}$$

11. 为了保持波源的振动不变，需要消耗 4.0W 的功率，如果波源发出的是球面波，求距波源 0.50m 和 1.00m 处的能流密度（设介质不吸收能量）。

解：距波源 $r_1 = 0.5$m 处的能流密度：

$$I_1 = \frac{\overline{E_1}}{TS_1} = \frac{\overline{W_1}}{S_1} = \frac{\overline{W_1}}{4\pi r_1^2} = \frac{4}{4\pi \times 0.5^2} = 1.27 \text{W/m}^2$$

距波源 $r_2 = 1.0$m 处的能流密度：

$$\frac{I_1}{I_2} = \frac{r_2^2}{r_1^2} \qquad I_2 = 0.32 \text{W/m}^2$$

12. 设平面横波 1 沿 BP 方向传播，它在 B 点的振动方程为 $y_1 = 2.0 \times 10^{-3} \cos 2\pi t$，平面横波 2 沿 CP 方向传播，它在 C 点的振动方程为 $y_2 = 2.0 \times 10^{-3} \cos(2\pi t + \pi)$，两式中 y 的单位是 m，t 的单位是 s。P 处与 B 相距 0.40m 与 C 相距 0.50m，波速为 0.20m/s，求：

（1）两波传到 P 处时的相位差。

（2）在 P 处合振动的振幅。

解：两波传到 P 处的振动方程：

$$y_1 = 2.0 \times 10^{-3} \cos\left[2\pi\left(t - \frac{0.4}{0.2}\right) + 0\right]$$

$$y_2 = 2.0 \times 10^{-3} \cos\left[2\pi\left(t - \frac{0.5}{0.2}\right) + \pi\right]$$

（1）相位差：$\Delta\varphi = \varphi_2 - \varphi_1 - 2\pi \frac{r_2 - r_1}{\lambda} = \pi - 2\pi \frac{0.1}{0.2} = 0$

（2）在 P 处合振动的振幅：由于相位相同，合成波的振幅为两波振幅相加。

$$A = \sqrt{A_1^2 + A_2^2 + 2A_1A_2\cos\left(\varphi_2 - \varphi_1 - 2\pi \frac{r_2 - r_1}{\lambda}\right)} = A_1 + A_2 = 4.0 \times 10^{-3} \text{m}$$

13. 某同学在教室里讲话声音的声强为 $1.0 \times 10^{-8} \text{W/m}^2$，求该同学讲话声音的声强级。若再有一名同学以同样声强的声音讲话，问此时的声强级变为多少？

解：
$$L_1 = 10\lg\frac{I_1}{I_0} = 10\lg\frac{10^{-8}}{10^{-12}} = 40 \text{dB}$$

由于声强可以直接加减，而声强级不能用代数加减。则：

$$I_2 = 2I_1 = 2 \times 10^{-8} \text{W/m}^2$$

$$L_2 = 10\lg\frac{I_2}{I_0} = 10\lg\frac{2 \times 10^{-8}}{10^{-12}} = 10\lg 2 + 10\lg\frac{10^{-8}}{10^{-12}} = 3.01 + 40 = 43.01 \text{dB}$$

14. 两种声音的声强级相差 1dB，求它们的声强之比。

解：由声强级公式：$L = 10\lg\frac{I}{I_0}$

则：$L_2 - L_1 = 10\lg\dfrac{I_2}{I_0} - 10\lg\dfrac{I_1}{I_0} = 10\lg\dfrac{I_2}{I_1} = 1$

$\therefore \dfrac{I_2}{I_1} = 10^{\frac{1}{10}} = 1.26$

15. 一警笛发射频率为 1 500Hz 的声波，并以 22m/s 的速度向某一方向运动，一个人以 6m/s 的速度跟在其后，求：

（1）警笛后方静止参考系中接收到的声波波长。

（2）人听到警笛的频率（设空气中声速为 340m/s）。

解：已知警笛的频率 $\nu = 1\,500$Hz，空气中声速 $u = 340$m/s，警笛相对于静止参考系的速度 $v_{警笛} = 220$m/s，人相对于静止参考系的速度 $v_人 = 6$m/s。

（1）警笛后方静止参考系中接收到的频率为：

$$\nu_1 = \frac{u}{u + v_{警笛}}\nu = \frac{340}{340 + 22} \times 1\,500 = 1\,409\text{Hz}$$

所以警笛后方静止参考系中接收到的波长为：$\lambda = \dfrac{u}{\nu_1} = \dfrac{340}{1\,409} = 0.241\text{m}$

（2）人听到警笛的频率为：$\nu_2 = \dfrac{u + v_人}{u + v_{警笛}}\nu = \dfrac{340 + 6}{340 + 22} \times 1\,500 = 1\,434\text{Hz}$

16. 两艘潜艇在静海水域演习，正相向而行。甲艇速率为 50.0km/h，乙艇速率为 70.0km/h。甲艇向乙艇发出声纳信号（水中声波），频率为 100kHz，波速为 5 480km/h。求甲艇收到乙艇反射回来声纳信号的频率是多少？

解：已知甲艇相对于海水的速度 $v_甲 = 50.0$km/h，乙艇相对于海水的速度 $v_乙 = 70.0$km/h，声纳信号在水中的传播速度 $u = 5\,480$km/h，声纳信号发出时的频率 $\nu = 100$kHz。

当乙艇接收甲艇信号时，乙艇是观测者，甲艇是波源，所以乙艇接收到的声纳信号频率为：$\nu_乙 = \dfrac{u + v_乙}{u - v_甲}\nu = \dfrac{5\,480 + 70}{5\,480 - 50} \times 100 = 102\text{kHz}$

当甲艇接收乙艇反射回来的信号时，甲艇是观测者，乙艇是波源，所以甲艇接收到的声纳信号频率为：$\nu_甲 = \dfrac{u + v_甲}{u - v_乙}\nu_乙 = \dfrac{5\,480 + 50}{5\,480 - 70} \times 102 = 104\text{kHz}$

二、知识与能力测评参考答案

1. （1）2.72s；（2）± 10.8cm。

2. （1）4.19s；（2）4.5×10^{-2}m/s²；（3）$x = 0.02\cos\left(1.5t + \dfrac{1}{2}\pi\right)$m。

3. 0.667s。

4. （1）0.16J；（2）$x = 0.4\cos\left(2t + \dfrac{1}{3}\pi\right)$m。

5. $x = 4\cos\left(\dfrac{2}{3}\pi t - \dfrac{1}{3}\pi\right)$cm。

6. （1）$\dfrac{3}{2}\pi$，$y = A\cos\left[2\pi\left(100t - \dfrac{x}{4}\right) + \dfrac{3}{2}\pi\right]$；（2）$y = A\cos\left(200\pi t - \dfrac{5}{2}\pi\right)$，$-\dfrac{5}{2}\pi$；（3）$-\dfrac{1}{2}\pi$，$x_2$ 点相位落后。

7. （1）2.70×10^{-3} J/s；（2）9.00×10^{-2} J/（s·m²）；（3）2.65×10^{-4} J/m³。

8. 0.464m。

9. 1.3m，3.0×10^2 m/s。

10. 468Hz，18.4m/s。

11. 0.351N。

12. 略。

13. 略。

第五章	静电场

【要点概览】

相对于观测者静止的电荷所产生的电场称为静电场。本章主要介绍了电场强度和电势两个物理量及其相互关系、静电场以及静电场中导体和电介质的一些基本性质及规律。

1. 库仑定律描述了两个点电荷之间的相互作用规律,即 $f = \dfrac{q_1 q_2}{4\pi\varepsilon_0 r^2} r_0 = \dfrac{q_1 q_2}{4\pi\varepsilon_0 r^3} r$。

2. 电场强度是从电场对其中的电荷有力的作用这一性质出发,引入的描述电场强弱的物理量,是一个矢量。定义为单位试探电荷在该点所受的电场力,即 $E = \dfrac{f}{q_0}$,点电荷产生的场强 $E = \dfrac{q}{4\pi\varepsilon_0 r^2} r_0$。

3. 点电荷系电场中某点的场强,就等于各个点电荷单独存在时在该点处产生场强的矢量和,称为场强叠加原理,即 $E = E_1 + E_2 + \cdots + E_n = \sum\limits_{i=1}^{n} E_i$,连续带电体的场强为 $E = \displaystyle\int \dfrac{\mathrm{d}q}{4\pi\varepsilon_0 r^2} r_0$。

4. 电场线是人为画出用于形象地描述场强分布的曲线,电场线的切线方向为该点场强方向,电场线的密度为该点场强大小。

5. 电通量是指通过给定曲面的电场线的数量,即 $\Phi_e = \displaystyle\int_s \mathrm{d}\Phi_e = \int_s E\cos\theta \mathrm{d}S = \int_s \boldsymbol{E} \cdot \mathrm{d}\boldsymbol{S}$。

6. 在真空中的静电场,通过任意闭合曲面(也称为高斯面)的电通量,等于该闭合曲面内所包围的电荷的代数和除以 ε_0,称为高斯定理,即 $\Phi_e = \displaystyle\oint_s \boldsymbol{E} \cdot \mathrm{d}\boldsymbol{S} = \dfrac{1}{\varepsilon_0} \sum\limits_{i=1}^{n} q_i$,利用高斯定理可以分析具有对称性的连续带电体的场强分布。

7. 将试探电荷 q_0 沿任意路径由 a 点移动到 b 点电场力所做的功为 $A_{ab} = q_0 \displaystyle\int_a^b \boldsymbol{E} \cdot \mathrm{d}\boldsymbol{l} = W_a - W_b$。

8. 在静电场中,场强沿任意闭合路径的线积分等于零,称为静电场的环路定理,即 $\displaystyle\oint_L \boldsymbol{E} \cdot \mathrm{d}\boldsymbol{l} = 0$。

9. 将试探电荷 q_0 沿任意路径由 a 点移动到无穷远处电场力所做的功为电势能,即 $W_a = q_0 \displaystyle\int_a^\infty \boldsymbol{E} \cdot \mathrm{d}\boldsymbol{l}$。

10. 电势是从电场对其中运动的电荷做功这一性质出发,引入的描述电场性质的物理量,是一个标量。定义为 $U_a = \dfrac{W_a}{q_0} = \int_a^\infty \boldsymbol{E} \cdot \mathrm{d}\boldsymbol{l}$,反映了电场场强与电势的积分关系。

11. 任意 a、b 两点电势之差称为电势差,即 $U_{ab} = U_a - U_b = \int_a^b \boldsymbol{E} \cdot \mathrm{d}\boldsymbol{l}$。

12. 点电荷的电势为 $U = \dfrac{q}{4\pi\varepsilon_0 r}$。

13. 点电荷系电场中某点的电势,就等于各个点电荷单独存在时在该点处产生电势的代数和,称为电势叠加原理,即 $U = \sum\limits_{i=1}^n U_i = \sum\limits_{i=1}^n \dfrac{q_i}{4\pi\varepsilon_0 r_i}$。

14. 某点的电场强度等于该点电势梯度矢量的负值,即 $\boldsymbol{E} = -\dfrac{\mathrm{d}U}{\mathrm{d}n}\boldsymbol{n}_0 = -\nabla U$。

15. 导体内部的自由电荷在外电场的作用下将发生宏观定向运动,导致导体内电荷的重新分布,这种现象称为静电感应。当宏观定向运动完全停止时,电荷又达到一个新的平衡分布,这种状态称为静电平衡。

16. 处于静电平衡下的导体,内部场强处处为零,表面的场强与表面垂直。导体是一个等势体,导体表面是等势面。导体内部处处没有净电荷,电荷只能分布在导体的表面上。空腔导体可以实现静电屏蔽。

17. 电介质中的电荷不能自由移动,但在外电场的作用下将偏离原来的位置,这种现象称为电介质的极化。因为极化而在电介质表面出现的电荷称为极化电荷,电介质极化的结果总是使电介质内部的电场强度减小。

18. 极化强度是描述电介质极化程度的物理量,定义为单位体积内分子电矩矢量和,即

$$\boldsymbol{P} = \frac{\sum\limits_i \boldsymbol{p}_i}{\Delta V}。$$

19. 极化电荷的面密度等于电极化强度 $\boldsymbol{P}$ 在介质表面外法线 $\boldsymbol{n}$ 方向上的分量,即 $\sigma' = P_n = P\cos\theta$。

20. 电介质中的总场强 E 是自由电荷在真空中场强 E_0 的 ε_r 分之一,即 $E = \dfrac{E_0}{\varepsilon_r} = \dfrac{\sigma_0}{\varepsilon_0 \varepsilon_r} = \dfrac{\sigma_0}{\varepsilon}$。

21. 通过任意闭合曲面的电位移通量,就等于该闭合曲面所包围的自由电荷的代数和,称为有电介质时的高斯定理,即 $\oint_s \boldsymbol{D} \cdot \mathrm{d}\boldsymbol{S} = \sum q_0$,其中电位移矢量 $\boldsymbol{D} = \varepsilon_0 \boldsymbol{E} + \boldsymbol{P}$。

22. 电容是反映孤立导体(或导体组合)储存电荷能力的物理量,即 $C = \dfrac{q}{U}$ 或 $C = \dfrac{q}{U_A - U_B}$。平板电容器的电容为 $C = \dfrac{\varepsilon S}{d}$。

23. 电容器的能量为 $W = \dfrac{Q^2}{2C} = \dfrac{1}{2}CU^2 = \dfrac{1}{2}QU$。

24. 静电场的能量为 $W = \int w\,\mathrm{d}V = \int_V \dfrac{1}{2}\varepsilon E^2 \mathrm{d}V$,其中电场的能量密度 $w = \dfrac{1}{2}\varepsilon E^2$。

【重点例题解析】

例题 1 真空中一个导体球 A 的半径为 R_1，带电量为 q（设 $q>0$）。一个原来不带电的内半径为 R_2、外半径为 R_3 的导体球壳 B，同心地罩在导体球 A 的外面（图 5-1）。求：

（1）导体球 A 的电势。

（2）导体球壳 B 的电势。

（3）如果导体球壳 B 带有电量 Q（$Q>0$），其他条件不变，求导体球 A 的电势。

（4）若在（3）的基础上用一根导线将导体球 A 与导体球壳 B 连在一起，此时导体球 A 的电势是多少？

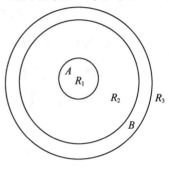

图 5-1

解：（1）根据题意，应先由真空中的高斯定理求出场强分布，然后再由电势的定义求电势。在静电平衡状态下，导体球 A 上的电量 q 一定分布在导体球的表面。由空腔导体的性质可知，导体球壳 B 的内表面带有电量 $-q$；因电荷守恒，球壳 B 的外表面带有电量 q，而且由于三个带电面是同心的，因此三个面上的电荷是均匀分布的。根据电荷分布的球对称性，可知场强 $\boldsymbol{E}$ 的分布也具有球对称性，设其方向沿径矢 $\boldsymbol{r}$ 方向。作与导体球同心的半径为 r 的球形高斯面 S，因高斯面 S 上各点 $\boldsymbol{E}$ 的大小相等，其方向沿球面的外法线方向，因此通过球形高斯面 S 的电通量为

$$\oint_s \boldsymbol{E} \cdot \mathrm{d}\boldsymbol{S} = E \oint_s \mathrm{d}S = E \cdot 4\pi r^2$$

依据高斯定理，上式应等于高斯面 S 所包围的电荷的代数和除以 ε_0，即

$$4\pi r^2 E = \frac{1}{\varepsilon_0}\sum q$$

$r < R_1$ 时，$\sum q = 0$，$E_1 = 0$

$R_1 < r < R_2$ 时，$\sum q = q$，$E_2 = \dfrac{q}{4\pi\varepsilon_0 r^2}$

$R_2 < r < R_3$ 时，$\sum q = 0$，$E_3 = 0$

$r > R_3$ 时，$\sum q = q$，$E_4 = \dfrac{q}{4\pi\varepsilon_0 r^2}$

利用上面场强分布的结果，并由电势定义式可得导体球 A 的电势为

$$U = \int_{R_1}^{\infty} \boldsymbol{E} \cdot \mathrm{d}\boldsymbol{l} = \int_{R_1}^{\infty} \boldsymbol{E} \cdot \mathrm{d}\boldsymbol{r} = \int_{R_1}^{R_2} E_2 \mathrm{d}r + \int_{R_2}^{R_3} E_3 \mathrm{d}r + \int_{R_3}^{\infty} E_4 \mathrm{d}r$$

$$= \int_{R_1}^{R_2} \frac{q}{4\pi\varepsilon_0 r^2}\mathrm{d}r + \int_{R_2}^{R_3} 0 \cdot \mathrm{d}r + \int_{R_3}^{\infty} \frac{q}{4\pi\varepsilon_0 r^2}\mathrm{d}r$$

$$= \frac{q}{4\pi\varepsilon_0 R_1} - \frac{q}{4\pi\varepsilon_0 R_2} + \frac{q}{4\pi\varepsilon_0 R_3}$$

（2）导体球壳 B 的电势为

$$U = \int_{R_3}^{\infty} \boldsymbol{E} \cdot \mathrm{d}\boldsymbol{l} = \int_{R_3}^{\infty} E_4 \mathrm{d}r = \int_{R_3}^{\infty} \frac{q}{4\pi\varepsilon_0 r^2}\mathrm{d}r = \frac{q}{4\pi\varepsilon_0 R_3}$$

（3）如果导体球壳 B 带有电量 Q，由电荷守恒定律可知，此时球壳 B 的外表面所带电量

应为 $q+Q$，其余电荷分布不变。依据高斯定理可知

$r<R_1$ 时，$\sum q=0$，$E_1=0$

$R_1<r<R_2$ 时，$\sum q=q$，$E_2=\dfrac{q}{4\pi\varepsilon_0 r^2}$

$R_2<r<R_3$ 时，$\sum q=0$，$E_3=0$

$r>R_3$ 时，$\sum q=q+Q$，$E_4=\dfrac{q+Q}{4\pi\varepsilon_0 r^2}$

则此时导体球 A 的电势为：

$$U=\int_{R_1}^{\infty}\boldsymbol{E}\cdot\mathrm{d}\boldsymbol{l}=\int_{R_1}^{\infty}\boldsymbol{E}\cdot\mathrm{d}\boldsymbol{r}=\int_{R_1}^{R_2}E_2\mathrm{d}r+\int_{R_2}^{R_3}E_3\mathrm{d}r+\int_{R_3}^{\infty}E_4\mathrm{d}r$$

$$=\int_{R_1}^{R_2}\frac{q}{4\pi\varepsilon_0 r^2}\mathrm{d}r+\int_{R_2}^{R_3}0\cdot\mathrm{d}r+\int_{R_3}^{\infty}\frac{q+Q}{4\pi\varepsilon_0 r^2}\mathrm{d}r$$

$$=\frac{q}{4\pi\varepsilon_0 R_1}-\frac{q}{4\pi\varepsilon_0 R_2}+\frac{q+Q}{4\pi\varepsilon_0 R_3}$$

（4）若在（3）的基础上用一根导线将导体球 A 与导体球壳 B 连在一起，此时整个导体是一个等势体，全部电荷 $q+Q$ 都分布在导体球壳 B 的外表面，且均匀分布，因此导体球 A 的电势为

$$U=\frac{q+Q}{4\pi\varepsilon_0 R_3}$$

例题 2　导体球 A 的半径为 R_1，带电量为 q（设 $q>0$）。一个原来不带电的内半径为 R_2、外半径为 R_3 的导体球壳 B，同心地罩在导体球 A 的外面，导体球 A 与球壳 B 之间充满相对电容率为 ε_r 的均匀电介质，B 球壳外为真空（图 5-2）。求：

（1）电位移和场强分布。

（2）导体球 A 的电势 U。

（3）导体球壳 B 的电势 U。

（4）电介质中的电极化强度。

（5）电介质表面极化电荷的面密度。

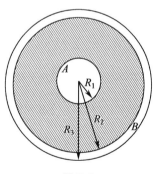

图 5-2

解：（1）由静电平衡状态下导体的性质可知，导体球 A 上的电量 q 分布在导体球的表面；导体球壳 B 的内表面带有电量 $-q$，外表面带有电量 q。另外，由于电介质的极化，在介质球壳的两个表面上还分布有极化电荷。由于所有带电面都是同心的，因此所有电荷的分布也都是均匀的。由电荷分布的球对称性可知，场强 $\boldsymbol{E}$ 以及电位移 $\boldsymbol{D}$ 的分布也具有球对称性，设它们的方向沿径矢 $\boldsymbol{r}$ 方向。作与导体球同心的半径为 r 的球形高斯面 S，因高斯面 S 上各点 $\boldsymbol{D}$ 的大小相等，$\boldsymbol{D}$ 的方向沿球面的外法线方向，根据有电介质存在时的高斯定理，通过高斯面 S 的电位移通量为

$$\oint_s\boldsymbol{D}\cdot\mathrm{d}\boldsymbol{S}=D\oint_s\mathrm{d}S=D\cdot4\pi r^2$$

依据高斯定理，上式应等于高斯面 S 所包围的自由电荷的代数和，即

$$D\cdot4\pi r^2=\sum q_0$$

$r<R_1$ 时，$\sum q_0=0$，$D_1=0$，$E_1=0$

$R_1 < r < R_2$ 时，$\sum q_0 = q, D_2 = \dfrac{q}{4\pi r^2}, E_2 = \dfrac{D_2}{\varepsilon_0 \varepsilon_r} = \dfrac{q}{4\pi \varepsilon_0 \varepsilon_r r^2}$

$R_2 < r < R_3$ 时，$\sum q_0 = 0, D_3 = 0, E_3 = 0$

$r > R_3$ 时，$\sum q_0 = q, D_4 = \dfrac{q}{4\pi r^2}, E_4 = \dfrac{D_4}{\varepsilon_0} = \dfrac{q}{4\pi \varepsilon_0 r^2}$

其中，$\boldsymbol{D}_2 \, \boldsymbol{D}_4$ 以及 $\boldsymbol{E}_2 \, \boldsymbol{E}_4$ 的方向均沿径矢 $\boldsymbol{r}$ 方向。

（2）根据电势的定义得导体球 A 的电势为

$$U = \int_{R_1}^{\infty} \boldsymbol{E} \cdot \mathrm{d}\boldsymbol{l} = \int_{R_1}^{\infty} \boldsymbol{E} \cdot \mathrm{d}\boldsymbol{r}$$

$$= \int_{R_1}^{R_2} E_2 \mathrm{d}r + \int_{R_2}^{R_3} E_3 \mathrm{d}r + \int_{R_3}^{\infty} E_4 \mathrm{d}r$$

$$= \int_{R_1}^{R_2} \frac{q}{4\pi \varepsilon_0 \varepsilon_r r^2} \mathrm{d}r + \int_{R_3}^{\infty} \frac{q}{4\pi \varepsilon_0 r^2} \mathrm{d}r$$

$$= \frac{q}{4\pi \varepsilon_0 \varepsilon_r} \left(\frac{1}{R_1} - \frac{1}{R_2} \right) + \frac{q}{4\pi \varepsilon_0 R_3}$$

（3）同理得导体球壳 B 的电势为

$$U = \int_{R_3}^{\infty} \boldsymbol{E} \cdot \mathrm{d}\boldsymbol{l} = \int_{R_3}^{\infty} \boldsymbol{E} \cdot \mathrm{d}\boldsymbol{r} = \int_{R_3}^{\infty} E_4 \mathrm{d}r$$

$$= \int_{R_3}^{\infty} \frac{q}{4\pi \varepsilon_0 r^2} \mathrm{d}r = \frac{q}{4\pi \varepsilon_0 R_3}$$

（4）对于各向同性的均匀电介质，由 $\boldsymbol{D}$、$\boldsymbol{E}$、$\boldsymbol{P}$ 三者间的关系，可求得电介质中的电极化强度。

因为 $\boldsymbol{D} = \varepsilon_0 \boldsymbol{E} + \boldsymbol{P}$

所以 $\boldsymbol{P} = \boldsymbol{D} - \varepsilon_0 \boldsymbol{E}$

故 $P = D_2 - \varepsilon_0 E_2$

$$= \frac{q}{4\pi r^2} - \varepsilon_0 \frac{q}{4\pi \varepsilon_0 \varepsilon_r r^2} = \left(1 - \frac{1}{\varepsilon_r} \right) \frac{q}{4\pi r^2}$$

$\boldsymbol{P}$ 的方向与 $\boldsymbol{D}_2$ 及 $\boldsymbol{E}_2$ 的方向相同。

（5）由极化电荷与极化强度的关系 $\sigma' = P_n = P\cos \theta$，可求电介质表面极化电荷的面密度。

因为介质内表面处外法线 $\boldsymbol{n}$ 的方向与径矢 $\boldsymbol{r}$ 的方向相反，故 $\theta = \pi$，因此介质内表面（半径为 R_1 的界面）的极化电荷面密度为

$$\sigma_1' = -P_{R_1} = -\left(1 - \frac{1}{\varepsilon_r} \right) \frac{q}{4\pi R_1^2}$$

同理，介质外表面（半径为 R_2 的界面）的极化电荷面密度为

$$\sigma_2' = +P_{R_2} = \left(1 - \frac{1}{\varepsilon_r} \right) \frac{q}{4\pi R_2^2}$$

【知识与能力测评】

1. 电场强度和电势有何区别和联系？
2. 若高斯面上电场强度处处不为零，则高斯面内必定有电荷吗？

3. 吹一个带有电荷的肥皂泡,则电荷的存在对吹泡有帮助还是有阻碍? 试从静电能的角度加以说明。

4. 真空中半径为 R、带电为 Q 的均匀带电圆环,求其圆心处的场强和电势。

5. 真空中一个无限大均匀带电平板,电荷的面密度为 σ,该带电平板上开有一个半径为 R 的圆洞,求通过圆洞中心且垂直于带电平板的轴线上距圆洞中心为 r 处的场强。

6. 真空中一个无限长的带电细棒,电荷线密度为 λ,已知距棒为 a 处有一固定点 P_0 (图 5-3),求该无限长带电细棒的场强及电势分布。(提示:对于无限长的带电细棒,不能将无穷远处选为电势零点。根据题意,可将固定点 P_0 处选为电势零点)

7. 导体球 A 的半径为 R_1,带电量为 q。一个带电为 Q、半径为 R_2 的导体球壳 B 同心地罩在导体球 A 的外面,导体球壳 B 的厚度不计。设导体球 A 与球壳 B 之间充满相对电容率为 ε_{r_1} 的均匀电介质,球壳 B 外的空间充有相对电容率为 ε_{r_2} 的均匀电介质(图 5-4)。求:

(1)电位移和场强分布。

(2)导体球 A 的电势 U。

(3)导体球 A 与导体球壳 B 间的电势差。

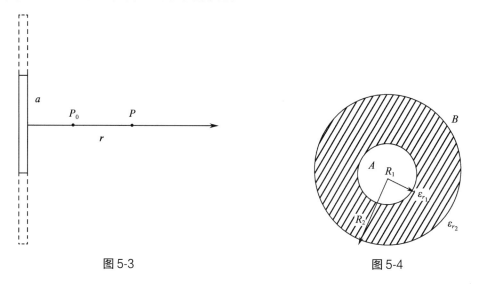

图 5-3   图 5-4

8. 一个导体球带电 $q = 1 \times 10^{-8} \text{C}$,半径 $R = 0.01\text{m}$。导体球外有两层均匀的电介质,第一层 $\varepsilon_{r_1} = 5$,厚度为 1m;第二层是空气 $\varepsilon_{r_2} = 1$,充满其余空间。求:

(1)导体球内储存的电场能量。

(2)第一层电介质中的电场能量。

(3)第二层介质中的电场能量。

9. 一个球形电容器中心导体球的半径 $R_1 = 0.01\text{m}$,外导体球壳的半径 $R_2 = 0.03\text{m}$,其间有两层均匀的电介质,厚度均为 0.01m,内层 $\varepsilon_{r_1} = 5$,外层 $\varepsilon_{r_2} = 2$,设中心导体球带电 $q = 1.8 \times 10^{-9} \text{C}$。求:

(1)中心导体球与外导体球壳的电势差。

(2)电介质表面极化电荷的面密度。

(3)该球形电容器的电容。

10. 在电荷面密度为 σ 的无限大带电平面的电场中,平行放置一不带电的无限大金属

平板(图 5-5)。求:

(1)金属平板两面的电荷面密度 σ_1 和 σ_2。

(2)金属板外侧(远离无限大带电平面的一侧)任一点 P 处的场强。

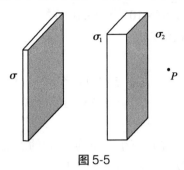

图 5-5

【参考答案】

一、本章习题解答

1. 能否应用叠加原理求出任意带电体系形成的电场中的场强和电势?

解:理论上是可以的。只要已知空间电荷的分布情况,就能够应用叠加原理求出任意带电体系形成的电场中的场强和电势,但实际中往往会受计算能力的限制而求不出。

2. 高斯定理是否仅适用于具有特殊对称性的电场?

解:高斯定理适用于任意电场,但只有对于某些具有特殊对称性的电场,才能够应用高斯定理求出场强分布。

3. 带电量同为 q 的一个点自由电荷和一个点极化电荷在真空中产生的电场相同吗?

解:完全相同,场强均为 $E = \dfrac{q}{4\pi\varepsilon_0 r^2} \boldsymbol{r}_0$。因为电场只与带电量的大小、电荷的分布以及周围的介质情况有关,与是哪种电荷无关。

4. 电介质极化时产生的极化电荷形成的电场和导体静电感应时产生的感应电荷形成的电场的作用有何异同?

解:相同之处,两者都起到削弱外电场的作用。不同之处,感应电荷形成的电场最终将完全抵消外电场,使导体内场强处处为零,从而达到静电平衡;而极化电荷形成的电场只能削弱外电场,但不能抵消,这样才能达到极化下的平衡状态。如果抵消,电介质就又恢复到没加外电场之前的状态,也就没有了极化现象的发生。

5. 真空中在 x-y 平面上,两个电量均为 10^{-8} C 的正电荷分别位于坐标(0.1,0)及(-0.1,0)上,坐标的单位为 m。求:

(1)坐标原点处的场强。

(2)点(0,0.1)处的场强。

解:设 $\boldsymbol{E}_1$、$\boldsymbol{E}_2$ 为两点电荷产生的场强,其合场强为

$$\boldsymbol{E} = \boldsymbol{E}_1 + \boldsymbol{E}_2$$

(1)在原点处,$\boldsymbol{E}_1$、$\boldsymbol{E}_2$ 的大小相等、方向相反,因此

$$E = E_1 - E_2 = 0$$

故合场强为 0。

（2）此时　$E_1 = E_2 = \dfrac{q}{4\pi\varepsilon_0 r^2}$

$$= \dfrac{10^{-8}}{4\pi \times 8.85 \times 10^{-12} (\sqrt{2} \times 0.1)^2}$$

$$= 4.5 \times 10^3 \text{V/m}$$

故合场强的大小为

$$E = 2E_1 \cos 45$$

$$= 6.36 \times 10^3 \text{V/m}$$

方向沿 y 轴正方向。

6. 真空中在 x-y 平面上有一个由三个电量均为 $+q$ 的点电荷所组成的点电荷系,这三个点电荷分别固定于坐标为 $(a,0)$ $(-a,0)$ 及 $(0,a)$ 上。求:

（1）y 轴上坐标为 $(0,y)$ 点的场强（$y > a$）。

（2）若 $y \gg a$ 时,点电荷系在 $(0,y)$ 点产生的场强等于一个位于坐标原点的等效电荷在该处产生的场强,求该等效电荷的电量。

解:（1）根据电荷分布的对称性,在点 $(0,y)$ 处（$y > a$）的合场强大小为

$$E = \dfrac{2qy}{4\pi\varepsilon_0 (a^2 + y^2)^{\frac{3}{2}}} + \dfrac{q}{4\pi\varepsilon_0 (y-a)^2}$$

方向沿 y 轴方向。

（2）当 $y \gg a$ 时

$$E = \dfrac{3q}{4\pi\varepsilon_0 y^2}$$

故等效电量为 $3q$。

7. 真空中有一段长度为 l 的均匀带电细棒,电荷线密度为 λ。求其延长线上距最近端为 d 处的场强。

解:微小长度 $\mathrm{d}x$ 上的电量 $\mathrm{d}q = \lambda\,\mathrm{d}x$,它在该点产生的场强为

$$\mathrm{d}E = \dfrac{\lambda\,\mathrm{d}x}{4\pi\varepsilon_0 (x+d)^2}$$

于是

$$E = \int \mathrm{d}E = \dfrac{\lambda}{4\pi\varepsilon_0} \int_0^l \dfrac{\mathrm{d}x}{(x+d)^2}$$

$$= \dfrac{\lambda}{4\pi\varepsilon_0} \left(\dfrac{1}{d} - \dfrac{1}{l+d} \right)$$

8. 真空中有两个同心均匀带电球面,内球面半径为 0.2m,所带电量为 -3.34×10^{-7}C,外球面半径为 0.4m,所带电量为 5.56×10^{-7}C。设 r 为待求场强的点到球心的距离,求下列几处的场强:

（1）$r = 0.1$m。

（2）$r = 0.3$m。

（3）$r = 0.5$m。

解:根据高斯定理:

（1）$r = 0.1$m,$E \cdot 4\pi r^2 = 0$　故 $E = 0$

$(2)r = 0.3\text{m}, E \cdot 4\pi r^2 = \dfrac{q}{\varepsilon_0}$ 　故 $E = \dfrac{q}{4\pi\varepsilon_0 r^2} = -3.34 \times 10^4 \text{V/m}$

方向沿半径指向球心。

$(3)r = 0.5\text{m}, E \cdot 4\pi r^2 = \sum q_i/\varepsilon_0$ 　故 $E = \dfrac{\sum q_i}{4\pi\varepsilon_0 r^2} = 7.89 \times 10^3 \text{V/m}$

方向沿半径指向球外。

9. 真空中有两个无限长同轴圆柱面,内圆柱面半径为 R_1,每单位长度带的电荷为 $+\lambda$,外圆柱面半径为 R_2,每单位长度带的电荷为 $-\lambda$。求空间各处的场强。

解:取半径为 r、长为 l 的同轴圆柱面为高斯面,根据高斯定理

$(1)r < R_1$ 　　$E \cdot 2\pi r \cdot l = 0$ 　故 $E = 0$

$(2)R_1 < r < R_2$ 　$E \cdot 2\pi r \cdot l = \lambda l/\varepsilon_0$ 　故 $E = \dfrac{\lambda}{2\pi\varepsilon_0 r}$

$(3)r > R_2$ 　　$E \cdot 2\pi r \cdot l = (\lambda - \lambda)l/\varepsilon_0$ 　故 $E = 0$

10. 真空中有两个均匀带电的同心球面,内球面半径为 R_1,外球面半径为 R_2,外球面的电荷面密度为 σ_2,且外球面外各处的场强为零。求:

(1)内球面上的电荷面密度。

(2)两球面间离球心为 r 处的场强。

(3)半径为 R_1 的内球面内的场强。

解:取半径为 r 的同心球面为高斯面,根据高斯定理

$(1)r > R_2$

$$E \cdot 4\pi r^2 = (4\pi R_1^2 \sigma_1 + 4\pi R_2^2 \sigma_2)/\varepsilon_0 = 0 \qquad 故 \ \sigma_1 = -\dfrac{R_2^2}{R_1^2}\sigma_2$$

$(2)R_1 < r < R_2$

$$E \cdot 4\pi r^2 = \dfrac{1}{\varepsilon_0}4\pi R_1^2 \cdot \sigma_1 = \dfrac{1}{\varepsilon_0}4\pi R_1^2 \cdot \left(-\dfrac{R_2^2}{R_1^2}\sigma_2\right)$$

$$E = \dfrac{-\sigma_2 R_2^2}{\varepsilon_0 r^2}$$

$(3)r < R_1$

$$E \cdot 4\pi r^2 = 0 \quad 故 \ E = 0$$

11. 设真空中有一半径为 R 的均匀带电球体,所带总电量为 q,求该球体内、外的场强。

解:均匀带电球体的电荷密度为 $\dfrac{q}{\dfrac{4}{3}\pi R^3}$,设所求点距球心为 r,则由对称性知,与球体同

心、半径为 r 的球面高斯面上的各点的场强大小相等,方向沿着半径。故

(1)当 $r > R$,由高斯定理

$$\int \boldsymbol{E} \cdot \mathrm{d}\boldsymbol{S} = E \cdot 4\pi r^2 = \dfrac{q}{\varepsilon_0}$$

则 $E = \dfrac{q}{4\pi\varepsilon_0 r^2}$,加上方向得 $\boldsymbol{E} = \dfrac{q}{4\pi\varepsilon_0 r^2}\boldsymbol{r}_0$,$\boldsymbol{r}_0$ 为沿半径由球心指向球外的单位向量。

(2)当 $r \leqslant R$,由高斯定理

$$\frac{q'}{\varepsilon_0} = \int \boldsymbol{E} \cdot \mathrm{d}\boldsymbol{S} = E \cdot 4\pi r^2$$

$$q' = \frac{4}{3}\pi r^3 \cdot \frac{q}{\frac{4}{3}\pi R^3} = \frac{qr^3}{R^3}$$

则 $E = \dfrac{qr}{4\pi\varepsilon_0 R^3}$，加上方向得 $\boldsymbol{E} = \dfrac{qr}{4\pi\varepsilon_0 R^3}\boldsymbol{r}_0$，$\boldsymbol{r}_0$ 为沿半径由球心指向球外的单位向量。

12. 真空中有带电量分别为+10C 和+40C 的两个点电荷,相距为 40m。求场强为零的点的位置及该点处的电势。

解:(1)设 $\boldsymbol{E}_1$ 和 $\boldsymbol{E}_2$ 为两电荷单独存在时产生的场强,合场强为 0,要求 $\boldsymbol{E} = \boldsymbol{E}_1 + \boldsymbol{E}_2 = 0$,即 $\boldsymbol{E}_1 = -\boldsymbol{E}_2$,则场强为 0 的点必在连接两点电荷的直线上,设该点距+10C 的电荷为 x,故有:

$$E_1 = q_1/4\pi\varepsilon_0 x^2$$

$$E_2 = q_2/4\pi\varepsilon_0(40-x)^2$$

但 $E_1 = E_2$ 即:

$$\frac{q_1}{4\pi\varepsilon_0 x^2} = \frac{q_2}{4\pi\varepsilon_0(40-x)^2}$$

$$\frac{x^2}{(40-x)^2} = \frac{q_1}{q_2} = \frac{1}{4}$$

$$\frac{x}{40-x} = \pm\frac{1}{2}$$

取 $x < 40$ $\qquad\qquad x = 13.3\mathrm{m}$

(2)根据电势叠加原理:

$$U = U_1 + U_2 = \frac{q_1}{4\pi\varepsilon_0 x} + \frac{q_2}{4\pi\varepsilon_0(40-x)}$$

$$= 2.0 \times 10^{10}\mathrm{V}$$

13. 真空中两个等量异号点电荷相距 2m,$q_1 = 8.0\times10^{-6}\mathrm{C}$,$q_2 = -8.0\times10^{-6}\mathrm{C}$。求两个点电荷连线上电势为零的点的位置及该点处的场强。

解:设所求点到两点电荷的距离为 r_1 与 r_2,则

$$\frac{q_1}{4\pi\varepsilon_0 r_1} + \frac{q_2}{4\pi\varepsilon_0 r_2} = 0 \text{ 且 } r_1 + r_2 = 2\mathrm{m}$$

故 $r_1 = r_2 = 1\mathrm{m}$ 　即为连线中点

该点场强的大小为 $E = \dfrac{2q_1}{4\pi\varepsilon_0 r_1^2} = 1.4\times10^5\mathrm{V/m}$,方向为从 q_1 指向 q_2。

14. 如图 5-6 所示,q_1 和 q_2 为两个点电荷。已知 $r = 8\mathrm{cm}$,$a = 12\mathrm{cm}$,$q_1 = q_2 = \dfrac{1}{3}\times10^{-8}\mathrm{C}$,电荷 $q_0 = 10^{-9}\mathrm{C}$,求:

(1)q_0 从 A 移到 B 时电场力所做的功。

(2)q_0 从 C 移到 D 时电场力所做的功。

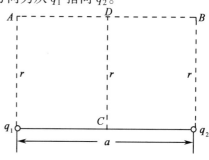

图 5-6

解：(1) $U_A = \dfrac{q_1}{4\pi\varepsilon_0 r} + \dfrac{q_2}{4\pi\varepsilon_0 \sqrt{r^2 + a^2}}$

$$U_B = \dfrac{q_2}{4\pi\varepsilon_0 r} + \dfrac{q_1}{4\pi\varepsilon_0 \sqrt{r^2 + a^2}}$$

$$A_{AB} = q_0(U_A - U_B) = 0$$

(2) $U_C = \dfrac{2q_1}{4\pi\varepsilon_0 a/2} = \dfrac{q_1}{\pi\varepsilon_0 a} = 1\,000\text{V}$

$$U_D = \dfrac{2q_1}{4\pi\varepsilon_0 \sqrt{r^2 + a^2/4}} = 600\text{V}$$

$$A_{CD} = q_0(U_C - U_D) = 4 \times 10^{-7}\text{J}$$

15. 真空中一段长为 l 的均匀带电细棒，其电量为 $+q$。求其延长线上距最近端为 d 处的电势，并通过场强与电势梯度的关系求出该点处的场强。

解：线电荷密度 $\lambda = q/l, \mathrm{d}q = \lambda \mathrm{d}x$

$$\mathrm{d}U = \dfrac{\mathrm{d}q}{4\pi\varepsilon_0(x + d)}$$

该点的电势：$U = \displaystyle\int \mathrm{d}U = \dfrac{\lambda}{4\pi\varepsilon_0}\int_0^l \dfrac{\mathrm{d}x}{x + d} = \dfrac{\lambda}{4\pi\varepsilon_0}\ln\left(\dfrac{l + d}{d}\right)$

$$= \dfrac{q}{4\pi\varepsilon_0 l}\ln\dfrac{l + d}{d}$$

以细棒近端为坐标原点，取沿延长线并背离细棒的方向为 x 轴正方向，则 d 处的坐标为 x，因此上面求得的 d 处的电势应为 $U = \dfrac{q}{4\pi\varepsilon_0 l}\ln\dfrac{l + x}{x}$，根据题中电荷的分布情况可知，$d$ 处的场强方向沿 x 轴正方向，利用场强与电势梯度的关系，可知 d 处的场强大小为

$$E = E_x = -\dfrac{\mathrm{d}U}{\mathrm{d}x} = \dfrac{1}{4\pi\varepsilon_0}\dfrac{q}{x(x + l)}$$

即 $E = \dfrac{1}{4\pi\varepsilon_0}\dfrac{q}{d(d + l)}$

16. 真空中一个半径为 R 的均匀带电半圆弧，带有正电荷 q。求：

(1) 圆心处的场强。

(2) 圆心处的电势。

解：(1) $\lambda = \dfrac{q}{\pi R}, \mathrm{d}q = \lambda \mathrm{d}l$

由对称性可知，两对称点的合场强为：

$$\mathrm{d}E = 2\mathrm{d}E_1 \cos\theta = \dfrac{2\lambda \mathrm{d}l}{4\pi\varepsilon_0 R^2}\cos\theta = \dfrac{\lambda R}{2\pi\varepsilon_0 R^2}\cos\theta \mathrm{d}\theta$$

则 E 的大小为：

$$E = \int \mathrm{d}E = \dfrac{\lambda R}{2\pi\varepsilon_0 R^2}\int_0^{\frac{\pi}{2}}\cos\theta \mathrm{d}\theta$$

$$= \dfrac{\lambda}{2\pi\varepsilon_0 R}\sin\theta\Big|_0^{\frac{\pi}{2}} = \dfrac{\lambda}{2\pi\varepsilon_0 R}\dfrac{\varepsilon}{2\pi^2\varepsilon_0 R^2}$$

方向为垂直于半圆直径向下。

（2）圆心处电势：小段圆弧 dl 在圆心处的电势为：

$$dU = \frac{\lambda dl}{4\pi\varepsilon_0 R} = \frac{\lambda}{4\pi\varepsilon_0}d\theta$$

故由电势叠加原理，$U = \int dU = \frac{\lambda}{4\pi\varepsilon_0}\int_0^\pi d\theta = \frac{\lambda}{4\varepsilon_0} = \frac{q}{4\pi\varepsilon_0 R}$

17. 真空中一个半径为 R 的均匀带电圆盘，电荷面密度为 σ。求：

（1）在圆盘的轴线上距盘心 O 为 x 处的电势。

（2）根据场强与电势的梯度关系求出该点处的场强。

解：（1）$U = \int dU = \int \frac{dq}{4\pi\varepsilon_0 \rho} = \int \frac{dq}{4\pi\varepsilon_0\sqrt{x^2+r^2}}$

其中 $dq = \sigma dS = \sigma 2\pi rdr$

$$U = \int_0^R \frac{\sigma rdr}{2\varepsilon_0\sqrt{x^2+r^2}} = \frac{\sigma}{2\varepsilon_0}(\sqrt{x^2+R^2} - x)$$

（2）$\boldsymbol{E} = -\frac{d\boldsymbol{U}}{dn}\boldsymbol{n}_0 = -\nabla U$

考虑到对称性，电场的垂直分量为 0

$$E_x = -\frac{dU}{dx} = \frac{\sigma}{2\varepsilon_0}\left(1 - \frac{x}{\sqrt{x^2+R^2}}\right)$$

18. 如图 5-7 所示，真空中两块面积很大（可视为无限大）的导体平板 A、B 平行放置，间距为 d，每板的厚度为 a，板面积为 S。现使 A 板带电 Q_A，B 板带电 Q_B。求：

（1）两导体板表面上的电荷面密度。

（2）两板之间的电势差。

解：（1）设从左到右各表面的面密度分别为 σ_1、σ_2、σ_3、σ_4，则

$$\sigma_1 S + \sigma_2 S = Q_A, \sigma_3 S + \sigma_4 S = Q_B$$

又由于导体内部的场强为 0，故

$$\frac{\sigma_1}{\varepsilon_0} - \frac{\sigma_2}{\varepsilon_0} - \frac{\sigma_3}{\varepsilon_0} - \frac{\sigma_4}{\varepsilon_0} = 0, \frac{\sigma_1}{\varepsilon_0} + \frac{\sigma_2}{\varepsilon_0} + \frac{\sigma_3}{\varepsilon_0} - \frac{\sigma_4}{\varepsilon_0} = 0$$

由此可解得　$\sigma_1 = \sigma_4 = \frac{Q_A+Q_B}{2S}, \sigma_2 = -\sigma_3 = \frac{Q_A-Q_B}{2S}$

（2）两板间的电势差为 $U_A - U_B = \int \boldsymbol{E} \cdot d\boldsymbol{l} = \frac{\sigma_2}{\varepsilon_0}d = \frac{(Q_A-Q_B)d}{2\varepsilon_0 S}$

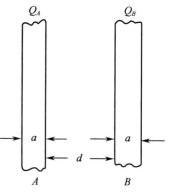

图 5-7

19. 如图 5-8 所示，一个导体球带电 $q = 1.00\times10^{-8}$C，半径为 $R = 10.0$cm，球外有一层相对电容率为 $\varepsilon_r = 5.00$ 的均匀电介质球壳，其厚度 $d = 10.0$cm，电介质球壳外面为真空。求：

（1）离球心 O 为 r 处的电位移和电场强度。

（2）离球心 O 为 r 处的电势。

（3）分别取 $r = 5.0$cm、15.0cm、25.0cm，算出相应的场强 E 和电势 U 的量值。

（4）电介质表面上的极化电荷面密度。

解:(1)当 $r < R$,球体内部的场强为 0,故 $E = 0, D = 0$

当 $R < r < R + d$,此时场强为 $E = \dfrac{q}{4\pi\varepsilon_0\varepsilon_r r^2}\boldsymbol{r}_0, D = \dfrac{\varepsilon}{4\pi r^2}\boldsymbol{r}_0$,

$\boldsymbol{r}_0$ 为沿半径由球心指向球外的单位向量。

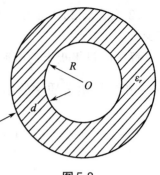

图 5-8

当 $r > R + d$,此时场强为 $E = \dfrac{q}{4\pi\varepsilon_0 r^2}\boldsymbol{r}_0, \boldsymbol{r}_0$ 为沿半径由球心指向球外的单位向量。

(2)当 $r \leqslant R, U = \displaystyle\int_r^\infty \boldsymbol{E}\cdot\mathrm{d}\boldsymbol{r} = 0 + \int_R^{R+d}\boldsymbol{E}\cdot\mathrm{d}\boldsymbol{r} + \int_{R+d}^\infty \boldsymbol{E}\cdot\mathrm{d}\boldsymbol{r} = $

$\dfrac{q}{4\pi\varepsilon_0\varepsilon_r}\left(\dfrac{1}{R} + \dfrac{\varepsilon_r - 1}{R+d}\right)$

当 $R \leqslant r \leqslant R+d, U = \displaystyle\int_r^\infty E\mathrm{d}r = \int_r^{R+d}E\mathrm{d}r + \int_{R+d}^\infty E\mathrm{d}r = \dfrac{q}{4\pi\varepsilon_0\varepsilon_r}\left(\dfrac{1}{r} + \dfrac{\varepsilon_r - 1}{R+d}\right)$

当 $r \geqslant R+d, U = \displaystyle\int_r^\infty E\mathrm{d}r = \dfrac{q}{4\pi\varepsilon_0 r}$

(3)分别带入数据,则

当 $r = 5.0\text{cm}$ $E = 0, U = 5.40 \times 10^2 \text{V}$

当 $r = 15.0\text{cm}$ $E = 8.00 \times 10^2 \text{V/m}, U = 4.80 \times 10^2 \text{V}$

当 $r = 25.0\text{cm}$ $E = 1.44 \times 10^3 \text{V/m}, U = 3.60 \times 10^2 \text{V}$

(4)在 $r = R$ 处,$P = D - \varepsilon_0 E = \dfrac{q}{4\pi R^2} - \varepsilon_0\dfrac{q}{4\pi\varepsilon_0\varepsilon_r R^2} = \left(1 - \dfrac{1}{\varepsilon_r}\right)\dfrac{q}{4\pi R^2}$

$$\sigma_1' = -P_R = -\left(1 - \dfrac{1}{\varepsilon_r}\right)\dfrac{q}{4\pi R^2} = -6.37 \times 10^{-8}\text{C/m}^2$$

在 $r = R + d$ 处,同理得 $\sigma_2' = P_{R+d} = \left(1 - \dfrac{1}{\varepsilon_r}\right)\dfrac{q}{4\pi(R+d)^2} = 1.60 \times 10^{-8}\text{C/m}^2$

20. 某细胞膜的两侧带有等量异号电荷,膜厚为 $5.2 \times 10^{-9}\text{m}$,两侧的电荷面密度为 $5.2 \times 10^{-4}\text{C/m}^2$,内侧为正电荷,细胞膜的相对电容率为 6。求:

(1)细胞膜内的电场强度。

(2)细胞膜两侧的电势差。

解:根据题意,细胞膜两侧相当于两个带等量异号电荷的无限大均匀带电平面,因此

(1)细胞膜内的电场强度大小为

$$E = \dfrac{\sigma}{\varepsilon_0\varepsilon_r} = \dfrac{5.2 \times 10^{-4}}{8.85 \times 10^{-12} \times 6} = 9.8 \times 10^6 \text{V/m}$$

方向由细胞膜内指向膜外。

(2)细胞膜两侧的电势差为

$$U = E \cdot d = 9.8 \times 10^6 \times 5.2 \times 10^{-9} = 5.1 \times 10^{-2} \text{V}$$

21. 平行板电容器的极板面积为 S,两板间的距离为 d,极板间充有两层均匀电介质。第一层电介质厚度为 d_1,相对电容率为 ε_{r_1},第二层电介质的相对电容率为 ε_{r_2},充满其余空间。设 $S = 200\text{cm}^2, d = 5.00\text{mm}, d_1 = 2.00\text{mm}, \varepsilon_{r_1} = 5.00, \varepsilon_{r_2} = 2.00$,求:

(1)该电容器的电容。

(2)如果将380V的电压加在该电容器的两个极板上,那么第一层电介质内的场强是多少?

解:(1)设极板上的电荷为q,则电荷的面密度为σ,第一层电解质中的场强为$E_1 = \dfrac{\sigma}{\varepsilon_0 \varepsilon_{r_1}}$,第二层电解质中的场强为$E_2 = \dfrac{\sigma}{\varepsilon_0 \varepsilon_{r_2}}$,则两极板的电势差为

$$U = \int E \mathrm{d}l = E_1 d_1 + E_2 d_2 = \frac{q d_1}{\varepsilon_0 \varepsilon_{r_1} S} + \frac{q d_2}{\varepsilon_0 \varepsilon_{r_2} S}$$

$$C = \frac{q}{U} = \frac{\varepsilon_0 S}{d_1/\varepsilon_{r_1} + d_2/\varepsilon_{r_2}} = 9.32 \times 10^{-11} \mathrm{F}$$

(2)$E = \dfrac{q}{\varepsilon S}$,$\dfrac{E_1}{E_2} = \dfrac{\varepsilon_2}{\varepsilon_1}$,$E_1 = \dfrac{2}{5} E_2$　　　　　　　　　　　式(1)

又$E_1 d_1 + E_2 d_2 = U$,即$2 \times 10^{-3} E_1 + 3 \times 10^{-3} E_2 = 380$　　　　式(2)

联立式(1)与式(2),解得$E_1 = 4.0 \times 10^4 \mathrm{V/m}$

22. 三个电容器其电容分别为$C_1 = 4\mu\mathrm{F}$,$C_2 = 1\mu\mathrm{F}$,$C_3 = 0.2\mu\mathrm{F}$。C_1和C_2串联后再与C_3并联。求:

(1)总电容C。

(2)如果在C_3的两极间接上10V的电压,求电容器C_3中储存的电场能量。

解:(1)$C = \dfrac{C_1 C_2}{C_1 + C_2} + C_3 = 1\mu\mathrm{F}$

(2)$W = \dfrac{1}{2} C_3 U^2 = 1.0 \times 10^{-5} \mathrm{J}$

23. 有一平行板电容器,极板面积为S,极板间的距离为d,极板间的介质为空气。现将一厚度为$d/3$的金属板插入该电容器的两极板间并保持与极板平行,求:

(1)此时该电容器的电容。

(2)设该电容器所带电量q始终保持不变,求插入金属板前后电场能量的变化。

解:(1)$C = \dfrac{\varepsilon_0 S}{d - \dfrac{d}{3}} = \dfrac{3\varepsilon_0 S}{2d}$

(2)未插入金属板时的电容及电场能量分别为:

$$C_0 = \frac{\varepsilon_0 S}{d}, W_0 = \frac{q^2}{2C_0} = \frac{d q^2}{2\varepsilon_0 S}$$

插入金属板后,因电量不变,则金属板间的场强不变,则两极板间的电势差为:

$$U = \frac{q}{\varepsilon_0 S}\left(d - \frac{1}{3}d\right) = \frac{2q}{3\varepsilon_0 S}$$

则此时$C = \dfrac{q}{U} = \dfrac{3\varepsilon_0 S}{2d} = \dfrac{3}{2} C_0$

电场能$W = \dfrac{q^2}{2C} = \dfrac{2}{3} W_0 = \dfrac{d q^2}{3\varepsilon_0 S}$

插入金属板前后电场能量的变化为$\Delta W = \dfrac{1}{3} W_0 = \dfrac{d q^2}{6\varepsilon_0 S}$

24. 真空中一个导体球的半径为 R，带有电荷为 q，求该导体球储存的电场能量。

解：距球心为 $r(r > R)$ 处的场强为

$$E = \frac{q}{4\pi\varepsilon_0 r^2}$$

该处的电场能量密度

$$\omega = \frac{1}{2}\varepsilon_0 E^2$$

则在半径为 r、厚度为 dr 的同心薄球壳中的电场能为：

$$\mathrm{d}W = \omega \mathrm{d}V = \frac{q^2}{8\pi\varepsilon_0 r^2}\mathrm{d}r$$

电场中储存的能量为：

$$W = \int \mathrm{d}W = \frac{q^2}{8\pi\varepsilon_0}\int_R^\infty \frac{\mathrm{d}r}{r^2} = \frac{q^2}{8\pi\varepsilon_0 R}$$

25. 一个半径为 R 的导体球带电为 q，导体球外有一层相对电容率为 ε_r 的均匀电介质球壳，其厚度为 d，电介质球壳外面为真空，充满了其余空间。求：

(1)该导体球储存的电场能量。

(2)电介质中的电场能量。

解：电场能量等于电场能量密度对所考虑空间的积分，题中所给的各处电场为：

导体内：$E = 0$

电介质球内：$E = \dfrac{q}{4\pi\varepsilon_0\varepsilon_r r^2}$

电介质球外：$E = \dfrac{q}{4\pi\varepsilon_0 r^2}$

(1) $W = \int \dfrac{1}{2}\varepsilon_0\varepsilon_r E^2 \mathrm{d}V = \int_0^R \dfrac{1}{2}\varepsilon_0 E^2 4\pi r^2 \mathrm{d}r + \int_R^{R+d} \dfrac{1}{2}\varepsilon_0\varepsilon_r E^2 4\pi r^2 \mathrm{d}r + \int_{R+d}^\infty \dfrac{1}{2}\varepsilon_0 E^2 4\pi r^2 \mathrm{d}r$

$\qquad = \dfrac{q^2}{8\pi\varepsilon_0\varepsilon_r}\left(\dfrac{1}{R} - \dfrac{1}{R+d}\right) + \dfrac{q^2}{8\pi\varepsilon_0(R+d)}$

(2) $W = \int \dfrac{1}{2}\varepsilon_0\varepsilon_r E^2 \mathrm{d}V = \int_R^{R+d} \dfrac{1}{2}\varepsilon_0\varepsilon_r E^2 4\pi r^2 \mathrm{d}r = \dfrac{q^2}{8\pi\varepsilon_0\varepsilon_r}\left(\dfrac{1}{R} - \dfrac{1}{R+d}\right)$

二、知识与能力测评参考答案

1. 略。

2. 略。

3. 略。

4. 0；$\dfrac{Q}{4\pi\varepsilon_0 R}$。

5. $\dfrac{\sigma r}{2\varepsilon_0(R^2 + r^2)^{\frac{1}{2}}}$。

6. $\dfrac{\lambda}{2\pi\varepsilon_0}\ln\dfrac{a}{r}$。

7. (1) $D_1 = 0$，$E_1 = 0$ $(r < R_1)$；$D_2 = \dfrac{q}{4\pi r^2}$，$E_2 = \dfrac{q}{4\pi\varepsilon_0\varepsilon_{r_1} r^2}$ $(R_1 < r < R_2)$；$D_3 = \dfrac{q+Q}{4\pi r^2}$，$E_3 = $

$$\frac{q+Q}{4\pi\varepsilon_0\varepsilon_{r_2}r^2}(r>R_2)$$

$$(2)\ U=\frac{q}{4\pi\varepsilon_0\varepsilon_{r_1}}\left(\frac{1}{R_1}-\frac{1}{R_2}\right)+\frac{q+Q}{4\pi\varepsilon_0\varepsilon_{r_2}R_2}$$

$$(3)\ U_{AB}=\frac{q}{4\pi\varepsilon_0\varepsilon_{r_1}}\left(\frac{1}{R_1}-\frac{1}{R_2}\right)$$

8. $(1)0;(2)9\times10^{-6}\mathrm{J};(3)4.5\times10^{-7}\mathrm{J}$。

9. $(1)300\mathrm{V};(2)$第一层介质内表面 $\sigma_1'=-2.86\times10^{-7}\mathrm{C/m^2}$,第二层介质外表面 $\sigma_2'=7.95\times10^{-8}\mathrm{C/m^2};(3)6\times10^{-12}\mathrm{F}$。

10. $(1)\sigma_1=-\dfrac{1}{2}\sigma,\sigma_2=\dfrac{1}{2}\sigma;(2)\dfrac{\sigma}{2\varepsilon_0}$。

| 第六章 | **直流电** |

【要点概览】

不随时间变化的电流称为恒定电流(直流)。本章主要内容包括直流电的欧姆定律、基尔霍夫定律、电流做功和电动势以及电容器的充、放电规律等。

1. 电流强度的基本定义是单位时间内通过某一截面的电量,即 $I = \lim\limits_{\Delta t \to 0} \dfrac{\Delta q}{\Delta t} = \dfrac{\mathrm{d}q}{\mathrm{d}t}$。

2. 电流密度定量地描述导体中各点的电流分布情况,可定义为通过单位截面的电流强度,即 $j = \lim\limits_{\Delta S \to 0} \dfrac{\Delta I}{\Delta S} = \dfrac{\mathrm{d}I}{\mathrm{d}S}$。

3. 欧姆定律是直流电路最普遍的定律,其微分形式表明导体中任一点的电流密度与该点的电场强度成正比,两者具有相同的方向,即 $\boldsymbol{j} = \gamma \boldsymbol{E}$。

4. 有源电路的欧姆定律表明,当绕闭合回路一周时,回路中各个电源电动势的代数和等于回路中各个电阻上电势降落的代数和,即 $\Sigma \varepsilon = \Sigma IR$。

5. 基尔霍夫第一定律表明,汇合于节点的电流强度的代数和为零,即 $\sum\limits_{i=1}^{K} I_i = 0$。基尔霍夫第二定律表明,沿任一闭合回路电动势的代数和等于回路中电阻上电势降落的代数和,即 $\sum\limits_{i=1}^{m} \varepsilon_i = \sum\limits_{i=1}^{m} I_i R_i$。

6. 电容器的充、放电过程称为电路的暂态过程。在充电和放电过程中,电容器极板上的电量和电压按指数规律变化,决定充放电过程快慢的是时间常数 τ,$\tau = RC$,其中充电过程:$q = Q\left(1 - \mathrm{e}^{-\frac{t}{RC}}\right)$、$i = \dfrac{\varepsilon}{R}\mathrm{e}^{-\frac{t}{RC}}$、$u_C = \varepsilon\left(1 - \mathrm{e}^{-\frac{t}{RC}}\right)$;放电过程:$q = Q\mathrm{e}^{-\frac{t}{RC}}$、$u_C = \varepsilon\mathrm{e}^{-\frac{t}{RC}}$、$i = -\dfrac{\varepsilon}{R}\mathrm{e}^{-\frac{t}{RC}}$。

【重点例题解析】

例题 图 6-1 是加法器的原理图,试证明:

(1)$R_i = R$ 时,$U = \dfrac{1}{4}(\varepsilon_1 + \varepsilon_2 + \varepsilon_3)$。

(2)$R_i \ll R$ 时,$U = \dfrac{R_i}{R}(\varepsilon_1 + \varepsilon_2 + \varepsilon_3)$。

解:分析电路图,图中的 R_i 与三个电阻和三个电源分别构成了三个回路:$\varepsilon_1 R R_i \varepsilon_1$、

$\varepsilon_2 RR_i\varepsilon_2$ 和 $\varepsilon_3 RR_i\varepsilon_3$。根据图中三个电动势的方向容易判断电路中电流的方向如图 6-1 所示。

本题所求为在不同条件下电阻 R_i 上的电压 $U = IR_i$。

（1）从图 6-1 中可以看出有如下的电流关系：

$$I = I_1 + I_2 + I_3 \qquad 式（1）$$

选定顺时针方向为绕行方向，对回路 $\varepsilon_1 RR_i\varepsilon_1$、$\varepsilon_2 RR_i\varepsilon_2$ 和 $\varepsilon_3 RR_i\varepsilon_3$ 可以分别列出电压方程如下：

$$I_1 R + IR_i = \varepsilon_1 \qquad 式（2）$$
$$I_2 R + IR_i = \varepsilon_2 \qquad\qquad 式（3）$$
$$I_3 R + IR_i = \varepsilon_3 \qquad\qquad 式（4）$$

将式（2）、（3）和（4）相加，并应用式（1）的结论可得：

$$IR + 3IR_i = \varepsilon_1 + \varepsilon_2 + \varepsilon_2 \qquad\qquad 式（5）$$

因此，在条件 $R_i = R$ 成立时式（5）为：

$$IR + 3IR = 4IR = 4U = \varepsilon_1 + \varepsilon_2 + \varepsilon_2$$

即：

$$U = \frac{1}{4}(\varepsilon_1 + \varepsilon_2 + \varepsilon_2)$$

（2）由式（5）可得：$I = \dfrac{\varepsilon_1 + \varepsilon_2 + \varepsilon_2}{R + 3R_i}$，所以 $U = IR_i = \dfrac{R_i}{R + 3R_i}(\varepsilon_1 + \varepsilon_2 + \varepsilon_2)$，当满足条件 $R_i \ll R$ 时：

$$U = \frac{R_i}{R}(\varepsilon_1 + \varepsilon_2 + \varepsilon_2)$$

【知识与能力测评】

1. 一铜线表面镀有银层，若在导线两端加上一定的电压，此时铜线和银层中所对应的电场强度、电流密度以及电流是否相同？

2. 当铜导线中通有 10^{-19}A 的电流时，每秒内有多少个自由电子通过导线的截面？如果导线的截面积是 1mm^2，自由电子的密度是 $8.5 \times 10^{28}\,\text{m}^{-3}$，则自由电子沿导线漂移 1cm 需要多少时间？

3. 一铜棒的横截面积为 $1\,600\text{mm}^2$，长为 2.0m，两端的电势差为 50mV，已知铜的电导率为 $5.7 \times 10^7\text{S/m}$。求：

（1）铜棒的电阻。

（2）棒中的电流和电流密度。

（3）棒中的电场强度。

4. 如图 6-2 所示，两同心导体球壳 A 和 B 的半径分别为 $r_A = 10\text{cm}$ 和 $r_B = 20\text{cm}$，其间充满电阻率 $\rho = 10\Omega \cdot \text{m}$ 的导电材料。求：

（1）两球壳间的电阻。

（2）若两球壳间的电势差为 U_{AB}，求电流密度与半径的关系式。

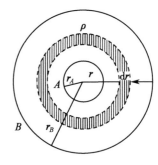

图 6-2

（3）如果 $U_{AB} = 8V$，求 $r = 15cm$ 处的场强。

5. 在图 6-3 所示的电路中，已知 $\varepsilon_3 = 20V$，内阻 $r_1 = r_2 = r_3 = 1\Omega$，外电阻分别为 $R_1 = 4\Omega$、$R_2 = 2\Omega$ 和 $R_3 = 6\Omega$，$I_2 = 2.0A$，$I_3 = 1.0A$，I_2 和 I_3 的方向如图中箭头所示。求：（1）ε_1 和 ε_2；（2）U_{ab}。

6. 在图 6-4 中，$\varepsilon_1 = 12V$，$r_1 = 2\Omega$，$\varepsilon_2 = 6V$，$r_2 = 1\Omega$，$R = 10\Omega$。求：

（1）当 K 断开时，A、B 两点间的电势差。

（2）当 K 接通时，A、B 两点间的电势差。

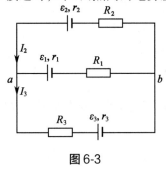

图 6-3

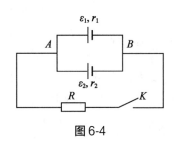

图 6-4

7. 在图 6-5 中，$\varepsilon_2 = 12V$，$\varepsilon_3 = 9V$，$R_1 = 2\Omega$，$R_2 = 4\Omega$，$R_3 = 6\Omega$，通过检流计的电流为 0.5A，方向如图所示，求 ε_1。

8. 在图 6-6 的直流电路中，$\varepsilon_1 = 3V$，$\varepsilon_2 = 8V$，$\varepsilon_3 = 4V$，$R_1 = R_2 = 5\Omega$，$R_3 = 3\Omega$，$C = 6\mu F$，求在恒定情况下：

（1）流过各支路中的电流。

（2）电容器上的电量。

（3）如果在 g、h 间改为连接上 10Ω 的电阻，电路中的电流是否改变？

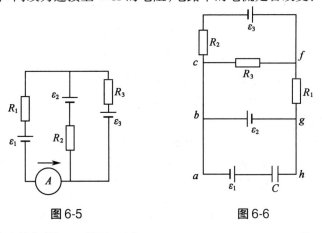

图 6-5   图 6-6

9. 5 个电阻的连接如图 6-7 所示，已知 $R_1 = 4\Omega$、$R_2 = 2\Omega$、$R = 1\Omega$，求 R_{ab} 等于多少？如果拆去 R，则 R_{ab} 又等于多少？

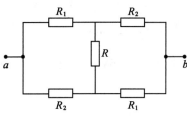

图 6-7

【参考答案】

一、本章习题解答

1. 把横截面积均为 2.0mm^2 的铜丝和钢丝串联起来,铜的电导率为 $5.8 \times 10^7\text{S/m}$,钢的电导率为 $0.20 \times 10^7\text{S/m}$,若通以电流强度为 $1.0\mu\text{A}$ 的恒定电流,求此时铜丝和钢丝中的电场强度。

解:铜丝中的电场强度 $E_1 = \dfrac{j}{\gamma_1} = \dfrac{I}{\gamma_1 S} = 8.6 \times 10^{-9}\text{V/m}$

钢丝中的电场强度 $E_2 = \dfrac{j}{\gamma_2} = \dfrac{I}{\gamma_2 S} = 2.5 \times 10^{-7}\text{V/m}$

2. 平板电容器的电量为 $2.0 \times 10^{-8}\text{C}$,平板间电介质的相对介电常数为 78.5,电导率为 $2.0 \times 10^{-4}\text{S/m}$,求开始漏电时的电流强度。

解:电介质中的场强为 $E = \dfrac{q}{\varepsilon_0 \varepsilon_r S}$

则电流密度为 $j = \gamma E = \dfrac{\gamma q}{\varepsilon_0 \varepsilon_r S}$

漏电时的电流强度 $I = jS = \dfrac{\gamma q}{\varepsilon_0 \varepsilon_r} = 5.76 \times 10^{-3}\text{A}$

3. 一个用电阻率为 ρ 的导电物质制成的空心半球壳,它的内半径为 a、外半径为 b,求内球面与外球面间的电阻。

解:厚为 $\text{d}r$、半径为 r 的薄同心半球壳的电阻为 $\text{d}R = \rho \dfrac{\text{d}r}{4\pi r^2}$

则所求的电阻为 $R = \displaystyle\int \text{d}R = \dfrac{\rho}{4\pi}\int_a^b \dfrac{\text{d}r}{r^2} = \dfrac{\rho}{4\pi}\left(\dfrac{1}{a} - \dfrac{1}{b}\right)$

4. 两个同轴圆筒形导体电极,其间充满电阻率为 $10\Omega \cdot \text{m}$ 的均匀电介质,内电极半径为 10cm,外电极半径为 20cm,圆筒长度为 5cm。求:
(1)两极间的电阻。
(2)若两极间的电压为 8V,求两圆筒间的电流强度。

解:设内圆筒半径为 R_1,外圆筒半径为 R_2,圆筒长为 l。电阻率为 ρ,则半径为 r、长为 l、厚度为 $\text{d}r$ 的薄同心圆筒的电阻为:

$$\text{d}R = \rho \dfrac{\text{d}r}{2\pi rl}, R_1 < r < R_2$$

(1)电极间的电阻为 $R = \displaystyle\int \text{d}R = \dfrac{\rho}{2\pi l}\int_{R_1}^{R_2} \dfrac{\text{d}r}{r} = \dfrac{\rho}{2\pi l}\ln \dfrac{R_2}{R_1} = 22\Omega$

(2)两筒间电流强度为 $I = \dfrac{U}{R} = \dfrac{8}{22} = 0.36\text{A}$

5. 在图 6-8 中,$\varepsilon_1 = 24\text{V}$,$r_1 = 2\Omega$,$\varepsilon_2 = 6\text{V}$,$r_2 = 1\Omega$,$R_1 = 2\Omega$,$R_2 = 1\Omega$,$R_3 = 3\Omega$。求:
(1)电路中的电流。
(2)a、b、c 和 d 点的电势。
(3)U_{ab} 和 U_{dc}。

解：（1）电路中的电流为 $I = \dfrac{\varepsilon_1 - \varepsilon_2}{r_1 + r_2 + R_1 + R_2 + R_3} = 2\text{A}$

（2）因 e 接地，$U_e = 0$

a 点的电势为：$U_a = U_{ae} = IR_2 = 2\text{V}$

b 点的电势为：$U_b = U_{be} = IR_2 + Ir_1 - \varepsilon_1 = -18\text{V}$

c 点的电势为：$U_c = U_{cb} + U_{be} = IR_1 + U_b = -14\text{V}$

d 点的电势为：$U_d = U_{de} = -IR_3 = -6\text{V}$

（3）$U_{ab} = \varepsilon_1 - Ir_1 = 20\text{V}$ $U_{dc} = \varepsilon_2 + Ir_2 = 8\text{V}$

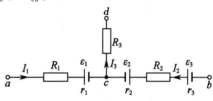

图 6-8

6. 图 6-9 中，$\varepsilon_1 = 12\text{V}, r_1 = 3\Omega, \varepsilon_2 = 8\text{V}, r_2 = 2\Omega, \varepsilon_3 = 4\text{V}, r_3 = 1\Omega, R_1 = 3\Omega, R_2 = 2\Omega, R_3 = 5\Omega, I_1 = 0.5\text{A}, I_2 = 0.4\text{A}, I_3 = 0.9\text{A}$。计算 U_{ab}、U_{cd}、U_{ac} 和 U_{cb}。

解：$U_{ac} = I_1R_1 + I_1r_1 - (-\varepsilon_1) = 15\text{V}$

$U_{cb} = -I_2r_2 - I_2R_2 - I_2r_3 - (\varepsilon_2 - \varepsilon_3) = -6\text{V}$

$U_{ab} = U_{ac} + U_{cb} = 9\text{V}$

$U_{cd} = I_3R_3 = 4.5\text{V}$

7. 图 6-10 中，$\varepsilon_1 = 4\text{V}, r_1 = 2\Omega, \varepsilon_2 = 4\text{V}, r_2 = 1\Omega, \varepsilon_3 = 6\text{V}, r_3 = 2\Omega, \varepsilon_4 = 2\text{V}, r_4 = 1\Omega, \varepsilon_5 = 0.4\text{V}, r_5 = 2\Omega, R_1 = 3\Omega, R_2 = 4\Omega, R_3 = 8\Omega, R_4 = 2\Omega, R_5 = 5\Omega$，计算 U_{ab}、U_{bc}、U_{ad}、U_{ac} 和 U_{ed}。

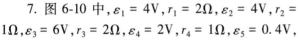

图 6-9

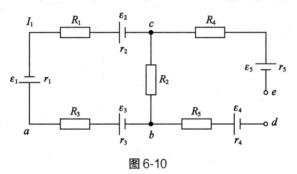

图 6-10

解：$abcd$ 环路的电流 $I = \dfrac{\varepsilon_1 + \varepsilon_2 - \varepsilon_3}{r_1 + R_3 + r_3 + R_2 + r_2 + R_1} = 0.1\text{A}$，方向逆时针。

则 $U_{ab} = I(R_3 + r_3) + \varepsilon_3 = 7\text{V}$

$U_{bc} = IR_2 = 0.4\text{V}$

$U_{ad} = U_{ab} + U_{bd} = U_{ab} + \varepsilon_4 = 9\text{V}$

$U_{ac} = U_{ab} + U_{bc} = 7.4\text{V}$

$U_{ed} = -\varepsilon_5 - IR_2 + \varepsilon_4 = 1.2\text{V}$

8. 图 6-11 中，$\varepsilon_1 = 6.0\text{V}, r_1 = 0.2\Omega, \varepsilon_2 = 4.5\text{V}, R_1 = R_2 = 0.5\Omega, R_3 = 2.5\Omega, \varepsilon_3 = 2.5\text{V}, r_2 = r_3 = 0.1\Omega$，求通过电阻 R_1、R_2、R_3 的电流。

解：通过 R_1、R_2、R_3 的电流为 I_1、I_2、I_3，方向如图中所示。

则由基尔霍夫定律得：

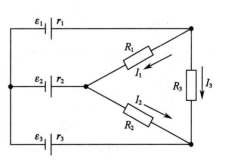

图 6-11

$$I_1R_1 + I_2R_2 - I_3R_3 = 0$$
$$-\varepsilon_2 + \varepsilon_1 = I_1R_1 + (I_1 - I_2)r_2 + (I_1 + I_3)r_1$$
$$-\varepsilon_3 + \varepsilon_2 = I_2R_2 + (I_2 + I_3)r_3 - (I_1 - I_2)r_2$$

则可解得 $I_1 = 2\mathrm{A}$，$I_2 = 3\mathrm{A}$，$I_3 = 1\mathrm{A}$，均为正值，表示电流方向与假设的方向相同。

9. 图 6-12 中，已知支路电流 $I_1 = \dfrac{1}{3}\mathrm{A}$，$I_2 = \dfrac{1}{2}\mathrm{A}$。求电动势 ε_1、ε_2。

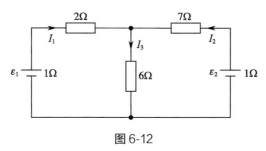

图 6-12

解：$\varepsilon_2 = I_2(r_2 + R_2) + I_3R_3 = 9\mathrm{V}$
$\varepsilon_1 = I_1(r_1 + R_1) + I_3R_3 = 6\mathrm{V}$

10. 求图 6-13 中的未知电动势 ε。

解：$I_2 = I_1 + I_3$
$\varepsilon_2 = -I_2(r_2 + R_2) - I_3R_3$

故　$I_3 = -\dfrac{10}{9}A$

又　$\varepsilon_1 - \varepsilon_2 = I_1(r_1 + R_1) + I_2(r_2 + R_2)$

故　$\varepsilon_1 = \dfrac{64}{3}\mathrm{V}$

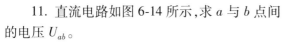

图 6-13

11. 直流电路如图 6-14 所示，求 a 与 b 点间的电压 U_{ab}。

解：$I = \dfrac{12 - 8}{10 + 5 + 0.5 + 0.5} = 0.25\mathrm{A}$

$U_{ab} = 0.25(5 + 0.5) - (4 - 8) = 5.375\mathrm{V}$

12. 直流电路如图 6-15 所示，求各支路的电流。

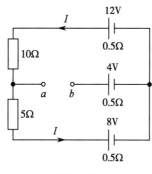

图 6-14

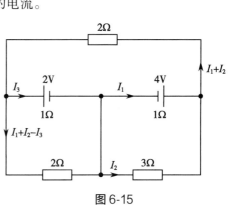

图 6-15

解:设左、右侧电池的电动势分别为 ε_3、ε_1,则由基尔霍夫定律得:

$$\varepsilon_1 - \varepsilon_3 = I_1 \times 1 + (I_1 + I_2) \times 2 + I_3 \times 1$$

$$\varepsilon_1 - \varepsilon_3 = I_1 \times 1 - I_2 \times 3 - (I_1 + I_2 - I_3) \times 2 + I_3 \times 1$$

$$\varepsilon_1 = I_1 \times 1 - I_2 \times 3$$

则可得:

$$I_1 = \frac{56}{41}\text{A}, I_2 = -\frac{36}{41}\text{A}, I_3 = -\frac{14}{41}\text{A}, I_1 = \frac{56}{41}\text{A},$$

$$I_1 + I_2 = \frac{20}{41}\text{A}, I_1 + I_2 - I_3 = \frac{34}{41}\text{A}$$

13. 在图 6-16 中,要使 $I_b = 0$,试问 R_1 的值应为多少?

解:设通过 R_1 的电流为 I,根据基尔霍夫第二定律

$$IR_1 + R_2(I - I_b) = 6$$
$$R_2(I - I_b) = 0.7$$

又 $I_b = 0$,故

$$I = 7 \times 10^{-5}\text{A}$$

$$R_1 = 76\text{k}\Omega$$

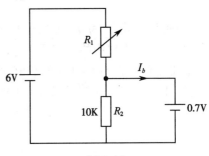

图 6-16

14. 蓄电池 ε_2 和电阻为 R 的用电器并联后接到发电机 ε_1 的两端,如图 6-17 所示,箭头表示各支路中的电流方向。已知 $\varepsilon_2 = 108\text{V}$, $r_1 = 0.4\Omega$, $r_2 = 0.2\Omega$, $I_2 = 10\text{A}$, $I_1 = 25\text{A}$,试确定蓄电池是在充电还是在放电,并计算 ε_1、I 和 R 的值。

解:$I = I_1 - I_2 = 25 - 10 = 15\text{A}$

电流为正,说明实际电流方向与图中假设的方向相同,蓄电池是在充电。

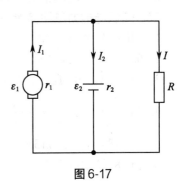

图 6-17

$$\varepsilon_2 = IR - I_2 r_2 \qquad 108 = 15R - 10 \times 0.2 \Rightarrow R = \frac{22}{3}\Omega$$

$$\varepsilon_1 = IR + I_1 r_1 = 120\text{V}$$

15. 图 6-18 的电路中含 3 个电阻 $R_1 = 3\Omega$, $R_2 = 5\Omega$, $R_3 = 10\Omega$,一个电容 $C = 8\mu\text{F}$,和 3 个电动势 $\varepsilon_1 = 4\text{V}$, $\varepsilon_2 = 16\text{V}$, $\varepsilon_3 = 12\text{V}$。求:

(1)所标示的未知电流。

(2)电容器两端的电势差和电容器所带的电量。

解:(1)回路中存在电容器相当于断路,故 $I_4 = 0$。

由基尔霍夫定律得

$$I_1 + I_2 = I_3$$
$$\varepsilon_1 - \varepsilon_2 = I_2 R_2 - I_1 R_1$$
$$0 = I_2 R_2 + I_3 R_3$$

则可得 $I_1 = 1.89\text{A}$, $I_2 = -1.26\text{A}$, $I_3 = 0.63\text{A}$

(2)电容器两端的电压 $U_c = \varepsilon_3 - I_3 R_3 = 5.7\text{V}$

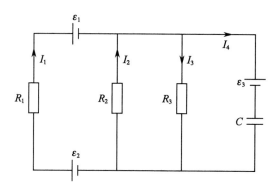

图 6-18

则所带的电量为 $q = CU_c = 4.56 \times 10^{-5}$C

16. 使 RC 电路中的电容器充电,要使这个电容器上的电荷达到比其平衡电荷(即 $t \to \infty$ 时电容器上的电荷)小 1.0% 的数值,必须经过多少个时间常数的时间?

解:由 $q = Q(1 - e^{-t/RC})$ 及 $q = 0.99Q$ 得:

$$e^{-t/RC} = 0.01$$

$$t/RC = 4.6$$

$$t = 4.6\tau$$

故需经 4.6 个时间常数的时间。

二、知识与能力测评参考答案

1. 相同,不同,不一定。

2. $6.3 \times 10^8 \text{s}^{-1}$, $1.4 \times 10^{12}\text{s}$。

3. $(1)2.2 \times 10^{-5}\Omega$;$(2)2.3 \times 10^3$A, 1.4×10^6A/m^2;$(3)2.5 \times 10^{-2}$V/m。

4. $(1)\dfrac{25}{2\pi}\Omega$;$(2)\dfrac{r_A r_B U_{AB}}{\rho r^2 (r_B - r_A)}$;$(3)71.2$V/m。

5. $(1)18$V,7V;$(2)13$V。

6. $(1)8.0$V;$(2)7.5$V。

7. 8.6V。

8. $(1)I_{bc} = 1.38$A,$I_{cd} = 1.02$A,$I_{cf} = 0.364$A,$I_{gh} = 0$;$(2)66\mu$C;(3)不变。

9. 2.75Ω,3Ω。

【要点概览】

　　运动的电荷在周围会激发出磁场,磁场对位于其中的运动电荷有力的作用。电磁感应是变化的磁场、电场相互感应的现象,其基本规律是法拉第电磁感应定律和楞次定律。本章从磁场的基本概念入手,分别阐述了磁场对运动电荷及电流的作用、电磁感应和电磁波的相关理论与应用。

　　1. 描述磁场强弱的物理量称为磁感应强度,它在数值上等于单位正电荷以单位速度通过该点时所受到的最大磁力,即 $B = \dfrac{f_\mathrm{m}}{q_0 v}$。它的方向由右手定则判定。

　　2. 通过磁场中某一曲面的磁感应线的总数称为通过此曲面的磁通量,即 $\varPhi = \int_s B\cos\theta \mathrm{d}S$。

　　3. 磁场的高斯定理表明:通过任何闭合曲面的磁通量必为零。它反映了磁场是涡旋场的这一重要特性。

　　4. 毕奥-萨伐尔定律说明了磁感应强度与载流导体之间的关系,从数学上给出了计算电流元周围磁感应强度的方法,即

$$\boldsymbol{B} = \int \mathrm{d}\boldsymbol{B} = \int \frac{\mu_0}{4\pi} \cdot \frac{I\mathrm{d}\boldsymbol{l} \times \boldsymbol{r}_0}{r^2}$$

　　5. 安培环路定理阐述了载流导线与其周围磁感应强度之间的关系,给出了求解具有对称性磁场磁感应强度的方法。其内容是,在真空的稳恒电流磁场中,磁感应强度 B 沿任意闭合路径的线积分,等于此闭合路径所围绕的电流强度代数和的 μ_0 倍,即

$$\oint \boldsymbol{B} \cdot \mathrm{d}\boldsymbol{l} = \mu_0 \sum I$$

　　6. 磁场对运动电荷的作用力称为洛伦兹力,$\boldsymbol{f} = q\boldsymbol{v} \times \boldsymbol{B}$。其方向由右手定则判定。应用洛伦兹力和电场力的概念可以设计质谱仪和解释霍尔效应。

　　7. 载流导线在磁场中受到的力称为安培力,安培定律即电流元在磁场所受的力 $\mathrm{d}\boldsymbol{F} = I\mathrm{d}\boldsymbol{l} \times \boldsymbol{B}$,可定量描述安培力的大小和方向。

　　8. 平面载流线圈在匀强磁场中所受的磁力矩:

$$M = F_2 l_1 \cos\theta = BI l_2 l_1 \cos\theta = ISB\cos\theta$$

载流线圈在磁场中受到磁力矩的作用而发生转动是制造电动机、动圈式电磁仪表的理论依据。

　　9. 磁矩可定义为通电线圈在匀强磁场中所受力矩,其矢量式:$\boldsymbol{M} = \boldsymbol{p}_m \times \boldsymbol{B}$。电子的轨道磁矩、自旋磁矩和原子核的自旋磁矩,在研究原子和分子光谱以及核磁共振现象中都有

应用。

10. 物质在外磁场的作用下原有磁性改变的现象称为磁化。根据磁化的结果不同,不同的磁介质可以分为顺磁体、铁磁体和抗磁体。

11. 描述外磁场与磁介质之间关系的参数称为磁导率 μ。磁场强度定义为:$\boldsymbol{H} = \boldsymbol{B}/\boldsymbol{\mu}$。

12. 法拉第电磁感应定律:回路中感应电动势的大小与通过回路的磁通量对时间变化率的负值成正比,即 $\varepsilon_i = -\dfrac{\mathrm{d}\boldsymbol{\Phi}}{\mathrm{d}t}$。

13. 由于导体运动而产生的感应电动势称动生电动势,其值为 $\varepsilon_i = \displaystyle\int_L (\boldsymbol{v} \times \boldsymbol{B}) \cdot \mathrm{d}\boldsymbol{l}$。由于磁场的变化而产生的感应电动势称感生电动势。

14. 随时间变化的磁场所产生的电场是有旋电场 $\boldsymbol{E}^{(2)}$,有旋电场性质:$\varepsilon_i = \displaystyle\oint_L \boldsymbol{E}^{(2)} \cdot \mathrm{d}\boldsymbol{l}$,其环路积分不为零。

15. 由回路自身电流变化而在回路中产生感应电动势的现象称为自感现象,所产生的感应电动势称自感电动势,即 $\varepsilon_L = -L\dfrac{\mathrm{d}I}{\mathrm{d}t}$,$L$ 为自感系数。

16. 磁场的能量密度为磁场中每单位体积的能量,即

$$w_m = \frac{B^2}{2\mu} = \frac{\mu}{2}H^2 = \frac{1}{2}BH。$$

17. 麦克斯韦方程组是关于电场和磁场的完备理论,由麦克斯韦方程组可以导出电磁波的存在。

【重点例题解析】

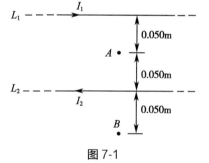

图 7-1

例题 1　真空中有两根互相平行的无限长直导线 L_1 和 L_2,如图 7-1 所示,两导线相距 0.10m,通有方向相反的电流,$I_1 = 10\text{A}$,$I_2 = 20\text{A}$。A、B 两点与导线在同一平面内,这两点与导线 I_2 的距离均为 0.050m。试求:

(1) A、B 两点处的磁感应强度。

(2) 磁感应强度为零的点的位置。

解:(1) 电流 I_1 在 A 点所产生的磁感应强度

$$B_1 = \frac{\mu_0 I_1}{2\pi r_1} = \frac{\mu_0 \times 10}{2\pi \times 0.050} = 1.0 \times \frac{\mu_0}{\pi} \times 10^2 \text{T},\text{方向垂直纸面向里}$$

电流 I_2 在 A 点所产生的磁感应强度

$$B_2 = \frac{\mu_0 I_2}{2\pi r_2} = \frac{\mu_0 \times 20}{2\pi \times 0.050} = 2.0 \times \frac{\mu_0}{\pi} \times 10^2 \text{T},\text{方向垂直纸面向里}$$

故 A 点的磁感应强度

$$B_A = B_1 + B_2 = 1.0 \times \frac{\mu_0}{\pi} \times 10^2 + 2.0 \times \frac{\mu_0}{\pi} \times 10^2 = 3.0 \times \frac{\mu_0}{\pi} \times 10^2$$

$$= 3.0 \times \frac{4\pi \times 10^{-7}}{\pi} \times 10^2 = 1.2 \times 10^{-4} \text{T},\text{方向垂直纸面向里}$$

电流 I_1 在 B 点所产生的磁感应强度

$$B_1 = \frac{\mu_0 I_1}{2\pi r_1} = \frac{\mu_0 \times 10}{2\pi \times 0.150} = \frac{1.0}{3} \times \frac{\mu_0}{\pi} \times 10^2 \text{T}, 方向垂直纸面向里$$

电流 I_2 在 B 点所产生的磁感应强度

$$B_2 = \frac{\mu_0 I_2}{2\pi r_2} = \frac{\mu_0 \times 20}{2\pi \times 0.050} = 2.0 \times \frac{\mu_0}{\pi} \times 10^2 \text{T}, 方向垂直纸面向外$$

由于 $B_2 > B_1$，所以 B 点的磁感应强度

$$B_B = B_2 - B_1 = 2.0 \times \frac{\mu_0}{\pi} \times 10^2 - \frac{1.0}{3} \times \frac{\mu_0}{\pi} \times 10^2 = \frac{5.0}{3} \times \frac{\mu_0}{\pi} \times 10^2$$

$$= \frac{5.0}{3} \times \frac{4\pi \times 10^{-7}}{\pi} \times 10^2 = 6.7 \times 10^{-5} \text{T}, 方向垂直纸面向外$$

（2）由于电流 $I_1 < I_2$，且电流方向相反，所以，磁感应强度为零的点必在 L_1 的外侧。

设磁感应强度为零的点距离 L_1 为 r，则距离 L_2 为 $r + 0.10$，该点必须满足 $B_1 = B_2$，且方向相反。有

$$\frac{\mu_0 I_1}{2\pi r} = \frac{\mu_0 I_2}{2\pi(r + 0.10)}$$

即

$$\frac{10}{r} = \frac{20}{r + 0.10}$$

解得 $\qquad\qquad\qquad\qquad\qquad r = 0.10\text{m}$

由上可得，磁感应强度为零的点在与导线同一平面内，距离 L_1 外侧为 0.10m，距离 L_2 为 0.20m 的平行于导线的直线上。

例题 2 如图 7-2 所示，无限长直电流 I_1 附近有一等腰直角三角形线框，通以电流 I_2，两者共面。求：

（1）AB 边所受的安培力。

（2）AC 边所受的安培力。

（3）BC 边所受的安培力。

解：无限长载流直导线在其右侧产生的磁场方向垂直纸面向里。

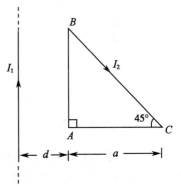

图 7-2

（1）AB 与无限长载流直导线平行，$\boldsymbol{F}_{AB} = \int_A^B I_2 \mathrm{d}\boldsymbol{l} \times \boldsymbol{B}$

$$F_{AB} = I_2 a \frac{\mu_0 I_1}{2\pi d} = \frac{\mu_0 I_1 I_2 a}{2\pi d}, 方向垂直 AB 向左。$$

（2）AC 与无限长载流直导线垂直，$\boldsymbol{F}_{AC} = \int_A^C I_2 \mathrm{d}\boldsymbol{l} \times B$，方向垂直 AC 向下。

$$F_{AC} = \int_d^{d+a} I_2 \mathrm{d}r \frac{\mu_0 I_1}{2\pi r} = \frac{\mu_0 I_1 I_2}{2\pi} \ln \frac{d+a}{d}$$

（3）$\boldsymbol{F}_{BC} = \int_B^C I_2 \mathrm{d}\boldsymbol{l} \times \boldsymbol{B}$，方向垂直 BC 向上，$F_{BC} = \int_d^{d+a} I_2 \mathrm{d}l \frac{\mu_0 I_1}{2\pi r}$

$$\because \quad \mathrm{d}l = \frac{\mathrm{d}r}{\cos 45}$$

$$\therefore \quad F_{BC} = \int_a^{d+a} \frac{\mu_0 I_2 I_1 \mathrm{d}r}{2\pi r \cos 45} = \frac{\mu_0 I_1 I_2}{\sqrt{2}\pi} \ln \frac{d+a}{d}$$

例题 3　一半径为 R 的带电薄圆盘,表面上的电荷面密度为 σ,放在均匀磁场中,磁感强度 $\boldsymbol{B}$ 的方向与盘面平行。若圆盘以角速度 ω 绕通过盘心并垂直盘面的轴转动,求作用在圆盘上的磁力矩大小。

解:旋转的带电圆盘可以等效为一组组的同心圆电流。在带电圆盘面上距圆心半径为 r 处取宽度为 $\mathrm{d}r$ 的细圆环,其等效圆电流为

$$\mathrm{d}I = \frac{\sigma \cdot 2\pi r \mathrm{d}r}{T} = \sigma \omega r \mathrm{d}r$$

细圆环电流的磁矩为

$$\mathrm{d}p = \pi r^2 \mathrm{d}I = \sigma \omega \pi r^3 \mathrm{d}r$$

在磁场中磁矩受到磁力矩的作用,其大小为

$$\mathrm{d}M = |\mathrm{d}\boldsymbol{p} \times \boldsymbol{B}| = B\mathrm{d}p = \sigma \omega \pi B r^3 \mathrm{d}r$$

不同半径的圆电流所受到的磁力矩方向相同,因此,作用在圆盘上的磁力矩大小为

$$M = \int B\mathrm{d}p = \int_0^R \sigma \omega \pi B r^3 \mathrm{d}r = \frac{\sigma \omega \pi B R^4}{4}$$

例题 4　真空中如果一个均匀电场的电场能量密度与一个 0.50T 的均匀磁场的能量密度相等,求该均匀电场的场强。

解:因为真空中电场能量密度 $w_e = \frac{1}{2}\varepsilon_0 E^2$

真空中磁场的能量密度 $w_m = \frac{B^2}{2\mu_0}$

由题意有 $w_e = \frac{1}{2}\varepsilon_0 E^2 = w_m = \frac{B^2}{2\mu_0}$

$$E = \frac{B}{\sqrt{\varepsilon_0 \mu_0}} = 1.5 \times 10^8 \,\mathrm{V/m}$$

【知识与能力测评】

1. 真空中通有电流 I 的无限长直导线 $abcde$ 弯成如图 7-3 所示的形状。直线 ab 在 X 轴上,直线段 bc 在 XOY 平面内,1/4 圆弧 cd 在 YOZ 平面内,直线 de 在 Z 轴上。$Ob = Oc = Od = R$,求 O 点的磁感应强度。

2. 一条通有电流 I 的导线弯成如图 7-4 所示的形状。其中 ab、cd 是直线段,其余为圆弧。两段圆弧的长度和半径分别为 l_1、R_1 和 l_2、R_2,且两段圆弧共面共心。求圆心 O 处的磁感强度。

3. 已知半径为 R 的载流圆线圈与边长为 a 的载流正方形线圈的磁矩之比为2:1,且载流圆线圈在圆心 O 处产生的磁感应强度为 B_0,求载流正方形线圈中心 O' 处的磁感强度的大小。

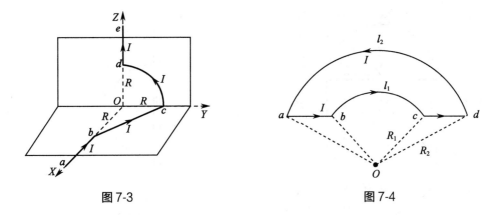

图 7-3   图 7-4

4. 无限长直导线折成 V 形,顶角为 θ,置于 xy 平面内,一个角边与 x 轴重合,如图 7-5 所示。当导线中通有电流 I 时,求 y 轴上一点 $P(0,a)$ 处的磁感强度大小。

5. 求如图 7-6 所示的平面载流线圈在 P 点产生的磁感应强度,设线圈中的电流强度大小为 I。

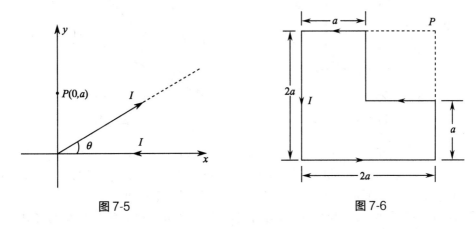

图 7-5   图 7-6

6. 质子和电子以相同的速度垂直飞入磁感应强度为 B 的匀强磁场中,试求质子轨道半径与电子轨道半径之比。

7. 一条通有电流 I 的长直导线在平面内被弯成如图 7-7 所示的形状,放入均匀磁场 B 中,磁感应强度的方向垂直纸面向里,求整个导线所受的安培力。

8. 如图 7-8 所示,半径为 R 的半圆线圈 ACD 通有电流 I_2,置于电流为 I_1 的无限长直线电流的磁场中,直线电流 I_1 恰好通过半圆线圈的直径,两导线间相互绝缘。求半圆线圈 ACD 受到长直线电流 I_1 的磁力。

9. 一平面线圈由半径为 0.20m 的 1/4 圆弧和相互垂直的两条直线段组成,通 2.0A 的电流后,把它放在磁感应强度为 0.50T 的均匀磁场中。求:

(1)线圈平面与磁场垂直时(图 7-9),圆弧 $\overset{\frown}{AC}$ 段所受的磁力。

(2)线圈平面与磁场成 60° 角时,线圈所受的磁力矩。

10. 图 7-10 中的三条线表示三种不同磁介质的 B-H 关系曲线,虚线是 $B = \mu_0 H$ 关系的曲线,试指出哪一条是表示顺磁质?哪一条是表示抗磁质?哪一条是表示铁磁质?

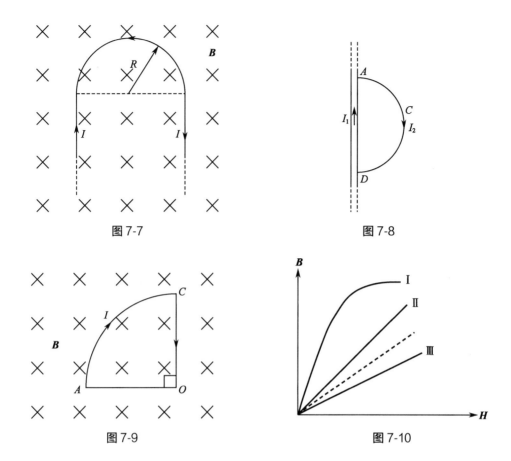

图 7-7

图 7-8

图 7-9

图 7-10

11. 如图 7-11 所示,两条平行长直导线和一个矩形导线框共面,且导线框的一个边与长直导线平行,它到两长直导线的距离分别为 r_1、r_2。已知两导线中的电流均为 $I = I_0 \sin \omega t$,其中 I_0 和 ω 为常数,导线框长为 a,宽为 b,求导线框中的感应电动势。

12. 如图 7-12 所示,无限长直导线,通有电流 I,一直角三角形线圈 ABC 与之共面。已知 AC 边长为 b,且与长直导线平行,BC 边长为 a。若线圈以垂直于导线方向的速度 v 向右平移,当 B 点与长直导线的距离为 d 时,求线圈 ABC 内的感应电动势的大小和感应电动势的方向。

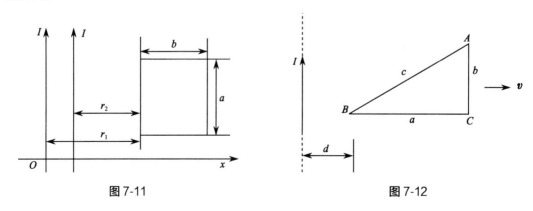

图 7-11

图 7-12

13. 如图 7-13 所示,载流导线与矩形线圈共面,AB 边平行于导线。求下列情况下 $ABCD$ 中的感应电动势。

(1)长直导线中电流 $I = I_0$ 不变,$ABCD$ 以垂直于导线的速度 v 从图示初始位置远离导线匀速平移到某一位置时(t 时刻)。

(2)长直导线中电流 $I = I_0 \sin \omega t$,$ABCD$ 不动。

(3)长直导线中电流 $I = I_0 \sin \omega t$,$ABCD$ 以垂直于导线的速度 v 远离导线匀速运动,初始位置也如图所示。

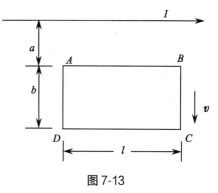

图 7-13

14. 通有电流 I 的长直导线附近,放一与之共面非导体半圆环 MeN,且端点 MN 的连线与长直导线垂直。半圆环的半径为 b,环心 O 与导线相距 a,如图 7-14 所示。设半圆环以速度 v 平行导线平移,求半圆环内感应电动势的大小和方向以及 MN 两端的电压 $U_M - U_N$。

15. 如图 7-15 所示,一长直导线中通有电流 I,有一垂直于导线、长度为 l 的金属棒 AB 与导线共面,以恒定的速度 v 沿与棒成 θ 角的方向移动。开始时,棒的 A 端到导线的距离为 a,求任意时刻金属棒中的动生电动势,并指出金属棒哪端的电势高。

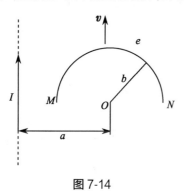

图 7-14

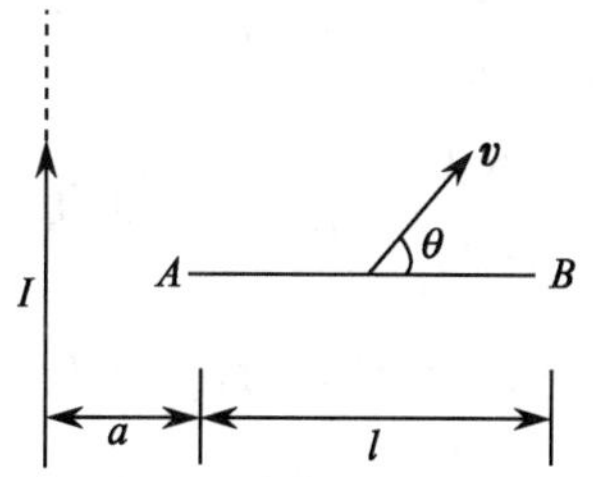

图 7-15

16. 如图 7-16 所示,一根长为 L 的金属细杆 ab 绕竖直轴 O_1O_2 以角速度 ω 在水平面内旋转。O_1O_2 在离细杆 a 端 $L/5$ 处。若已知地磁场在竖直方向的分量为 B。求 ab 两端间的电势差 $U_a - U_b$。

17. 一螺绕环单位长度上的线圈匝数为 $n = 10$ 匝/cm。环心材料的磁导率 $\mu = \mu_0$。问电流强度 I 为多大时,线圈中磁场的能量密度 $w = 1\mathrm{J/m}^3$?

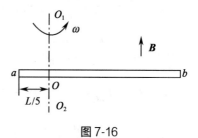

图 7-16

18. 一圆柱体形长直导线,均匀地通有电流 I,证明:导线内部单位长度储存的磁场能量为 $W_m = \mu_0 I^2/(16\pi)$。(设导体的相对磁导率 $\mu_r \approx 1$)

【参考答案】

一、本章习题解答

1. 一个速度为 $v = 5.0 \times 10^7 \mathrm{m/s}$ 的电子,在地磁场中某处垂直地面向下运动时,受到方向向西的洛伦兹力,大小为 $3.2 \times 10^{-16} \mathrm{N}$。求该处地磁场的磁感应强度。

解:电子电量大小为 $1.6 \times 10^{-19} \mathrm{C}$,该处磁感应强度大小为

$$B = \frac{f}{qv} = \frac{3.2 \times 10^{-16}}{1.6 \times 10^{-19} \times 5.0 \times 10^{7}} = 4.0 \times 10^{-5}\text{T}$$

因电子带负电垂直向下运动,所以 $\boldsymbol{B}$ 的方向向北。

2. 三种载流导线在平面内分布如图 7-17 所示,导线中的电流强度为 I,分别求圆心 O 处的磁感应强度。

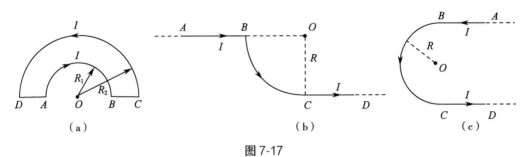

图 7-17

解:(a)连接两半圆的两段直导线 DA、BC 的延长线通过 O 点,所以它们在 O 点的磁感应强度为零,$B_{DA} = B_{BC} = 0$

$B_{AB} = \frac{1}{2} \times \frac{\mu_0 I}{2R_1} = \frac{\mu_0 I}{4R_1}$,方向垂直纸面向里

$B_{DC} = \frac{1}{2} \times \frac{\mu_0 I}{2R_2} = \frac{\mu_0 I}{4R_2}$,方向垂直纸面向外

$\boldsymbol{B}_O = \boldsymbol{B}_{AB} + \boldsymbol{B}_{BC} + \boldsymbol{B}_{CD} + \boldsymbol{B}_{DA}$,故 $B_O = B_{AB} - B_{DC} = \frac{\mu_0 I}{4}\left(\frac{1}{R_1} - \frac{1}{R_2}\right)$,方向垂直纸面向里

(b)由于 O 点在半无限长直载流导线 AB 的延长线上,所以 $B_{AB} = 0$

$B_{BC} = \frac{1}{4} \times \frac{\mu_0 I}{2R} = \frac{\mu_0 I}{8R}$,方向为垂直纸面指向外

$B_{CD} = \frac{1}{2} \times \frac{\mu_0 I}{2\pi R} = \frac{\mu_0 I}{4\pi R}$,方向为垂直纸面向外

$\boldsymbol{B}_O = \boldsymbol{B}_{AB} + \boldsymbol{B}_{BC} + \boldsymbol{B}_{CD}$,故 $B_O = B_{BC} + B_{CD} = \frac{\mu_0 I}{8\pi R}(\pi + 2)$,方向为垂直纸面指向外

(c)$B_{AB} = \frac{1}{2} \times \frac{\mu_0 I}{2\pi R} = \frac{\mu_0 I}{4\pi R}$,方向为垂直纸面向外

$B_{CD} = \frac{1}{2} \times \frac{\mu_0 I}{2\pi R} = \frac{\mu_0 I}{4\pi R}$,方向为垂直纸面向外

$B_{BC} = \frac{1}{2} \times \frac{\mu_0 I}{2R} = \frac{\mu_0 I}{4R}$,方向为垂直纸面指向外

$\boldsymbol{B}_O = \boldsymbol{B}_{AB} + \boldsymbol{B}_{BC} + \boldsymbol{B}_{CD}$,故 $B_O = B_{AB} + B_{BC} + B_{CD} = \frac{\mu_0 I}{4\pi R}(\pi + 2)$,方向为垂直纸面指向外

3. 两根无限长直导线互相平行放置在真空中,如图 7-18 所示,两根导线通以同方向相同的电流,$I_1 = I_2 = 10\text{A}$,已知 $r = 1.0\text{m}$。求图中 M、N 两点的磁感应强度(MN 与两导线距离连线垂直)。

解:(1)I_1 在 M 处产生的磁感应强度 $B_1 = \dfrac{\mu_0 I_1}{2\sqrt{2}\,\pi r}$,方向沿 $I_2 M$ 由 M 点指向外;

I_2 在 M 处产生的磁感应强度 $B_2 = \dfrac{\mu_0 I_1}{2\sqrt{2}\,\pi r}$,方向由 M 点指向 I_1。

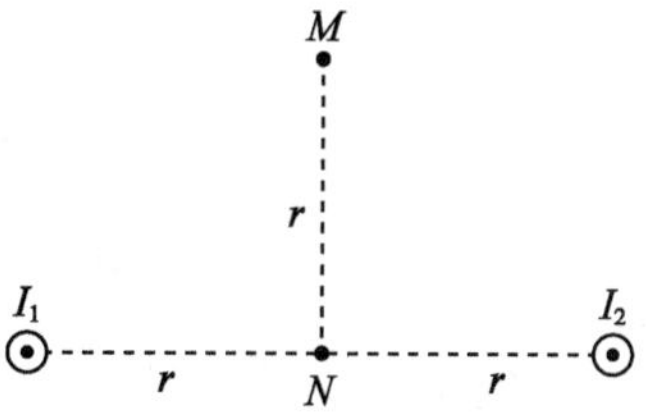

$\boldsymbol{B}_1$、$\boldsymbol{B}_2$ 大小相等,方向夹角为 90°,故 M 处的磁感应强度为

$$B_M = 2B_1 \cos\frac{\pi}{4} = 2\,\frac{\mu_0 I_1}{2\sqrt{2}\,\pi r} \times \frac{\sqrt{2}}{2} = \frac{\mu_0 I_1}{2\pi r} = \frac{4\pi\times10^{-7}\times10}{2\pi\times1.0} = 2.0\times10^{-6}\,\text{T},\text{方向为水平向左}。$$

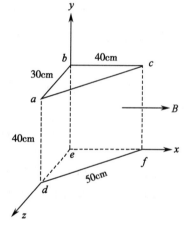

图 7-18

(2)I_1 在 N 处产生的磁感应强度 $B_1 = \dfrac{\mu_0 I_1}{2\pi r}$,方向由 N 点指向 M 点;I_2 在 N 处产生的磁感应强度 $B_2 = \dfrac{\mu_0 I_1}{2\pi r}$,方向沿 MN 由 N 点指向外。$\boldsymbol{B}_1$、$\boldsymbol{B}_2$ 大小相等,方向相反,故 N 处的磁感应强度 $\boldsymbol{B}_N = \boldsymbol{B}_1 + \boldsymbol{B}_2$,$B_N = B_1 - B_2 = 0$。

4. 如图 7-19 所示,已知均匀磁场的磁感应强度 $B = 2.0\text{T}$,方向为沿 x 轴正方向。求:

(1)通过图中闭合几何面的 $abed$ 面的磁通量。

(2)通过图中 $bcfe$ 面的磁通量。

(3)通过图中 $acfd$ 面的磁通量。

解:(1)$\boldsymbol{B}$ 与 $abed$ 面垂直,且穿入封闭面,故

$$\Phi(abed) = BS_1\cos\pi = -2.0\times0.40\times0.30 = -0.24\text{Wb}$$

(2)$\boldsymbol{B}$ 与 $bcfe$ 面平行,故 $\Phi(bcfe) = BS_2\cos\dfrac{\pi}{2} = 0$

(3)$\boldsymbol{B}$ 与 $acfd$ 面成一定角度,且穿出封闭面

因为 $\Phi(abc) = \Phi(def) = \Phi(bcfe) = 0$,而穿过封闭面的总磁通量为零,故 $\Phi(acfd) = -\Phi(abed) = 0.24\text{Wb}$。

图 7-19

5. 两根平行长直导线相距 40cm,如图 7-20 所示,每条导线载有电流 $I_1 = I_2 = 20\text{A}$,求:

(1)两根导线所在平面内与两根导线等距的一点 A 处的磁感应强度大小和方向。

(2)通过图示导线平面上阴影部分面积的磁通量。

解:(1)两根长直导线到 A 点的距离相等,故电流 I_1、I_2 产生的磁感应强度在 A 点大小相等,方向相同。

$$B_1 = B_2 = \frac{\mu_0 I}{2\pi R}, \quad B_A = 2B_1 = 2\times\frac{4\pi\times10^{-7}\times20}{2\pi\times0.20} = 4.0\times10^{-5}\text{T},\text{方向}$$

垂直纸面指向外。

(2)因长直导线在其周围产生的磁场为非均匀磁场,故在距长直导线为 x 处的矩形面积中取一小面积元 $dS = hdx$,在此处的磁感应强度为 $B_x = \dfrac{\mu_0 I}{2\pi x}$。

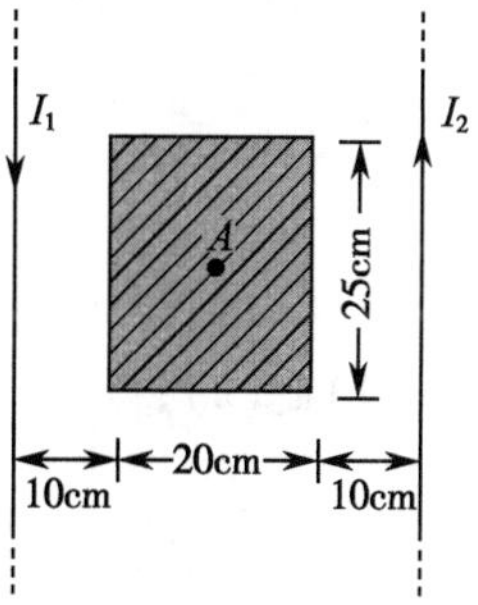

图 7-20

$$\varPhi_1 = \int_S \boldsymbol{B}_x \cdot \mathrm{d}\boldsymbol{S} = \int_S \frac{\mu_0 I_1}{2\pi x} h\mathrm{d}x = \int_a^{a+L} \frac{\mu_0 I_1}{2\pi x} h\mathrm{d}x$$

同理，
$$\varPhi_2 = \int_S \boldsymbol{B}_x \cdot \mathrm{d}\boldsymbol{S} = \int_S \frac{\mu_0 I_2}{2\pi x} h\mathrm{d}x = \int_a^{a+L} \frac{\mu_0 I_2}{2\pi x} h\mathrm{d}x$$

因电流 I_1、I_2 在此处产生的磁感应强度方向相同。所以有

$$\varPhi = \varPhi_1 + \varPhi_2 = 2\int_a^{a+L} \frac{\mu_0 I_1}{2\pi x} h\mathrm{d}x = 2\frac{\mu_0 I_1}{2\pi} h\ln\left(1 + \frac{L}{a}\right)$$

$$= 2 \times \frac{4\pi \times 10^{-7} \times 20}{2\pi} \times 0.25\ln\left(1 + \frac{0.20}{0.10}\right)$$

$$= 2.2 \times 10^{-6}\mathrm{Wb}$$

6. 一根无限长直导线载有电流 30A，离导线 30cm 处有一电子以速率 $v = 2.0 \times 10^7 \mathrm{m/s}$ 运动，求以下三种情况作用下电子受到的洛伦兹力。

(1) 电子的速度 v 平行于导线。

(2) 电子的速度 v 垂直于导线并指向导线。

(3) 电子的速度 v 垂直于导线和电子所构成的平面。

解: 无限长直载流导线周围的磁感应强度大小为 $B = \dfrac{\mu_0 I}{2\pi r}$，方向与电流的方向成右手螺旋关系。

运动电子在磁场中所受的洛伦兹力：$f = q\boldsymbol{v} \times \boldsymbol{B} = -e\boldsymbol{v} \times \boldsymbol{B}$

(1) v 平行于导线，则 v 与 $\boldsymbol{B}$ 垂直

$$f = evB\sin\frac{\pi}{2} = \frac{\mu_0 Iev}{2\pi r} = \frac{4\pi \times 10^{-7} \times 30 \times 1.6 \times 10^{-19} \times 2.0 \times 10^7}{2\pi \times 30 \times 10^{-2}} = 6.4 \times 10^{-17}\mathrm{N}$$

方向：若 v 与 I 同向，则 $\boldsymbol{F}$ 垂直于导线指向外面；若 v 与 I 反向，则 $\boldsymbol{F}$ 垂直指向导线。

(2) 此时 v 与 $\boldsymbol{B}$ 互相垂直，所以洛伦兹力大小同上，$f = 6.4 \times 10^{-17}\mathrm{N}$，方向与电流的方向相同。

(3) 此时 v 与 $\boldsymbol{B}$ 同向，洛伦兹力 $f = 0$。

7. 电子在磁感应强度 $B = 2.0 \times 10^{-3}\mathrm{T}$ 的均匀磁场中，沿半径 $R = 5.0\mathrm{cm}$ 的螺旋线运动，螺距 $h = 31.4\mathrm{cm}$，求电子的速度大小。

解: 螺旋线轨道的半径和螺距分别为：$R = \dfrac{mv}{qB}\sin\theta, h = \dfrac{2\pi m}{qB} v\cos\theta$

即
$$qBR = mv\sin\theta \tag{1}$$

$$\frac{qBh}{2\pi} = mv\cos\theta \tag{2}$$

(1) 比 (2)，得
$$\tan\theta = \frac{R}{h} \cdot 2\pi = \frac{5.0}{31.4} \times 2 \times 3.14 = 1, \theta = \frac{\pi}{4}$$

把 $\theta = \dfrac{\pi}{4}$ 代入 (1) 便可求出电子的速度：

$$v = \frac{qBR}{m\sin\theta} = \frac{1.6 \times 10^{-19} \times 2.0 \times 10^{-3} \times 5.0 \times 10^{-2}}{9.1 \times 10^{-31} \times \sqrt{2}/2} = 2.5 \times 10^7\mathrm{m/s}$$

8. 一根无限长直导线载有电流 I_1，另有一根有限长度的载流导线 AB 通有电流 I_2，AB 长

为 l。如图 7-21 所示，求导线 AB 在与无限长直导线平行和垂直放置两种情况下，所受到的安培力的大小和方向。

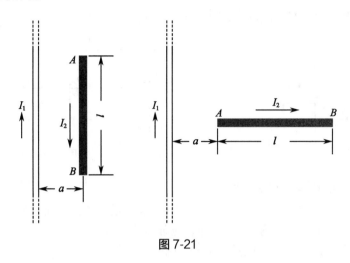

图 7-21

解：无限长载流直导线在其右侧产生的磁场方向垂直纸面向里。

载流直导线 AB 与无限长载流直导线平行放置时，距无限长载流直导线为 a 处的 AB 的磁感应强度大小均为 $B = \dfrac{\mu_0 I_1}{2\pi a}$。

载流直导线 AB 所受安培力的大小为 $F = I_2 Bl = \dfrac{\mu_0 I_1 I_2}{2\pi a} l$，方向垂直 AB 水平向右。

载流直导线 AB 与无限长载流直导线垂直放置时，AB 上各处的磁感应强度不同。

以长直导线为原点作 Ox 坐标轴，根据安培环路定律，距长直导线为 x 处的磁感应强度 $B = \dfrac{\mu_0 I_1}{2\pi x}$，该处电流元 $I_2 \mathrm{d}x$ 所受安培力的大小 $\mathrm{d}f = I_2 B\mathrm{d}x$。

整条载流直导线 AB 所受合力为：

$$F = \int \mathrm{d}f = \int_a^{a+l} I_2 B\mathrm{d}x = \int_a^{a+l} \frac{\mu_0 I_1 I_2}{2\pi x}\mathrm{d}x = \frac{\mu_0 I_1 I_2}{2\pi}\ln x \Big|_a^{a+l} = \frac{\mu_0 I_1 I_2}{2\pi}\ln\left(1 + \frac{l}{a}\right)$$

方向垂直 AB 竖直向上。

9. 图 7-22 所示为一正三角形线圈，放在匀强磁场中，磁场方向与线圈平面平行，且平行于 BC 边。设 $I = 10\mathrm{A}$，$B = 1\mathrm{T}$，正三角形的边长 $l = 0.1\mathrm{m}$。求：

（1）线圈所受磁力矩的大小和方向。

（2）线圈将如何转动。

解：（1）线圈磁矩 $\boldsymbol{M} = \boldsymbol{p}_m \times \boldsymbol{B}$

$M = ISB\sin 90 = 10 \times \dfrac{1}{2} \times 0.1 \times \dfrac{\sqrt{3}}{2} \times 0.1 \times 1 = 4.3 \times 10^{-2}\mathrm{N} \cdot \mathrm{m}$，方向向上。

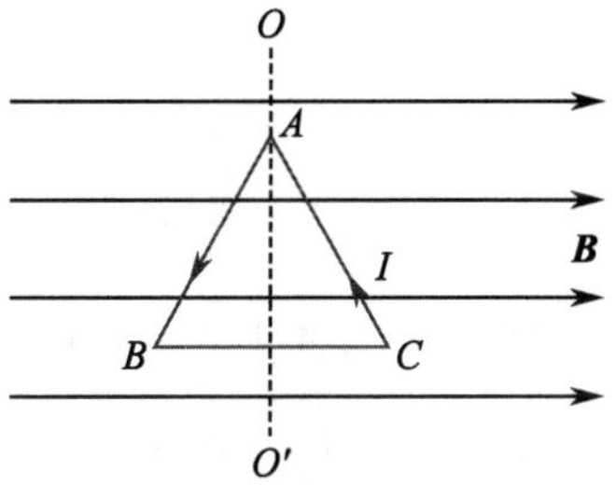

（2）当 $\boldsymbol{p}_m$ 与 $\boldsymbol{B}$ 方向相同时，所受的力矩最小。故线圈将绕 OO' 轴逆时针方向转动至 $\boldsymbol{p}_m$ 与 $\boldsymbol{B}$ 方向相同。

图 7-22

10. 线圈在长直载流导线产生的磁场中运动，在下列图示的哪些情况下，线圈内将产生感应电流？并请标出其方向。

（1）线圈在磁场中平动（如图 7-23 所示）。

（2）线圈在磁场中绕 OO' 轴转动（如图 7-24 所示）。

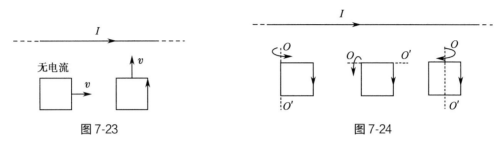

图 7-23　　　　　　　　　　　　　图 7-24

解：见图 7-23 和图 7-24 相应位置标注。

11. 长 20cm 的铜棒水平放置，如图 7-25 所示，绕通过其中点的垂直轴旋转，转速为每秒 5 圈。与铜棒垂直方向上有一均匀磁场，磁感应强度为 1.0×10^{-2}T。求：

（1）棒的一端 A 和中点 O 之间的感应电势差。

（2）棒的两端 A、D 间的感应电势差。

解：已知 $L = 20$cm，转速 $n = 5$，$B = 1.0 \times 10^{-2}$T，求 ε_{AO} 和 ε_{AD}

$$d\varepsilon = 2\pi nxB dx \qquad \left(0 < x < \frac{L}{2}\right)$$

所以：$\varepsilon_{AO} = \int_0^{0.1} 2\pi nxB dx = \pi nBx^2 \big|_0^{0.1} = 3.14 \times 5 \times 10^{-2} \times x^2 \big|_0^{0.1} = 1.57 \times 10^{-3}$V

而 $\varepsilon_{AD} = \int_{-0.1}^{0.1} 2\pi nxB dx = \pi nBx^2 \big|_{-0.1}^{0.1} = 3.14 \times 5 \times 10^{-2} \times x^2 \big|_{-0.1}^{0.1} = 0$V

12. 如图 7-26 所示，铜盘半径 $R = 50$cm，在方向与盘面垂直的均匀磁场中，沿逆时针方向绕盘中心转动，转速为 $n = 100\pi$r/s。设磁感应强度 $B = 1.0 \times 10^{-2}$T。求铜盘中心和边缘之间的感应电势差。

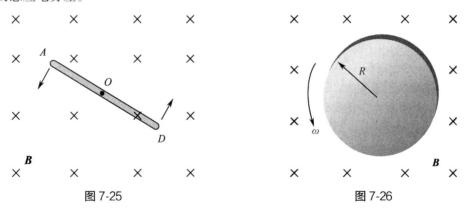

图 7-25　　　　　　　　　　　　　图 7-26

解：半径方向上长度元产生的电势差为 $d\varepsilon = nBx dx$

故 $\varepsilon = nB \int_0^{0.5} x dx = 0.393$V

13. 设某线圈的自感系数 $L = 0.50$H，电阻 $R = 5.0\Omega$，在下列情况下，求线圈两端的电压。

（1）$I = 1$A，$\dfrac{dI}{dt} = 0$。

$(2)I = 1\text{A}, \dfrac{\mathrm{d}I}{\mathrm{d}t} = 2.0\text{A/s}_\circ$

$(3)I = 0, \dfrac{\mathrm{d}I}{\mathrm{d}t} = 0_\circ$

$(4)I = 0, \dfrac{\mathrm{d}I}{\mathrm{d}t} = 2.0\text{A/s}_\circ$

$(5)I = 1\text{A}, \dfrac{\mathrm{d}I}{\mathrm{d}t} = -2.0\text{A/s}_\circ$

解：$U_{ab} = IR + L\dfrac{\mathrm{d}I}{\mathrm{d}t}$

$(1)U_{ab} = 5\text{V}; (2)U_{ab} = 6\text{V}; (3)U_{ab} = 0; (4)U_{ab} = 1\text{V}; (5)U_{ab} = 4\text{V}$

14. 电子感应加速器中的磁场在直径为 0.50m 的圆柱形区域内是均匀的。设这一磁场随时间的变化率为 $1.0 \times 10^{-2}\text{T/s}$。计算距离磁场中心为 0.10m、0.50m、1.0m 处各点的涡旋电场强度大小。

解：本题中产生的是有旋电场 $\boldsymbol{E}^{(2)}$，这有旋电场沿圆周切线方向，在相同半径处，大小相同。在半径为 r 处作圆柱形区域的同心圆。根据 $\oint_L \boldsymbol{E}^{(2)} \cdot \mathrm{d}\boldsymbol{l} = -\dfrac{\mathrm{d}\varPhi}{\mathrm{d}t}$：

$$\oint_L \boldsymbol{E}^{(2)} \cdot \mathrm{d}\boldsymbol{l} = -\dfrac{\mathrm{d}\varPhi}{\mathrm{d}t} = E^{(2)} 2\pi r = -\dfrac{\mathrm{d}\varPhi}{\mathrm{d}t} = -\pi r^2 \dfrac{\mathrm{d}B}{\mathrm{d}t}$$

可得：$E^{(2)} = -\dfrac{r}{2}\dfrac{\mathrm{d}B}{\mathrm{d}t}$

因此可以计算得到：0.10m 处，涡旋电场强度大小为 $5.0 \times 10^{-4}\text{V/m}$

0.50m 处，涡旋电场强度大小为 $2.5 \times 10^{-3}\text{V/m}$

1.00m 处，涡旋电场强度大小为 $5.0 \times 10^{-3}\text{V/m}$

15. 什么是位移电流？什么是全电流？位移电流和传导电流有什么不同？

答：位移电流不是电荷作定向运动的电流。变化电场，例如电容充电放电引起的电场变化，相当于一种电流，这种等效的电流称为位移电流。

全电流是指位移电流和传导电流之和。

位移电流和传导电流本质区别是电流是否发生定向移动，而表观的区别是通过导体时是否有热效应。

二、知识与能力测评参考答案

1. $\boldsymbol{B}_0 = \dfrac{\mu_0 I}{8R}\boldsymbol{i} + \dfrac{\mu_0 I}{2\pi R}\boldsymbol{k}_\circ$

2. $\dfrac{\mu_0 I}{2\pi R_1 \cos\dfrac{l_1}{2R_1}}\left(\sin\dfrac{l_2}{2R_2} - \sin\dfrac{l_1}{2R_1}\right) + \dfrac{\mu_0 I}{4\pi}\left(\dfrac{l_1}{R_1^2} - \dfrac{l_2}{R_2^2}\right)$，方向垂直纸面向里。

3. $(\sqrt{2}R/a)^3 B_0_\circ$

4. $\dfrac{\mu_0 I}{4\pi a\cos\theta}(1 + \sin\theta - \cos\theta)$，方向垂直纸面向外。

5. $\dfrac{\sqrt{2}\mu_0 I}{8\pi a}$，方向垂直纸面向里。

6. $R_1/R_2 = m_1/m_2$。

7. $2RIB$，方向向上。

8. $\dfrac{\mu_0 I_1 I_2}{2}$，方向垂直 I_1 向右。

9. （1）$0.283\mathrm{N}$，方向与 AC 直线垂直，与 OC 夹角 $45°$。

（2）$1.57 \times 10^{-2}\mathrm{N \cdot m}$，力矩 $\boldsymbol{M}$ 将驱使线圈法线转向与 $\boldsymbol{B}$ 平行。

10. 曲线 Ⅰ 是铁磁质，曲线 Ⅱ 是顺磁质，曲线 Ⅲ 是抗磁质。

11. $-\dfrac{\mu_0 I_0 a\omega}{2\pi}\ln\left[\dfrac{(r_1+b)(r_2+b)}{r_1 r_2}\right]\cos \omega t$。

12. $\dfrac{\mu_0 Ib}{2\pi a}\left(\ln\dfrac{a+d}{d} - \dfrac{a}{a+d}\right)$，沿 $ACBA$ 顺时针方向。

13. （1）$\dfrac{\mu_0 Ilv}{2\pi}\left(\dfrac{1}{a+vt} - \dfrac{1}{a+b+vt}\right)$，沿 $ABCD$ 顺时针方向。

（2）$-\dfrac{\mu_0 lI_0\omega}{2\pi}\ln\dfrac{a+b}{a}\cos \omega t$。

（3）$\dfrac{\mu_0 I_0\sin \omega t\, lv}{2\pi}\left(\dfrac{1}{a+vt} - \dfrac{1}{a+b+vt}\right) - \dfrac{\mu_0 lI_0\omega}{2\pi}\ln\dfrac{b+b+vt}{a+vt}\cos \omega t$。

14. $\dfrac{\mu_0 Iv}{2\pi}\ln\dfrac{a+b}{a-b}$。

15. $-\dfrac{\mu_0 I}{2\pi}v\sin\theta\ln\dfrac{a+l+vt\cos\theta}{a+vt\cos\theta}$，$A$ 端的电势高。

16. $-\dfrac{3}{10}\omega BL^2$。

17. $1.26\mathrm{A}$。

18. 略。

第八章　光的成像基础

【要点概览】

几何光学是以光沿直线传播性质为基础,几何作图法为手段,来研究光的传播及成像规律的一门学科。本章主要研究光的球面成像和透镜成像规律及其应用。

1. 光通过两种介质分界面,且分界面为球面的一部分时,所产生的折射现象称为单球面折射。

2. 单球面折射成像公式: $\frac{n_1}{u} + \frac{n_2}{v} = \frac{n_2 - n_1}{r}$。单球面折射成像公式须遵循符号法则:实物、实像的物距 u、像距 v 均取正值;虚物、虚像的物距 u、像距 v 均取负值;实际光线对着凸球面入射时,曲率半径 r 为正,对着凹球面入射时,曲率半径 r 为负。

3. 折射球面的第一焦距 f_1 和第二焦距 f_2:$f_1 = \frac{n_1}{n_2 - n_1} r, f_2 = \frac{n_2}{n_2 - n_1} r, f_1 \cdot f_2$ 为正时,折射球面有会聚光线的作用,为负时有发散光线的作用。

4. 折射球面的焦度为 $\Phi = \frac{n_1}{f_1} = \frac{n_2}{f_2} = \frac{n_2 - n_1}{r}$,单位为屈光度 D,$1D = 1m^{-1}$。

5. 由两个或两个以上折射球面组成,且各折射球面的曲率中心在同一直线上,这样的系统称为共轴球面系统。共轴球面系统成像规律,可利用单球面折射成像公式,采用逐次成像法求出。

6. 透镜的厚度与物距、像距及折射球面的曲率半径相比很小、可以忽略,这样的透镜称为薄透镜。

7. 薄透镜成像公式: $\frac{1}{u} + \frac{1}{v} = \frac{n - n_0}{n_0} \left(\frac{1}{r_1} - \frac{1}{r_2} \right)$,若透镜置于空气中,$n_0 = 1, \frac{1}{u} + \frac{1}{v} = (n - 1)\left(\frac{1}{r_1} - \frac{1}{r_2} \right)$,其中 u, v, r_1, r_2 的正负取值仍然遵循单球面折射的符号法则,且适用于各种凹、凸薄透镜。

8. 薄透镜的第一焦距和第二焦距分别为 f_1, f_2,则 $f_1 = f_2 = f = \left[\frac{n - n_0}{n_0}\left(\frac{1}{r_1} - \frac{1}{r_2} \right) \right]^{-1}$。

9. 薄透镜成像的高斯公式为 $\frac{1}{u} + \frac{1}{v} = \frac{1}{f}$,其中会聚透镜的焦距 f 为正,发散透镜的焦距 f 为负,物距 u 和像距 v 的符号法则与单球面折射相同。

10. 薄透镜的焦度: $\Phi = \frac{1}{f}$,单位为屈光度,1 屈光度 = 100 度。

11. 由两个或两个以上薄透镜组成的共轴系统称为薄透镜组合。薄透镜组合所成的像可采用透镜逐次成像法求出。

12. 薄透镜的两个折射面不是球面,而是圆柱面的一部分,这种透镜称为柱面透镜。柱面透镜是非对称折射系统,点光源经柱面透镜折射后所成的像为一条线段而非点像。

13. 由于各种因素的影响,物体发出的光线经透镜折射后所成的像与物体本身有偏差,这种差别称为像差。常见的像差有球面像差和色差等。

14. 点光源所发出的单色光线经透镜折射后不能会聚于一点,这种现象称为球面像差,简称球差。球差产生的原因是透镜的边缘部分比中央部分折射光线本领强。减小球差的方法是在透镜前加光阑或是采用透镜组合。

15. 点光源发出的不同波长的光经透镜折射后不能成像于一点的现象称为色差。色差产生的原因是透镜对不同波长光的折射率不同。减小色差的方法是采用透镜组合。

16. 眼睛通过改变晶状体的焦度来实现改变自身焦度的能力称为眼的调节。眼睛通过最大调节能够看清物体的最近位置称为近点,在完全不调节时能看清物体的最远位置称为远点。

17. 从物体两端射入眼中节点(通过该点光线不改变方向)的光线所夹的角度称为视角。常用眼睛能分辨的最小视角 $\beta_{\min}$ 的倒数表示眼睛的分辨本领,称为视力,用 V 表示,即 $V = \dfrac{1}{\beta_{\min}}$。

18. 近视眼:平行光成像在视网膜前。原因是角膜或晶状体曲率半径太小或眼轴前后过长,矫正方法是佩戴合适焦度的凹透镜。

19. 远视眼:平行光成像在视网膜后。原因是角膜或晶状体曲率半径太大或眼轴前后过短,矫正方法是佩戴合适焦度的凸透镜。

20. 角膜在各个方向上的子午线曲率半径不完全相同,不能使光线同时会聚在视网膜上的眼睛称为散光眼。矫正方法是佩戴合适焦度的柱面透镜。

21. 放大镜的角放大率:$\alpha = \dfrac{25}{f}$,其中 f 为放大镜的焦距,其单位用 cm。

22. 光学显微镜的放大率:$M = \dfrac{y'}{y} \times \dfrac{25}{f_2} = m\alpha = \dfrac{25s}{f_1 f_2}$,其中 m 为物镜的线放大率,α 为目镜的角放大率,s 是像 y' 到物镜的距离,近似等于显微镜镜筒的长度。

23. 光学显微镜的物镜所能分辨两点之间的最短距离:$Z = \dfrac{0.61\lambda}{n\sin\gamma} = \dfrac{0.61\lambda}{NA}$,其中 $n\sin\gamma$ 称为物镜的数值孔径,常用 NA 表示。数值孔径越大或入射光的波长越短,显微镜的分辨本领越强。

【重点例题解析】

例题 1   如图 8-1 所示,一个弯月形玻璃薄透镜,折射率为 1.5,曲率半径分别为 5cm 和 10cm。今将凹面向上放置,并装满折射率为 1.33 的水,求该系统的焦距。

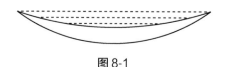

图 8-1

解:方法一,薄透镜密接。此系统可以看成由折射率分别为 1.33 和 1.5 的两个薄透镜密接而成。设平行光线由上面垂直射入系统,对于第一个透镜,$r_1 = \infty$,$r_2 = -10\text{cm}$,$n = 1.33$,代入空气中薄透镜的焦距公式,得

$$f_1 = \left[(1.33 - 1.0)\left(\frac{1}{\infty} - \frac{1}{-10} \right) \right]^{-1}$$

解得

$$f_1 \approx 30\text{cm}$$

对于第二个透镜,$r_1 = -10\text{cm}$,$r_2 = -5\text{cm}$,$n = 1.5$,代入空气中薄透镜的焦距公式,得

$$f_2 = \left[(1.5 - 1.0)\left(\frac{1}{-10} - \frac{1}{-5} \right) \right]^{-1}$$

解得

$$f_2 = 20\text{cm}$$

由于两薄透镜密接,则系统的焦距的倒数等于两个透镜焦距的倒数之和,有

$$\frac{1}{f} = \frac{1}{f_1} + \frac{1}{f_2} = \frac{1}{30} + \frac{1}{20} = \frac{1}{12}$$

则系统的焦距为

$$f = 12\text{cm}$$

方法二,单球面成像。此系统可以看成由三个单球面组合而成。设平行光线由上面垂直射入系统,对于第一个折射球面,$n_1 = 1.0$,$n_2 = 1.33$,$u_1 = \infty$,$r_1 = \infty$,代入单球面折射成像公式,得

$$\frac{1.0}{\infty} + \frac{1.33}{v_1} = \frac{1.33 - 1.0}{\infty}$$

解得

$$v_1 = \infty$$

对于单球面是平面的情况,垂直入射的平行光不改变传播方向。对于第二个折射球面,$n_1 = 1.33$,$n_2 = 1.5$,$u_2 = \infty$,$r_2 = -10\text{cm}$,代入单球面折射成像公式,得

$$\frac{1.33}{\infty} + \frac{1.5}{v_2} = \frac{1.5 - 1.33}{-10}$$

解得

$$v_2 \approx -88\text{cm}$$

经过第二个球面折射,平行光成像在第二个球面前 88cm 处,以此像作为第三个折射球面的物,且为实物点,因为是薄透镜,可以忽略第二和第三折射球面间的距离。对于第三个折射球面,$n_1 = 1.5$,$n_2 = 1.0$,$u_3 = 88\text{cm}$,$r_3 = -5\text{cm}$,代入单球面折射成像公式,得

$$\frac{1.5}{88} + \frac{1.0}{v_3} = \frac{1.0 - 1.5}{-5}$$

解得

$$v_3 \approx 12\text{cm}$$

则第三折射面的像距 12cm,即为系统的焦距。

例题 2 一个光学系统是由一个凸透镜和一个凹透镜组成的共轴系统,凸透镜的焦距为 4.5cm,凹透镜的焦距为 20cm。一物点置于凸透镜前 5cm 处。

（1）两透镜间隔为 100cm 时，求物点的最终成像位置。

（2）两透镜间隔变为 20cm 时，该物点又成像在何处？

解：（1）如图 8-2 所示，两透镜间隔为 100cm 时，对第一个透镜成像，$u_1 = 5\text{cm}$，$f_1 = 4.5\text{cm}$，代入薄透镜成像的高斯公式，得

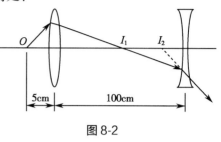

$$\frac{1}{5} + \frac{1}{v_1} = \frac{1}{4.5}$$

解得

$$v_1 = 45\text{cm}$$

图 8-2

对第二个透镜成像，由两透镜的位置关系可知，$u_2 = 100 - 45 = 55\text{cm}$，$f_2 = -20\text{cm}$，代入薄透镜成像的高斯公式，得

$$\frac{1}{55} + \frac{1}{v_2} = \frac{1}{-20}$$

解得

$$v_2 = -15\text{cm}$$

即在凹透镜左侧 15cm 处成一虚像。

（2）如图 8-3 所示，两透镜间隔为 20cm 时，对第一个透镜所成的像与第一问相同

$$v_1 = 45\text{cm}$$

对第二个透镜成像，由两透镜的位置关系可知，$u_2 = 20 - 45 = -25\text{cm}$，$f_2 = -20\text{cm}$，代入薄透镜成像的高斯公式，得

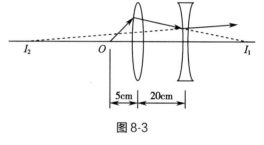

图 8-3

$$\frac{1}{-25} + \frac{1}{v_2} = \frac{1}{-20}$$

解得

$$v_2 \approx -100\text{cm}$$

即在凹透镜左侧 100cm 处成一虚像。

【知识与能力测评】

1. 一个玻璃球，半径为 15mm，折射率为 1.5，若在球心左侧 12mm 处的轴线上放一点物，求该点物最终成像位置。

2. 某一平凸薄透镜折射率为 1.5，在空气中的焦距为 50cm，求该薄透镜凸面的曲率半径。

3. 空气中一个弯月形发散薄透镜，折射率为 1.5，两个弯曲球面的曲率半径分别为 2.5cm 和 4.0cm，求透镜前 20cm 处一点物所成像的位置。

4. 一个光学系统是由一个凸透镜和一个凹透镜组成的共轴系统，凸透镜在凹透镜的左侧，凸透镜的焦距为 4.5cm，凹透镜的焦距为 50cm。一点物置于凸透镜左侧 5cm 处。求两透镜间隔为 25cm 时点物成像位置。

5. 一目镜由两个相同的凸薄透镜组成，焦距均为 6cm，两透镜相距 3cm，这组透镜的焦点在何处？

6. 一个凸透镜和一个凹透镜密接组成的共轴光学系统，已知凸透镜的焦距为 20cm，凹

透镜的焦距为 40cm,则该光学系统的焦度是多少?

7. 一个双凸玻璃薄透镜,两折射球面的曲率半径相同,折射率为 1.5,在空气中焦距为 100mm,令其一面与水相接,水的折射率为 1.33,求此时系统的焦距。

8. 一远视眼的近点在眼前 120cm 处,今欲看清眼前 12cm 处物体,应佩戴何种眼镜?

9. 一位近视眼患者右眼的远点在眼前 0.5m 处,为看清远处物体,该患者右眼应佩戴何种度数的眼镜片?

10. 显微镜的物镜和目镜的焦距分别是 1.6cm 和 2.5cm,两者相距 22.5cm。若将物镜和目镜视为薄透镜,当标本成像于无穷远处时,求:

(1)标本应放在物镜前何处?

(2)物镜的线放大率。

(3)显微镜的总放大倍数。

【参考答案】

一、本章习题解答

1. 为什么空气中玻璃材质的薄凸透镜焦距为正? 若玻璃中存在一个与该薄凸透镜形状相同的气泡,试判断该气泡焦距的正负。

解:薄透镜焦距公式

$$f = \left[\frac{n - n_0}{n_0} \left(\frac{1}{r_1} - \frac{1}{r_2} \right) \right]^{-1}$$

其中,n_0 是薄透镜外介质的折射率,n 是薄透镜的折射率。

对于凸透镜,$r_1 > 0$,$r_2 < 0$。当玻璃薄凸透镜置于空气中时,$n = n_{玻}$,$n_0 = n_{空}$,因为 $n_{玻} > n_{空}$,所以 $n > n_0$。代入薄透镜焦距公式,可得 $f > 0$,所以此时透镜焦距为正。

对于玻璃中的薄凸透镜气泡而言 $n = n_{空}$,$n_0 = n_{玻}$,所以 $n < n_0$,代入薄透镜焦距公式,可得 $f < 0$,所以玻璃中气泡的焦距为负。

2. 若将眼球近似看成是一个均匀透明球体模型,半径为 12mm,近轴平行入射光线恰好会聚在后方视网膜上一点,试求该眼球模型的折射率。

解:由题意可知,平行光经眼球前方单球面折射会聚于一点,该点落在后方视网膜上,$n_1 = 1$,$u = \infty$,$v = 2 \times 12 = 24mm$,$r = 12mm$ 代入到单球面成像公式中

$$\frac{1}{\infty} + \frac{n_2}{24} = \frac{n_2 - 1}{12}$$

解得

$$n_2 = 2$$

该眼球模型得折射率为 2,而实际眼球得折射率约为 1.3,相差较大,所以该模型需要进一步改进。

3. 某种液体和玻璃的分界面为球面,液体和玻璃的折射率分别为 1.3 和 1.5。在液体中有一物体放在球面的轴线上离球面 26cm 处,并在球面前 25cm 处成一虚像。求球面的曲率半径,并指出哪一种介质处于球面的凹侧。

解:已知 $n_1 = 1.3$,$n_2 = 1.5$,$u = 26cm$,$v = -25cm$ 代入单球面成像公式,得

$$\frac{1.3}{26} + \frac{1.5}{-25} = \frac{1.5 - 1.3}{r}$$

解得

$$r = -20\text{cm}$$

因为求得的曲率半径是负值,所以液体处于球面的凹侧。

4. 如图 8-4 所示,一个玻璃棒,折射率为 1.5,长为 20cm,两端是向外凸起的半球面,球面半径为 4cm。若空气中有一束近轴平行光线沿棒轴方向入射,求最终成像的位置。

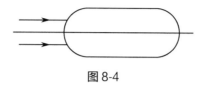

图 8-4

解:采用逐次成像法。对于第一个折射面,$n_1 = 1$,$n_2 = 1.5$,$u_1 = \infty$,$r_1 = 4\text{cm}$,代入单球面成像公式,得

$$\frac{1}{\infty} + \frac{1.5}{v_1} = \frac{1.5 - 1}{4}$$

解得

$$v_1 = 12\text{cm}$$

平行光经过第一个折射面后成像在玻璃棒内,距离第一个折射面 12cm 的主光轴上,该像点作为第二个折射面的物,到第二折射面的距离为 20 − 12 = 8cm。

对于第二个折射面,$n_1 = 1.5$,$n_2 = 1$,$u_2 = 8\text{cm}$,$r_2 = -4\text{cm}$,代入单球面成像公式,得

$$\frac{1.5}{8} + \frac{1}{v_2} = \frac{1 - 1.5}{-4}$$

解得

$$v_2 = -16\text{cm}$$

则最终成像在玻璃棒内,主光轴上,第二个折射面前 16cm 处,虚像。

5. 有一个折射率为 1.5 的平凹薄透镜,凹面的曲率半径为 25cm,求该透镜置于空气中的焦距。

解:薄透镜的焦距公式如下

$$f = \left[\frac{n - n_0}{n_0} \left(\frac{1}{r_1} - \frac{1}{r_2} \right) \right]^{-1}$$

根据题意,光线由平面入射时,$n = 1.5$,$n_0 = 1$,$r_1 = \infty$,$r_2 = 25\text{cm}$,代入薄透镜的焦距公式,得

$$f = \left[(1.5 - 1.0) \left(\frac{1}{\infty} - \frac{1}{25} \right) \right]^{-1}$$

解得

$$f = -50\text{cm}$$

该透镜置于空气中的焦距为 −50cm。

另一种情况,光线也可由凹面入射,$n = 1.5$,$n_0 = 1$,$r_1 = -25\text{cm}$,$r_1 = \infty$,代入薄透镜的焦距公式,得

$$f = \left[(1.5 - 1.0) \left(\frac{1}{-25} - \frac{1}{\infty} \right) \right]^{-1}$$

解得

$$f = -50 \text{cm}$$

上述两种计算方式都可以。

6. 折射率为 1.5 的玻璃薄透镜在空气中的焦度为 8D,将其浸入某种液体中焦度变为 -1D。求此液体的折射率。

解: 薄透镜的焦距公式如下

$$f = \left[\frac{n - n_0}{n_0} \left(\frac{1}{r_1} - \frac{1}{r_2} \right) \right]^{-1}$$

薄透镜置于空气中时,$n = 1.5$,$n_0 = 1$,$\Phi = \dfrac{1}{f} = 8\text{D}$,代入薄透镜焦距公式,整理得

$$(1.5 - 1)\left(\frac{1}{r_1} - \frac{1}{r_2} \right) = 8$$

薄透镜置于液体中时,$n = 1.5$,$\Phi = \dfrac{1}{f} = -1\text{D}$,代入薄透镜焦距公式,整理得

$$\frac{(1.5 - n_0)}{n_0}\left(\frac{1}{r_1} - \frac{1}{r_2} \right) = -1$$

两式相除,整理可得

$$n_0 = 1.6$$

液体的折射率为 1.6。

7. 共轴薄透镜 L_1、L_2 相距 5cm,L_1 是焦距为 4cm 的凸透镜,L_2 是焦距为 -5cm 的凹透镜,若将物体放置在主光轴上 L_1 前 6cm 处,求此物最终像的位置。

解: 对透镜 L_1 成像,$u_1 = 6\text{cm}$,$f_1 = 4\text{cm}$,代入薄透镜成像公式的高斯形式,得

$$\frac{1}{6} + \frac{1}{v_1} = \frac{1}{4}$$

解得

$$v_1 = 12\text{cm}$$

物体经透镜 L_1 所成的像作为透镜 L_2 的物,则 $u_2 = 5 - 12 = -7\text{cm}$,$f_2 = -5\text{cm}$,代入薄透镜成像公式的高斯形式,得

$$\frac{1}{-7} + \frac{1}{v_2} = \frac{1}{-5}$$

解得

$$v_2 = -17.5\text{cm}$$

所以物体最终成像在主光轴上,透镜 L_2 前 17.5cm 处,透镜 L_1 前 $17.5 - 5 = 12.5\text{cm}$ 处,虚像。

8. 折射率为 1.5 的玻璃薄透镜,一面是平面,另一面是曲率半径为 0.2m 的凹面,将此透镜水平放置,凹面一方充满水,水的折射率为 1.3,求整个系统的焦距。

解: 整个光学系统可以看成由玻璃的平凹透镜和水的平凸透镜密接组成。

对于玻璃透镜,$n = 1.5$,$n_0 = 1$,$r_1 = \infty$,$r_2 = 0.2\text{m}$,代入薄透镜焦距公式得

$$f_1 = \left[(1.5 - 1)\left(\frac{1}{\infty} - \frac{1}{0.2} \right) \right]^{-1} = -0.4\text{m}$$

对于水透镜,$n = 1.3$,$n_0 = 1$,$r_1 = 0.2\text{m}$,$r_2 = \infty$,代入薄透镜焦距公式得

$$f_2 = \left[(1.3 - 1) \left(\frac{1}{0.2} - \frac{1}{\infty} \right) \right]^{-1} = \frac{2}{3} \text{m}$$

由于是两透镜密接,等效焦距 f 为

$$\frac{1}{f} = \frac{1}{f_1} + \frac{1}{f_2}$$

将 $f_1 = -0.4\text{m}$, $f_2 = \frac{2}{3}\text{m}$ 代入,解得

$$f = -1\text{m}$$

整个系统的焦距为 -1m。

9. 一位远视眼患者右眼的近点在眼前 1m 处,今欲使其能看清眼前 25cm 处的物体,右眼应佩戴何种度数的眼镜片?

解:矫正远视眼需要佩戴凸透镜,为看清眼前 25cm 处的物体,需要将该处物体成像在远视眼的近点。$u = 25\text{cm} = 0.25\text{m}$, $v = -1\text{m}$,代入薄透镜成像公式得

$$\frac{1}{0.25} + \frac{1}{-1} = \frac{1}{f}$$

由 $\Phi = \frac{1}{f}$ 可得

$$\Phi = 3\text{D} = 300 \text{ 度}$$

该患者右眼应佩戴 300 度的凸透镜眼镜片。

10. 一位远视眼患者,左眼戴着 2D 的眼镜片时,仅能看清眼前 40cm 处的物体,再近就看不清了,问此患者左眼应佩戴何种眼镜片才适合?

解:矫正远视眼需要佩戴凸透镜,要看清物体,至少需要将物体成像在远视眼的近点。$u = 40\text{cm} = 0.4\text{m}$, $\Phi = \frac{1}{f} = 2\text{D}$,代入薄透镜成像公式得

$$\frac{1}{0.4} + \frac{1}{v} = 2$$

解得

$$v = -2\text{m}$$

所以该远视眼的近点在眼前 2m 处,要想看清明视距离 25cm 的物体,$u = 0.25\text{m}$, $v = -2\text{m}$,代入薄透镜成像公式得

$$\frac{1}{0.25} + \frac{1}{-2} = \frac{1}{f}$$

由 $\Phi = \frac{1}{f}$ 可得

$$\Phi = 3.5\text{D} = 350 \text{ 度}$$

该患者左眼应佩戴 350 度的凸透镜眼镜片。

11. 用显微镜观察 $0.25\mu\text{m}$ 的细胞细节时,所选用的光源波长为 550nm,物镜的数值孔径为 1.5,物镜的线放大率为 50,求:

(1)试判断所选用的光源波长是否合适。

(2)已知明视距离处人眼可分辨的最短距离是 0.1mm,要想看清细胞细节,目镜的角放大率至少应是多少?

解:(1)已知光源波长 $\lambda = 550$nm,数值孔径 $n\sin\gamma = 1.5$,显微镜的最小分辨距离 Z 为

$$Z = \frac{0.61\lambda}{n\sin\gamma} = \frac{0.61 \times 550}{1.5} \approx 224\text{nm} = 0.224\mu\text{m}$$

显微镜的最小分辨率为 0.224μm,小于要观察的细胞细节的尺度 0.25μm,所选用的光源波长是合适的。

(2)明视距离处人眼可分辨的最短距离是 0.1mm $= 100\mu$m,人眼要看清 0.25μm 的细胞细节,则显微镜至少要放大的倍数为

$$M = \frac{100}{0.25} = 400$$

已知显微镜物镜的线放大率 $m = 50$,代入显微镜放大率公式 $M = m\alpha$ 得

$$400 = 50\alpha$$

解得

$$\alpha = 8$$

目镜的角放大率至少应是 8 倍。

二、知识与能力测评参考答案

1. 玻璃球右侧 120mm 处成一实像。

2. 25cm。

3. 透镜左侧 8cm 处成一虚像。

4. 凹透镜右侧 33cm 处成一实像。

5. 透镜组两侧 2cm 处。

6. 2.5D。

7. 199mm 和 149mm。

8. 750 度的凸透镜。

9. -200 度的凹透镜。

10. (1)物镜前 1.74cm 处为一实物;(2)12.5;(3)125。

【要点概览】

光波本质上是一种电磁波,通常意义上的光是指可见光,即能引起人们视觉的电磁波。因光的波动性质使其具有干涉、衍射、偏振、吸收和散射等现象。

1. 频率相同、振动方向相同、有固定相位关系的两列光称为相干光。两列相干光叠加后产生极强或极弱的现象称为干涉。

2. 杨氏双缝干涉(D 为双缝到屏的距离,d 为双缝间的距离):

双缝干涉极强(明纹中心)位置:$x = \pm k \dfrac{D}{d} \lambda$　$k = 0, 1, 2, \cdots$

双缝干涉极弱(暗纹中心)位置:$x = \pm (2k - 1) \dfrac{D}{2d} \lambda$　$k = 1, 2, \cdots$

双缝干涉条纹间距:$\Delta x = \dfrac{D\lambda}{d}$

3. 洛埃镜干涉实验证明了光波从光疏介质射向光密介质反射时会产生半波损失,即光线从光疏介质射向光密介质在界面上反射时有数值为 π 的位相突变,相当于损失 $\lambda/2$ 的光程。

4. 光程是指与光在折射率为 n 的介质中传播的几何路程 r 相当的真空路程,数值为 nr。光程差 δ 即两光程之差。当两束相干光相遇时,光程差为半波长的偶数倍时,干涉加强;光程差为半波长的奇数倍时,干涉减弱。

5. 薄膜干涉是入射光在薄膜上下表面反射的光所形成相干光的干涉,其光程差为 $\delta = 2e\sqrt{n_2^2 - n_1^2 \sin^2 i} + \dfrac{\lambda}{2}$($e$ 为膜的厚度)。

薄膜干涉明暗条件:$\delta = 2e\sqrt{n_2^2 - n_1^2 \sin^2 i} + \dfrac{\lambda}{2} = k\lambda$　$k = 1, 2, \cdots$　　明条纹

$$\delta = 2e\sqrt{n_2^2 - n_1^2 \sin^2 i} + \frac{\lambda}{2} = (2k - 1)\frac{\lambda}{2}　k = 1, 2, \cdots　　暗条纹$$

6. 薄膜厚度一定,干涉条纹由相同入射角的光形成,称为等倾干涉。入射角确定,干涉条纹由薄膜厚度相同处所产生的光反射形成,称为等厚干涉。

7. 劈尖干涉:光线垂直照射在厚度不均匀的薄膜上时,厚度 e 相同处光程差相同,形成同一干涉条纹(等厚干涉)。

$$\delta = 2ne + \frac{\lambda}{2} = k\lambda　k = 1, 2, 3, \cdots　　　　明条纹$$

$$\delta = 2ne + \frac{\lambda}{2} = (2k-1)\frac{\lambda}{2}, k = 1,2,3,\cdots \qquad 暗条纹$$

相邻两暗纹(或明纹)对应的厚度差为:

$$\Delta e = e_{k+1} - e_k = \frac{\lambda}{2n}$$

相邻两暗纹(或明纹)在劈面上的距离即条纹间距 L 为:

$$L = \frac{\lambda}{2n\theta}$$

8. 牛顿环:是一种典型的等厚干涉条纹。第 k 级明环(暗环)半径为:

$$r = \sqrt{\frac{(2k-1)R\lambda}{2}} \quad k = 1,2,3\cdots \qquad 明环半径$$

$$r = \sqrt{kR\lambda} \quad k = 0,1,2,3\cdots \qquad 暗环半径$$

9. 单缝衍射:用菲涅耳半波带法讨论。明暗条纹条件:

$$a\sin\varphi = \pm 2k\frac{\lambda}{2} = \pm k\lambda \quad k = 1,2,\cdots \quad 暗纹中心$$

$$a\sin\varphi = \pm(2k+1)\frac{\lambda}{2} \quad k = 1,2,\cdots \quad 明纹中心$$

10. 由一系列相互平行、等宽、等间距排列的狭缝构成的光学元件称为光栅,光栅方程为 $d\sin\varphi = k\lambda \quad k = 0,\pm 1,\pm 2,\cdots$($d = a + b$ 为光栅常数)。

11. 圆孔衍射:单色光垂直入射时,中央亮斑的角半径即艾里斑的半角宽度为 $\theta = 1.22\frac{\lambda}{D}$($D$ 为圆孔直径)。最小分辨角的倒数称光学仪器的分辨本领。

12. 自然光和偏振光:光是横波。在垂直于光传播方向的平面内,光矢量各个方向振幅相等的光称为自然光。光矢量只在某一固定方向振动的光,称为线偏振光或平面偏振光,简称偏振光。

13. 当偏振光通过偏振片时,遵循马吕斯定律,即入射线偏振光强度为 I_0,当它的光振动方向与偏振片偏振化方向夹角为 α 时,通过偏振片的光强为 $I = I_0\cos^2\alpha$。

14. 布儒斯特定律:自然光在介质表面反射时,当入射角 i_0(布儒斯特角)满足 $\tan i_0 = n_2/n_1$ 的条件时,反射光为线偏振光。

15. 一束光在某些晶体内分成两束折射光。一束遵守折射定律,称为寻常光线,简称 o 光。另一束不遵守折射定律,称为非常光线,简称 e 光。o 光和 e 光都是线偏振光,且在同一主平面内两者光振动方向相互垂直。

16. 在与光的传播方向垂直的平面内,光矢量按一定的频率旋转,其端点轨迹为椭圆,这种光为椭圆偏振光。

17. 偏振光通过某些特殊物质时振动面发生旋转,旋转的角度 $\varphi = \alpha c l$,式中比例系数 α 称为该物质的旋光率。

18. 朗伯定律:光强为 I_0 的平行单色光通过厚度为 l 的均匀介质,其透射光强 $I = I_0 e^{-kl}$,k 为物质的吸收系数。

19. 朗伯-比尔定律:光通过稀溶液时,吸收系数 k 正比于溶液浓度 c,即 $k = \beta c$,则 $I = I_0 e^{-\beta c l}$。

20. 瑞利定律：散射光的强度与光波频率的四次方成正比，即

$$I \propto \nu^4 \propto \frac{1}{\lambda^4}$$

【重点例题解析】

例题 1　在杨氏双缝实验中，已知双缝的间距为 $d = 3\,\text{mm}$，缝距屏的距离为 $D = 3\,\text{m}$，若用波长为 $550\,\text{nm}$ 的单色光照射狭缝。求：

（1）干涉条纹的间距。

（2）若将一厚度 $e = 0.01\,\text{mm}$ 的薄膜挡于狭缝 S_1 前，则干涉条纹将发生移动，试说明干涉条纹移动的方向；若已知条纹移动的距离为 $5\,\text{mm}$，试计算薄膜的折射率。

解：（1）根据双缝干涉条纹间距公式 $\Delta x = \dfrac{D}{d}\lambda$ 有

$$\Delta x = \frac{D}{d}\lambda = \frac{3}{3 \times 10^{-3}} \times 550 \times 10^{-9} = 550 \times 10^{-6}\,\text{m} = 0.550\,\text{mm}$$

（2）设在薄膜挡于狭缝 S_1 前后，第 k 级明纹中心分别出现在 S_2 侧距屏中央 O 点为 x 和 x' 处，则与前后两明纹中心相对应的光程差分别为

$$\delta_k = \frac{d}{D}x_k = k\lambda$$

$$\delta' = \frac{d}{D}x'_k + (n-1)e = k\lambda$$

因此该 k 级明纹位移为

$$x'_k - x_k = \frac{D}{d}(1-n)e$$

由于 $n > 1$，所以 $x'_k - x_k < 0$

即该 k 级明纹移向中央 O 点

由于 $x'_k - x_k = -5\,\text{mm}$，所以薄膜的折射率为

$$n = 1 - \frac{d}{D}\frac{x'_k - x_k}{e} = 1 - \frac{3 \times 10^{-3}}{3}\frac{-5 \times 10^{-3}}{0.01 \times 10^{-3}} = 1.5$$

例题 2　在单缝夫琅禾费衍射实验中，已知缝宽 $a = 0.1\,\text{mm}$，透镜的焦距 $f = 40\,\text{cm}$，若用波长分别为 $400\,\text{nm}$ 和 $700\,\text{nm}$ 的两种单色光同时垂直照射单缝，求两种单色光同侧的第 1 级衍射明纹中心之间的距离。如果用光栅常数 $d = 1.0 \times 10^{-3}\,\text{cm}$ 的光栅代替单缝，其他条件不变时，再求两种单色光同侧的第 1 级衍射明纹中心之间的距离。

解：对于单缝衍射，衍射极大所满足的近似公式为

$$a\sin\varphi = (2k+1)\frac{\lambda}{2}$$

第 1 级明纹中心的位置满足

$$x_1 = f\tan\varphi_1 \approx f\sin\varphi_1 = f \cdot \frac{3\lambda}{2a}$$

所以两种单色光的第 1 级衍射明纹中心之间的距离为

$$\Delta x = f \cdot \frac{3}{2a}(\lambda_2 - \lambda_1) = 40 \times \frac{3(700-400) \times 10^{-9}}{2 \times 0.1 \times 10^{-3}} = 0.18\,\text{cm}$$

对于光栅衍射,衍射极大满足下式

$$d\sin \varphi = k\lambda$$

$$\sin \varphi_1 = \frac{\lambda}{d}$$

$$x_1 = f\tan \varphi_1 \approx f\sin \varphi_1 = f \cdot \frac{\lambda}{d}$$

因此有两种单色光的第 1 级衍射极大中心之间的距离为

$$\Delta x = f \cdot \frac{\lambda_2 - \lambda_1}{d} = 40 \times \frac{(700 - 400) \times 10^{-9}}{1.0 \times 10^{-3} \times 10^{-2}} = 1.2\text{cm}$$

例题 3　在通常的亮度下,人眼瞳孔的直径约为 3mm,试计算人眼的最小分辨角。若两根细丝之间的距离为 2.0mm,试计算人眼刚好能分辨细丝时与距细丝的距离。

解:人眼视觉最敏感的黄绿光波长为 550nm,由光学仪器的最小分辨角 $\theta_0 = 1.22\dfrac{\lambda}{D}$,可知

人眼的最小分辨角为

$$\theta_0 = 1.22\frac{\lambda}{D} = 1.22 \times \frac{550 \times 10^{-9}}{3 \times 10^{-3}} = 2.24 \times 10^{-4}(\text{rad}) \approx 1'$$

设两细丝之间的距离为 d,人与细丝的距离为 L,则两细丝对人眼的张角为

$$\theta = \frac{d}{L}$$

人眼刚好能分辨细丝时,应有

$$\theta = \theta_0$$

所以有

$$L = \frac{d}{\theta_0} = \frac{2.0 \times 10^{-3}}{2.24 \times 10^{-4}} = 8.9\text{m}$$

人与细丝相距 8.9m 时,刚好能分辨两细丝,超过这个距离便分辨不清。

例题 4　波长为 500nm 的单色光垂直入射一光栅上,若相邻两条明纹的衍射角分别由 $\sin \varphi = 0.2$ 与 $\sin \varphi = 0.3$ 确定,已知第 4 级缺级。试问:

(1)该光栅的光栅常数是多少?

(2)能看到几级条纹?

解:(1)设 $\sin \varphi_k = 0.2$ 对应的条纹级数为 k,$\sin \varphi_{k+1} = 0.3$ 对应的条纹级数为 $k + 1$,根据光栅方程 $d\sin \varphi = k\lambda$ 得

$$0.2d = k\lambda,0.3d = (k + 1)\lambda$$

解得

$$k = 2$$

$$d = \frac{2\lambda}{\sin \varphi_2} = \frac{2 \times 500 \times 10^{-9}}{0.2} = 5 \times 10^{-6}\text{m}$$

(2)由 $d\sin \varphi = k\lambda$,当 $\varphi = 90°$时,有

$$k = \frac{d}{\lambda} = \frac{5 \times 10^{-6}}{500 \times 10^{-9}} = 10$$

据题意,第 4 级缺级意味着多缝干涉的第 4 级明纹与单缝衍射的第 1 级暗纹正好有同一个衍射角,由单缝衍射暗纹公式 $a\sin \varphi = \pm k'\lambda$ 得

$$\frac{d}{a} = \frac{k}{k'}, 其中 k = 4, k' = 1,$$

$$a = \frac{k'}{k}d = \frac{1}{4} \times 5 \times 10^{-6} = 1.25 \times 10^{-6} \text{m}$$

$$k = \frac{d}{a}k' = \frac{5 \times 10^{-6}}{1.25 \times 10^{-6}}k' = 4k'$$

当 $k' = \pm1, k = \pm4$；当 $k' = \pm2, k = \pm8$；即 $k = \pm4$、±8 为缺级,因第 10 级条纹出现在 $\varphi = 90°$ 处,无法看到。

可以看到的条纹级数为：$k = \pm1$、±2、±3、±5、±6、±7、±9。

例题 5　一束自然光入射到一组偏振片上,这组偏振片由四块偏振片构成,每块偏振片的偏振化方向相对于前面一块的偏振片,沿顺时针方向转过 30° 角。试求透射过这组偏振片的光强与入射光强之比。

解：设自然光与透射过一、二、三、四块偏振片的光强分别为 I_0、I_1、I_2、I_3、I_4,则

$$I_1 = \frac{1}{2}I_0$$

根据马吕斯定律有

$$I_2 = I_1 \cos^2\theta = \frac{1}{2}I_0 \cos^2 30 = \frac{3}{8}I_0$$

$$I_3 = I_2 \cos^2\theta = \frac{3}{8}I_0 \cos^2 30 = \frac{9}{32}I_0$$

$$I_4 = I_3 \cos^2\theta = \frac{9}{32}I_0 \cos^2 30 = \frac{27}{128}I_0 = 0.21I_0$$

所以透射过这组偏振片的光强与入射光强之比为 0.21。

【知识与能力测评】

1. 真空中波长为 λ 和 λ_0 的两束光分别在空气和玻璃中传播,在相同的时间内它们传播的路程是否相等？光程是否相等？

2. 在杨氏双缝干涉实验中,波长 $\lambda = 550\text{nm}$ 的单色平行光垂直入射到双缝间距 $d = 2 \times 10^{-4}\text{m}$ 的双缝上,双缝到屏的距离 $D = 2\text{m}$。求：

(1)中央明纹两侧的两条第 10 级明纹中心间的距离。

(2)用一厚度为 $e = 6.6 \times 10^{-5}\text{m}$、折射率为 $n = 1.58$ 的玻璃片覆盖一缝后,零级明纹将移到原来的第几级明纹处？

3. 在白光照射下,我们看到肥皂膜呈彩色,当膜上出现黑色斑纹时就预示着膜即将破裂,试解释这一现象。

4. 在观察肥皂水薄膜($n = 1.33$)的反射光时,若某处绿色光($\lambda = 500\text{nm}$)反射最强,且这时法线和视线间的角度 $i = 45°$,求该处膜的最小厚度。

5. 用白光垂直照射置于空气中厚度为 0.50m 的玻璃片,玻璃片的折射率为 1.50。在可见光范围内(400~760nm)哪些波长的光得到反射加强？

6. 在折射率 $n = 1.50$ 的玻璃上,镀上 $n' = 1.35$ 的透明介质薄膜。当入射光垂直膜面入射,观察反射光的干涉时,发现 $\lambda_1 = 600\text{nm}$ 的光波干涉相消,$\lambda_2 = 700\text{nm}$ 的光波干涉相长,且在两波长之间再没有其他波长是最大限度相消或相长的情形。求所镀介质膜的厚度。

7. 波长为 600nm 的单色光垂直入射到单缝衍射装置上，缝宽 $a = 0.10\text{mm}$，透镜焦距 $f = 1.0\text{m}$。求：

(1)中央明纹的宽度 Δx_0。

(2)第 2 级暗纹中心距透镜焦点的距离 x_2。

8. (1)在单缝衍射实验中，分别以两种波长 $\lambda_1 = 400\text{nm}$，$\lambda_2 = 760\text{nm}$ 的光垂直入射，已知单缝宽度 $a = 1.0 \times 10^{-2}\text{cm}$，透镜焦距 $f = 50\text{cm}$，求两光第 1 级衍射明纹中心之间的距离。

(2)若用光栅常数 $d = 1.0 \times 10^{-3}\text{cm}$ 的光栅替换单缝，其他条件不变，求两光第 1 级主极大之间的距离。

9. 一束平行光垂直入射到某个光栅上，该光束有两种波长的光，$\lambda_1 = 440\text{nm}$，$\lambda_2 = 660\text{nm}$，实验发现，两种波长的谱线(不计中央明纹)第二次重合于衍射角 $\varphi = 60°$ 的方向上，求此光栅的光栅常数 d。

10. 一平面衍射光栅宽为 2cm，其上共有 8 000 条缝，用钠黄光(589.3nm)垂直入射，试求出可能出现的各个主极大对应的衍射角。

11. 一束光强为 I_0 的线偏振光垂直入射到偏振化方向夹角为 60° 的两个偏振片上，该光束的光矢量振动方向与两偏振片的偏振化方向皆成 30° 角。

(1)求透过每个偏振片光的强度。

(2)若将原入射光换为强度相同的自然光，求透过每个偏振片后的光强。

12. 自然光和线偏振光的混合光束通过一偏振片，当偏振片转动时，透射光的强度也跟着改变。如最强和最弱的光强之比为 6∶1，那么入射光中自然光和线偏振光的强度之比为多少？

13. 两个偏振片 P_1、P_2 叠在一起，一束单色线偏振光垂直入射到 P_1 上，其光矢量振动方向与 P_1 的偏振化方向之间的夹角固定为 30°，当连续穿过 P_1、P_2 后的出射光强为最大出射光强的 1/4 时，P_1、P_2 的偏振化方向夹角是多少？

【参考答案】

一、本章习题解答

1. 保持杨氏双缝的全套装置相对位置不变地放在充有折射率为 n 的介质中，对干涉条纹有无影响？

解：在杨氏双缝干涉中，有 $\Delta x = D\dfrac{\lambda}{d}$。若放置在水中，波长变为 $\dfrac{\lambda}{n}$，于是条纹间距变为

$\Delta x = D\dfrac{\lambda}{nd}$，即干涉条纹有变化。由于 n 一般大于 1，故对实验产生影响为条纹变密。

2. 在杨氏双缝中，如其中的一条缝用一块透明玻璃遮住，对实验结果有无影响？

答：使用玻璃遮住一条缝使得通过该缝的光线光程变化，从而使得干涉条纹的位置发生变化。由于缝到达光屏的距离、光的波长以及双缝间距不变，所以条纹间距不变。

3. 有波长为 690nm 的光波垂直投射到双缝上，距双缝为 1.0m 处放置屏幕。如果屏幕上 21 个明条纹之间共宽 $2.3 \times 10^{-2}\text{m}$，试求两缝间的距离。

解：已知 $\lambda = 690\text{nm}$ $D = 1.0\text{m}$，相邻两条纹的间距为 $\Delta x = \dfrac{2.3 \times 10^{-2}}{20}$

求双缝间距 d

$$\Delta x = D \frac{\lambda}{d} \quad \text{所以 } d = D \frac{\lambda}{\Delta x} = 1.0 \frac{6.9 \times 10^{-7}}{\dfrac{2.3 \times 10^{-2}}{20}} = 6 \times 10^{-4} \text{m}$$

4. 在杨氏双缝干涉装置中,若光源与两个缝的距离不等,对实验结果有无影响?

答:有影响,会出现中央亮条纹不在中间位置,条纹不对称,会偏离一定的角度。因为在到达双缝前,光程差已经存在。但由于相位关系固定,仍然可以观察到干涉条纹。

5. 平面单色光波垂直投射在厚度均匀的薄油膜上,油膜覆盖在玻璃板上,所用光源的波长可以连续变化,观察到 500nm 和 700nm 这两个波长的反射光束因干涉完全相消,而在这两个波长之间没有其他的波长发生相消干涉。已知 $n_{油} = 1.30$、$n_{玻璃} = 1.50$,求油膜的厚度。

解:欲符合干涉相消,则:

$$\delta_1 = 2e\sqrt{n_2^2 - n_1^2 \sin^2 i} = (2k_1 - 1)\frac{\lambda_1}{2} \tag{1}$$

$$\delta_2 = 2e\sqrt{n_2^2 - n_1^2 \sin^2 i} = (2k_2 - 1)\frac{\lambda_2}{2} \tag{2}$$

联立(1)、(2):欲使 e 最小,则需 k_1、k_2 以及 $(2k_1 - 1)\dfrac{\lambda_1}{2}$ 及 $(2k_2 - 1)\dfrac{\lambda_2}{2}$ 最小。即取 δ_1、δ_2 的最小公倍数。

故 $\delta_2 = \delta_1 = 1\,750$nm,代入(1)或(2)即可得

$$e = \frac{\delta_1}{2n_2} = \frac{1\,750 \times 10^{-9}}{2 \times 1.30} = 6.73 \times 10^{-7} \text{nm}$$

6. 用白光垂直地照射在折射率为 1.58,厚度为 3.8×10^{-4} mm 的薄膜表面上,薄膜两侧均为空气。问在可见光范围内,波长为多少的光在反射光中将增强?

解:

光程差:$\delta = 2e\sqrt{n_2^2 - n_1^2 \sin^2 i} + \dfrac{\lambda}{2} = 2n_2 e + \dfrac{\lambda}{2}$

当 $\delta = k\lambda$ 时得到明条纹:

$k = 1$ 时	$\lambda = 2\,400$nm
$k = 2$ 时	$\lambda = 800$nm
$k = 3$ 时	$\lambda = 480$nm

即只有 $\lambda = 480$nm 在可见光范围内。

7. 为了利用干涉来降低玻璃表面的反射,透镜表面通常覆盖着一层 $n = 1.38$ 的氟化镁薄膜。若使氦氖激光器发出的波长为 632.8nm 的激光毫无反射地透过,这覆盖层须有多厚?

解:全透的条件为 $2ne = (2k - 1)\dfrac{\lambda}{2}$,取 $k = 1$

所以
$$e = \frac{\lambda}{4n} = \frac{632.8 \times 10^{-9}}{4 \times 1.38} = 1.146 \times 10^{-7} \text{m}$$

8. 单缝宽度若小于入射光的波长时,能否得到衍射条纹?

解:能够得到,但光强相对较弱。

9. 波长为 $\lambda = 500nm$ 的绿光垂直投射到宽度 $a = 2.0 \times 10^{-4}m$ 的单缝上。试确定 $\varphi = 1°$ 时,在屏幕上所得条纹是明的还是暗的?

解: 由衍射公式　$a\sin\varphi = k\lambda$,代入数据

得

$$k = \frac{a\sin\varphi}{\lambda} = \frac{2.0 \times 10^{-4} \times \sin 1}{5 \times 10^{-7}} = 6.98 \approx 7$$

k 为奇数,所以得到的是暗条纹。

10. 以波长为 589.3nm 的钠黄光垂直地照射狭缝,在距离狭缝 80cm 处的光屏上所呈现中央亮带的宽度为 $2.0 \times 10^{-3}m$,求狭缝的宽度。

解: 由衍射公式 $a\sin\varphi = \lambda$

可知: $\sin\varphi = \dfrac{x}{D}$

所以

$$a = \frac{D\lambda}{x} = \frac{589.3 \times 10^{-9} \times 0.8}{\dfrac{2.0 \times 10^{-3}}{2}} = 4.71 \times 10^{-4}m$$

11. 在双缝干涉实验中,若两条缝宽相等,每一条缝(即把另一条缝遮住)的衍射条纹光强分布如何? 双缝同时打开时条纹光强分布又如何?

答: 光强按衍射图案分布。双缝打开后,按干涉图样分布,但由于两条缝的衍射,可能出现缺级现象。

12. 衍射光栅所产生的 $\lambda = 486.1nm$ 谱线的第四级光谱与某光谱线的第三级光谱相重合,求该谱线的波长。

解: 由光栅公式 $a\sin\varphi = k\lambda$　　可知　$k_1\lambda_1 = k_2\lambda_2$
代入数据得

$$\lambda_2 = \frac{k_1\lambda_1}{k_2} = \frac{4 \times 486.1 \times 10^{-9}}{3} = 648.1nm$$

13. 有两条平行狭缝,中心相距 $6.0 \times 10^{-4}m$,每条狭缝宽为 $2.0 \times 10^{-4}m$。如以单色光垂直入射,则该双缝装置所产生的哪些级次的明条纹因单缝衍射而消失?

解: 由于 $d\sin\varphi = k'\lambda$ 时产生干涉明条纹。

$a\sin\varphi = k\lambda$ 时产生衍射暗条纹。

所以　　　$\dfrac{d}{a} = \dfrac{k'}{k}$　代入数据: $\dfrac{k'}{k} = \dfrac{6.0 \times 10^{-4}}{2.0 \times 10^{-4}} = 3$

所以合乎条件的 3、6、9 等级的明条纹消失。

14. 用单色光照射光栅,为了得到较多级条纹,应采用垂直入射还是倾斜入射?

答: 光栅零级极大的位置处于等光程位置,当光线倾斜入射时零级位置偏向一方,从而在另一方得到更多级数的条纹。注意:虽然可以得到更多级数的干涉条纹,但由于零级位置的改变,总条纹数目通常并不增加。

15. 自然光通过两个相交 60° 的偏振片,求透射光与入射光的强度之比。设每个偏振片对入射光有强度 10% 的基本吸收。

解: 设透射光强为 I_2,入射光强为 I_1,则:

$$I_2 = \frac{1}{2}I_1 \cos^2 60 \eta^2$$

所以 $\dfrac{I_2}{I_1} = \dfrac{1}{2}\cos^2 60(1-\eta)^2 = \left(\dfrac{1}{2}\right)^3 \times (1-10\%)^2 = 0.101$

16. 三个偏振片叠置起来,第一与第三片偏振化方向正交,第二片偏振化方向与其他两片的夹角都是 45°,以自然光投射其上,如不考虑吸收,求最后透射光强与入射光强的百分比。

解: 由马吕斯定律得　$\dfrac{I_2}{I_1} = \dfrac{1}{2}\cos^2 45\cos^2 45 = \left(\dfrac{1}{2}\right)^3 = \dfrac{1}{8}$

17. 一束线偏振光垂直入射到一块光轴平行于表面的双折射晶片上,光的振动面与晶片主截面的夹角为 30°角。试求透射出的"寻常光"与"非常光"的强度之比。

解: 在双折射晶体中

$$o\text{ 光光强为:} I_o = I\cos^2(90-30)$$

$$e\text{ 光光强为:} I_e = I\cos^2 30$$

所以　$\dfrac{I_o}{I_e} = \dfrac{I\cos^2(90-30)}{I\cos^2 30} = \dfrac{\dfrac{1}{4}}{\dfrac{3}{4}} = \dfrac{1}{3}$

18. 线偏振光通过方解石能否产生双折射现象?为什么?

答: 能够产生双折射现象,线偏振光在双折射晶体中各个角度的折射率也不尽相同。当其振动面与主截面有一定夹角时,仍然存在 o 光和 e 光。

19. 有一束光,只知道它可能是线偏振光、圆偏振光或椭圆偏振光,应当怎样去判断它?

答: 用检偏振器,如果旋转检偏器,存在消光现象的为线偏振光。有光强变化但没有消光现象的为椭圆偏振光。没有光强变化的为圆偏振光。

20. 石英晶片对不同波长的光的旋光率是不同的,如对于 $\lambda_1 = 546.1\text{nm}$ 的单色光的旋光率 $\alpha_1 = 25.7°/\text{mm}$;而对于 $\lambda_2 = 589.0\text{nm}$ 的单色光的旋光率 $\alpha_2 = 21.7°/\text{mm}$。如使前一光线完全消除,后一种光线部分通过,则在两正交的偏振片间放置的石英晶片的厚度是多少?

解: 在题设条件下,欲使 d 最小则:

　　$\alpha_1 d = 180°$　　所以 $d = 180/\alpha_1 = 180/25.7 = 7.004\text{mm}$

此时 $\alpha_2 d = 21.7 \times 7.004 = 151.99°$,光部分通过,符合题意。

所以石英的最小厚度为 7.004mm。

21. 某蔗糖溶液在 20℃ 时对钠光的旋光率是 $66.4°\text{cm}^3/(\text{g}\cdot\text{dm})$。现将其装满在长为 0.20m 的玻璃管中,用糖量计测得旋光角为 8.3°,求溶液的浓度。

解: 旋光度公式为　$\varphi = \alpha cl$

代入 $\varphi = 8.3°$、$l = 2\text{dm}$ 得

$$溶液浓度\ c = \frac{\varphi}{\alpha l} = \frac{8.3}{66.4 \times 2} = 0.0625\text{g}\cdot\text{cm}^{-3}$$

22. 将光轴垂直于表面的石英片放在两偏振片之间,通过偏振片观察白色光源,问旋转其中的检偏器时将看到什么现象。

答: 如果石英片的光轴放置位置与入射光平行或垂直则仅出现消光现象。其他位置则出现色偏振。

23. 光线通过一定厚度的溶液,测得透射光强度 I_1 与入射光强度 I_0 之比是 1/2。若溶

液的浓度改变而厚度不变,测得透射光强度 I_2 与入射光强度 I_0 之比是 1/8。溶液的浓度是如何改变的?

解:光的吸收定律 $\dfrac{I_1}{I_0} = e^{-\beta c_1 l} = \dfrac{1}{2}$,取自然对数得 $\ln \dfrac{1}{2} = -\beta c_1 l$　　　　　　　式(1)

浓度改变后　　　　　$\dfrac{I_2}{I_0} = e^{-\beta c_2 l} = \dfrac{1}{8}$,$\ln \dfrac{1}{8} = -\beta c_2 l$　　　　　　式(2)

联立(1)、(2)得:

$$\frac{c_2}{c_1} = \frac{\ln \dfrac{1}{8}}{\ln \dfrac{1}{2}} = 3$$

所以溶液的浓度变为原来的三倍。

24. 光线通过厚度为 l、浓度为 c 的某种溶液,其透射光强度 I 与入射光强度 I_0 之比是 1/3。如使溶液的浓度和厚度各增加 1 倍,这个比值将是多少?

解:浓度改变之前,有光吸收定律:

$\dfrac{I_1}{I_0} = e^{-\beta cl}$　　两侧取自然对数得 $\ln \dfrac{I_1}{I_0} = -\beta cl$　　　　　　式(1)

同理浓度改变为 $2c$,厚度变为 $2l$ 时

$\ln \dfrac{I_1'}{I_0} = -4\beta cl$　　结合(1)得:$\ln \dfrac{I_1'}{I_0} = 4\ln \dfrac{I_1}{I_0} = 4 \times \ln \dfrac{1}{3} = -4.394$

所以　　　　　　　　　　$\dfrac{I_1'}{I_0} = 0.012\ 35$

25. 实验测得某介质的表观吸收系数为 $20\mathrm{m}^{-1}$,已知这种表观吸收系数中实际上有 1/4 是由散射引起的。如果消除了散射效应,光在这介质中经过 3cm,光强将减弱到入射光强的百分之几?

解:由已知求得 $k = (h + k)(1 - 1/4) = 15/\mathrm{m}$

由光的透射公式得　　　　　　　　$\dfrac{I_1}{I_0} = e^{-kl}$

代入数据得　　　　　$\dfrac{I_1}{I_0} = e^{-15 \times 3.0 \times 10^{-2}} = 0.637$,即 63.7%

二、知识与能力测评参考答案

1. 不相等,相等。

2. (1)0.11m;(2)零级明纹移到原第 7 级明纹处。

3. 略。

4. 111nm。

5. 600nm,428.6nm。

6. 7.78×10^{-4} mm。

7. (1)1.2cm;(2)1.2cm。

8. (1)0.27cm;(2)1.8cm。

9. 3.05×10^{-3} mm。

10. $0, \pm 13.6°, \pm 28.1°, \pm 45.0°, \pm 70.5°$。

11. （1）$3I_0/4, 3I_0/16$；（2）$I_0/2, I_0/8$。

12. $5:2$。

13. $60°$。

第十章　量子力学基础

【要点概览】

量子力学是研究物质世界微观粒子运动规律的物理学分支,本章主要介绍了热辐射、光的波粒二象性和薛定谔方程的相关知识。

1. 一切物体在任何温度下以电磁波形式向外辐射能量的现象称为热辐射。

2. 设在单位时间内,从物体单位表面积所发射的波长在 λ 和 $\lambda + d\lambda$ 范围内的辐射能为 dM,则 dM 和 $d\lambda$ 之比称为该物体的单色辐射出射度,简称单色辐出度,用 $M_\lambda(T)$ 表示。

3. 从物体单位表面积上发射的各种波长的辐射功率,称为物体的辐出度。

4. 吸收的能量和入射的能量之比称为该物体的吸收率。

5. 对任何波长的辐射能全部吸收的物体称为绝对黑体,简称黑体。

6. 斯特藩-玻耳兹曼定律:在一定温度下,黑体的辐出度 $M_0(T)$ 与绝对温度的四次方成正比: $M_0(T) = \sigma T^4$

7. 维恩位移定律:黑体辐射的峰值波长与其绝对温度 T 成反比 $T\lambda_m = b$。

8. 普朗克的量子假说认为振子和电磁场交换能量的过程是不连续的,即振子发射和吸收能量必须是最小单元 $h\nu$ 的整数倍。

9. 物质表面在电磁辐射照射下释放出电子的现象称为光电效应,所释放的电子称为光电子。光电子在电场作用下所形成的电流称为光电流。

10. 光电子的初动能随入射光的频率线性地改变,与入射光的强度无关。当入射光的频率小于红限频率或截止频率时,光电效应将不再发生。

11. 光的辐射、吸收和传播是以量子的形式进行的。频率为 ν 的光子所具有的能量为 $\varepsilon = h\nu$。金属中的一个电子吸收一个频率为 ν 的光子能量后,一部分用于电子从金属表面逸出所需的逸出功 A,一部分转化为光电子的动能。爱因斯坦光电效应方程: $h\nu = \dfrac{1}{2}mv^2 + A$。

12. 光是一种具有电磁本质的特殊物质,它具有粒子性和波动性这两重性质,即波粒二象性。

13. X 射线被物质散射后,除了有与入射波长 λ 相同的射线外,还有波长变长的射线出现,这一现象称为康普顿效应。

14. 把波长与实物粒子动量联系的波,称为德布罗意波或物质波,波长为 $\lambda = \dfrac{h}{mv}$。

15. 微观粒子具有波粒二象性,其运动状态可以用波函数描述,即 $\psi(r,t) = \psi_0 e^{-\frac{i}{\hbar}(Et - p \cdot r)}$。

16. 波函数的性质:某时刻空间某处粒子的波函数绝对值的平方描述了该时刻粒子在

该处出现的概率密度,这是波函数的统计解释;满足单值、连续、有限的标准条件;满足归一化条件。

17. 位置和动量的不确定关系:$\Delta x \Delta p \geqslant h$;能量和时间的不确定关系:$\Delta E \Delta t \geqslant h$。

【重点例题解析】

例题 1　将人体表面近似看作黑体。假定人体表面平均面积为 $1.73\mathrm{m}^2$,表面温度为 $33℃$,求人体辐射的峰值波长和总功率。

解:由维恩位移定律知　　　　　　$\lambda_\mathrm{m} \cdot T = b$,得

$$\lambda_\mathrm{m} = \frac{b}{T} = \frac{2.898 \times 10^{-3}}{33 + 273} = 9.47 \times 10^{-6}(\mathrm{m})$$

由斯特藩-玻耳兹曼定律知　　　　　　$M_0(T) = \sigma T^4$

人体表面的辐射出射度为　　　　$M_0(T) = 5.67 \times 10^{-8} \times (33 + 273)^4 = 497(\mathrm{W/m^2})$

人体表面在单位时间内向外辐射的总能量(及辐射总功率)为

$$M_总 = M_0(T)S = 497 \times 1.73 \approx 860(\mathrm{W})$$

例题 2　钾的电子逸出功是 $2.0\mathrm{eV}$,如果用波长为 $360\mathrm{nm}$ 的光照射在钾上产生光电效应,求:

(1)光电子的初动能(以 eV 为单位)。

(2)遏止电势差。

(3)电子的速度。

(4)电子波的波长。

解:(1)由爱因斯坦光电效应方程 $h\nu = \frac{1}{2}mv^2 + A$　得

$$\frac{1}{2}mv^2 = h\nu - A = h\frac{c}{\lambda} - A = \frac{6.63 \times 10^{-34} \times 3 \times 10^8}{360 \times 10^{-9} \times 1.6 \times 10^{-19}} - 2.0 = 1.45\mathrm{eV}$$

(2)$\because \frac{1}{2}mv^2 = e|U_a|$,　$\therefore |U_a| = 1.45\mathrm{V}$

(3)$v^2 = \frac{2E_\mathrm{k}}{m}$,电子的速度 $v = \sqrt{\dfrac{2 \times 1.45 \times 1.6 \times 10^{-19}}{9.1 \times 10^{-31}}} = 7.14 \times 10^5\mathrm{m/s}$

(4)电子波的波长　　　$\lambda = \dfrac{h}{p} = \dfrac{6.63 \times 10^{-34}}{9.1 \times 10^{-31} \times 7.14 \times 10^5} = 1.02 \times 10^{-9} = 1.02\mathrm{nm}$

例题 3　设某黑体的表面温度为 $6\,000\mathrm{K}$,此时辐射最强的波长 $\lambda_\mathrm{m} = 483\mathrm{nm}$,问:

(1)为了使 λ_m 增加 $5.0\mathrm{nm}$,该黑体的温度需改变多少?

(2)当 λ_m 增加 $5.0\mathrm{nm}$ 时,总辐射能变化与原总辐射能之比是多少?

解:(1)由维恩位移定律知:

$$T_1\lambda_\mathrm{m1} = T_2\lambda_\mathrm{m2} = b\quad 解得:T_2 = \frac{T_1\lambda_\mathrm{m1}}{\lambda_\mathrm{m2}} = \frac{6\,000 \times 483}{488} = 5\,938.5\mathrm{K}$$

$$\Delta T = 6\,000 - 5\,938.5 = 61.5\mathrm{K}$$

(2)由斯特藩-玻耳兹曼定律知:$M(T) = \sigma T^4$

所以 $\dfrac{\Delta M(T)}{M(T)} = \dfrac{M(T_1) - M(T_2)}{M(T_1)} = \dfrac{T_1^4 - T_2^4}{T_2^4} = \dfrac{6\,000^4 - 5\,938^4}{6\,000^4} = 0.04 = 4\%$

例题 4 测量星球表面温度的方法之一是将星球看成绝对黑体,利用维恩位移定律,由 λ_m 来测定 T。,如测得

$$太阳 \qquad \lambda_m = 475\text{nm}$$

$$北极星 \qquad \lambda_m = 350\text{nm}$$

$$天狼星 \qquad \lambda_m = 290\text{nm}$$

试求这些星球的表面温度。

解:由维恩位移定律知 $\lambda_m \cdot T = b$,b 为常数 $b = 2.898 \times 10^{-3} \text{m} \cdot \text{K}$

对于太阳:$\lambda_m = 475\text{nm}$,$T_{太阳} = \dfrac{b}{\lambda_m} = \dfrac{2.898 \times 10^{-3}}{475 \times 10^{-9}} = 6.10 \times 10^3 \text{K}$

同理,对于北极星:$\lambda_m = 350\text{nm}$,$T_{北极星} = \dfrac{b}{\lambda_m} = \dfrac{2.898 \times 10^{-3}}{350 \times 10^{-9}} = 8.28 \times 10^3 \text{K}$

对于天狼星:$\lambda_m = 290\text{nm}$,$T_{天狼星} = \dfrac{b}{\lambda_m} = \dfrac{2.898 \times 10^{-3}}{290 \times 10^{-9}} = 9.99 \times 10^3 \text{K}$

例题 5 已知铂的电子逸出功是 6.3eV,求使它产生光电效应的最长波长。

解:由爱因斯坦光电效应方程 $\dfrac{1}{2}mv^2 = h\nu - A$ 可知,

当恰好产生光电效应时 $\dfrac{1}{2}mv^2 = 0$,$A = h\nu = \dfrac{hc}{\lambda_m}$

所以 $\qquad \lambda_m = \dfrac{hc}{A} = \dfrac{6.626 \times 10^{-34} \times 3 \times 10^8}{6.3 \times 1.6 \times 10^{-19}} = 1.972 \times 10^7 = 197.2\text{m}$

【知识与能力测评】

1. 某黑体的辐射服从斯特藩-玻耳兹曼定律,在 $\lambda_m = 600\text{nm}$ 处辐射为最强。假如该物体被加热使其 λ_m 移到 500nm,求前后两种情况下辐射能之比。

2. 黑体在某一温度时辐射出射度为 5.67W/cm^2,试求这时辐射出射度具有最大值的波长 λ_m。

3. 已知垂直射到地球表面每单位面积的日光功率(称作太阳常数)等于 $1.37 \times 10^3 \text{W/m}^2$。

(1)求太阳辐射的总功率。

(2)把太阳当作黑体,试计算太阳表面的温度。(地球与太阳的平均距离为 $1.5 \times 10^8 \text{km}$,太阳的半径为 $6.76 \times 10^5 \text{km}$)

4. 用辐射高温计测得炼钢炉口的辐射出射度为 22.8W/cm^2,试求炉内的温度。

5. 红限波长为 $\lambda_0 = 0.15\text{Å}$ 的金属箔片置于 $B = 30 \times 10^{-4}\text{T}$ 的均匀磁场中。今用单色 γ 射线照射使其释放出电子,且电子在垂直于磁场的平面内做 $R = 0.1\text{m}$ 的圆周运动,求 γ 射线的波长。

6. 设光电管的阴极由逸出功为 $A = 2.2\text{eV}$ 的金属制成,今用一单色光照射此光电管,阴极发射出光电子,测得遏止电势差为 $|U_a| = 5.0\text{V}$,求:

(1)光电管阴极金属的红限波长。

(2)入射光波长。

7. X 射线的光子射到受微弱束缚的电子上做直角散射,求其波长改变量。

8. 钾的红限波长为 577.0nm,问光子的能量至少为多少,才能使钾中释放出电子?

9. 用波长为 200nm 的光照射一个铜球,铜球放出电子,而使铜球充电。问铜球至少充到多大电势时,再用这种光照射,铜球将不再放射电子? 设铜的电子逸出功为 4.47eV。

10. 已知 X 射线光子的能量为 0.60MeV,若在康普顿散射中散射光子的波长为入射光子的 1.2 倍,试求反冲电子的动能。

【参考答案】

一、本章习题解答

1. 光电效应和康普顿效应研究的都不是整个光束与散射物之间的作用,而是个别电子与个别光子的相互作用过程,两者有什么区别?

答:光电效应,光子与非完全自由电子的作用,是一个电子吸收光子的过程,电子形成光电子逸出金属表面。入射光波长在可见光附近。作用过程中能量守恒、动量不守恒。

康普顿效应,光子与静止自由电子的作用,光子将部分能量传递给电子后散射出去,而电子并不离开散射物。入射光为 X 射线。作用过程中能量、动量都守恒。

对自由电子不能有光电效应。光子与自由电子的作用只能产生康普顿效应。

2. X 射线通过某物质时会发生康普顿效应,而可见光却没有,为什么?

答:X 射线的光子(波长 0.1nm)的质量$\left(\dfrac{h\nu_x}{c^2}\right)$与电子的静止质量相当,而可见光光子的质量$\left(\dfrac{h\nu}{c^2}\right)$比电子的静止质量小得多。按照弹性碰撞理论,可见光光子与自由电子弹性碰撞后会反弹,光子能量不会转移给电子,即散射波长不会改变,与束缚电子弹性碰撞更不会将能量转移给电子。所以可见光没有康普顿效应。

3. 什么是德布罗意波?哪些实验证实了微观粒子具有波动性?

答:实物粒子也具有波粒二象性,这种与实物粒子相联系的波称为德布罗意波。戴维逊-革末实验以及汤姆逊电子衍射实验证实了微观粒子具有波动性。

4. 实物粒子的德布罗意波与电磁波、机械波有什么区别?

答:德布罗意把爱因斯坦关于光的波粒二象性的思想加以扩展,他认为实物粒子如电子也具有物质周期过程的频率,伴随物体的运动也有由相位来定义的相波即德布罗意波,后来薛定谔解释波函数的物理意义时称为"物质波"。机械波是周期性的振动在介质内的传播,电磁波是周期变化的电磁场的传播。物质波的空间强度分布和微粒在空间出现的概率分布一致,物质波既不是机械波也不是电磁波,而是一种概率波。

5. 简述波函数的统计意义,波函数应满足的标准条件。

答:某时刻空间某处粒子的波函数绝对值的平方描述了该时刻粒子在该处出现的概率密度,即:$\psi(r,t)\psi^*(r,t)$表示粒子在 r 处单位体积中出现的概率,称为概率密度,这就是波函数的统计解释。波函数应满足的三个标准条件是:单值、连续、有限。

6. 一绝对黑体在 $T_1 = 1\,450K$ 时,单色辐射出射度峰值所对应的波长 $\lambda_1 = 2\mu m$。已知太阳单色辐射出射度的峰值所对应的波长为 $\lambda_2 = 500nm$,若将太阳看作黑体,估算太阳表面的温度 T_2。

解:由维恩位移定律
$$T_1\lambda_1 = T_2\lambda_2 = b$$
$$T_2 = \frac{T_1\lambda_1}{\lambda_2} = 5\,800K$$

7. 已知铯的光电效应红限波长是 660nm，用波长 $\lambda = 400nm$ 的光照射铯感光层，求铯放出的光电子的速度。

解：

$$v_0 = \frac{c}{\lambda_0} = \frac{3 \times 10^8}{660 \times 10^{-9}}Hz = 4.55 \times 10^{14}Hz$$

$$v = \frac{c}{\lambda} = \frac{3 \times 10^8}{400 \times 10^{-9}}Hz = 7.5 \times 10^{14}Hz$$

故用此波长的光照射铯感光层可以发生光电效应。由光电效应方程：

$$\frac{1}{2}mv^2 = h\nu - A = h\nu - h\nu_0$$

∴ 光电子的速度： $v = \sqrt{\frac{2(h\nu - h\nu_0)}{m}} = 6.56 \times 10^5 m/s$

8. 波长 $\lambda_0 = 0.0708nm$ 的 X 射线在石蜡上受到康普顿散射，求在 $\frac{\pi}{2}$ 和 π 方向上所散射的 X 射线波长各是多大。

解： 在 $\varphi = \frac{\pi}{2}$ 方向上

$$\Delta\lambda = \lambda - \lambda_0 = \frac{2h}{m_0 c}\sin^2\frac{\varphi}{2}$$

$$= \frac{2 \times 6.63 \times 10^{-34}}{9.11 \times 10^{-31} \times 3 \times 10^8}\sin\frac{\pi}{4}$$

$$= 2.43 \times 10^{-12} = 0.00243nm$$

散射波长： $\lambda = \lambda_0 + \Delta\lambda = 0.0708 + 0.00248 = 0.0732nm$

在 $\varphi = \pi$ 方向上

$$\Delta\lambda = \lambda - \lambda_0 = \frac{2h}{m_0 c}\sin^2\frac{\varphi}{2} = \frac{2h}{m_0 c} = 4.86 \times 10^{-12}m$$

散射波长： $\lambda = \lambda_0 + \Delta\lambda = 0.0708 + 0.00486 = 0.0756nm$

9. 若电子和中子的德布罗意波长均 0.1nm，则电子、中子的速度及动能各为多少？

解： 由公式 $\lambda = \frac{h}{p} = \frac{h}{mv}$

得

$$v_e = \frac{h}{\lambda_e m_{e0}} = \frac{6.63 \times 10^{-34}}{0.1 \times 10^{-9} \times 9.11 \times 10^{-31}} = 7.3 \times 10^6 m/s$$

$$v_n = \frac{h}{\lambda_n m_{n0}} = \frac{6.63 \times 10^{-34}}{0.1 \times 10^{-9} \times 1.67 \times 10^{-27}} = 4.0 \times 10^3 m/s$$

$$E_{ek} = \frac{1}{2}m_{e0}v_e^2 = 152eV$$

$$E_{nk} = \frac{1}{2}m_{n0}v_n^2 = 8.3 \times 10^{-2}eV$$

10. 在电子束中，电子的动能为 200eV，则电子的德布罗意波长为多少？当该电子遇到直径 1mm 的孔或障碍物时，它表现出粒子性还是波动性？

解:由德布罗意公式得

$$\lambda = \frac{h}{\sqrt{2m_0 E_k}} = \frac{6.63 \times 10^{-34}}{\sqrt{2 \times 9.11 \times 10^{-31} \times 200 \times 1.6 \times 10^{-19}}} = 8.683 \times 10^{-11} \text{m}$$

由于 $d \gg \lambda$,电子表现出粒子性。

二、知识与能力测评参考答案

1. 0.48。

2. $2\,898$nm。

3. (1)3.87×10^{26}W;(2)$5\,872$K。

4. 1.42×10^3K。

5. $0.013\,7$nm。

6. (1)5.65×10^{-7}m;(2)1.73×10^{-7}m。

7. 2.426×10^{-12}m。

8. 2.15eV。

9. 1.74V。

10. 0.10MeV。

第十一章 激光

【要点概览】

激光是基于粒子受激辐射光放大原理而产生的一种相干性极强的光。本章主要内容是激光产生的基本原理、特性、激光器及其应用。

1. 处于低能级的粒子全部吸收一个外来光子的能量而跃迁到相应高能级上的过程称为受激吸收或共振吸收,简称吸收。

2. 处于激发态的粒子会自发地从高能级 E_2 跃迁到低能级 E_1,同时辐射能量为 $h\nu = E_2 - E_1$ 的光子,这一过程称为自发辐射。自发辐射的光是非相干光。普通光源的发光机制都属于自发辐射。

3. 处于激发态的粒子因受到外来光子的诱发而向低能级跃迁,并辐射相应能量光子的过程称为受激辐射。激光的发光机制属于受激辐射。产生激光的必备条件:粒子数反转和光学谐振腔。

4. 寿命约 10^{-3} 秒的激发态称为亚稳态。

5. 使受激辐射在有限体积的激活介质中能持续进行,光可被反复放大形成稳定的振荡装置称为光学谐振腔。光学谐振腔是由激活介质两端相互平行,且与激活介质轴线垂直的光学反射镜(平面或球面)组成。

6. 激光具有方向性好、亮度高、强度大、单色性好、相干性好及偏振性好等特点。

7. 产生激光的装置称为激光器,由具有亚稳态能级的工作物质、光学谐振腔和激励装置三部分组成。

8. 激光的模式即电磁场在腔内的振荡方式,由光学谐振腔决定。分为纵向模式与横向模式。

9. 全息照相是利用光波的干涉和衍射原理,将物光波以干涉条纹的形式在全息干板(又称为全息底片)上记录下来,在一定条件下,利用衍射再现原物体的立体图像的技术。照相过程分为全息记录和波前再现两部分。

【重点例题解析】

例题 1 简述激光的优点。

答:激光是受激辐射放大的光。激光除有普通光的性质外,还具有单色性好,相干性好,方向性好,亮度高等特性。

例题 2 简要回答激光的产生过程。

答:在激励能源的作用下,具有亚稳态能级结构的工作物质实现粒子数反转分布;受激辐射要实现粒子数反转,必须具有光学谐振腔,沿光学谐振腔轴线方向的同种光子,来回反射形成光的振荡、放大;光在腔内往返一次增益大于1,光振荡可继续维持;当光达到一定强度时由部分反射镜端输出激光。

例题3 激光的生物效应有哪些?

答:热作用、机械作用、光化效应、强电场效应和生物刺激效应。

例题4 简述激光器的基本结构。

激光器的基本结构:激光器是产生激光的装置。由具有亚稳态能级的工作物质、光学谐振腔和激励装置三部分组成。

(1)工作物质:包括激活介质与一些辅助物质,可以是固体(晶体、玻璃)、气体(原子气体、离子气体、分子气体)、液体和半导体等介质。激活介质内粒子的能级中,参与受激辐射,即与出现粒子数反转分布有关的能级称为工作能级。一般按照工作能级的多少将激活介质分为"三能级"与"四能级"系统。

(2)光学谐振腔:通常由两块放置在工作物质两端并且与腔内主轴线垂直的平面或球面反射镜构成。按组成谐振腔的两块反射镜的形状及它们的相对位置,可将光学谐振腔分为:平行平面腔、平凹腔、对称凹面腔、凸面腔等。两反射镜的曲率半径和间距(腔长)决定了谐振腔对本征模的限制情况,从而调节所产生激光的模式(即选模)。不同类型的谐振腔有不同的模式结构和限模特性。

(3)激励装置(泵浦源):向工作物质提供能量,使激活介质中的粒子被抽运到高能态上,以便实现粒子数反转分布。由于供能形式不同,激励装置可有光泵、电泵、化学泵、热泵、核泵以及用一种激光器去泵浦另一种激光器等之分。

【知识与能力测评】

1. 简述激光产生的条件和物质基础。
2. 简述光学谐振腔的工作原理和激光输出的过程。
3. 激光有何特性? 在临床医学中主要应用有哪些?
4. 激光防护措施有哪些?

【参考答案】

一、本章习题解答

1. 什么是激光?

答:激光是"受激辐射光放大"的简称,即激光是由受激而发射且经不断放大获得的光。

2. 与激光发射有关的辐射跃迁有哪三种基本形式?

答:与激光发射有关的辐射跃迁有下列三种基本形式:吸收、自发辐射与受激辐射。

(1)吸收:即受激吸收或共振吸收,指处于低能级的粒子全部吸收一个外来光子的能量而跃迁到相应高能级上的过程。

(2)自发辐射:指处于激发态的粒子会自发地从高能级 E_2 跃迁到低能级 E_1,同时辐射能量为 $h\nu = E_2 - E_1$ 的光子,这一过程称为自发辐射。普通光源的发光机制都属于自发辐射。

(3)受激辐射:指处于激发态的粒子因受到外来光子的诱发而向低能级跃迁,并辐射相应能量光子的过程。激光的发光机制属于受激辐射。

3. 受激辐射有哪些特点?

答:受激辐射的特点如下。

（1）只有在能量 $h\nu$ 等于两能级能量之差的外来光子"诱发"下才能产生受激辐射。

（2）受激辐射的光子与"诱发"光子的特性完全相同，即其频率、相位和振动方向都相同。因此，受激辐射的光是相干光。

4. 光学谐振腔的工作原理是什么？

答：使受激辐射在有限体积的工作物质中能持续进行并占据绝对优势，同时光强度被不断反复放大最终形成稳定振荡的装置称为光学谐振腔。运动方向与谐振腔主轴严格平行的绝大多数光子，在腔内形成持续稳定的振荡，这些受激辐射的光子数目被反复多次雪崩式放大，抵偿各种腔内光损耗后，由部分反射镜一端沿谐振腔主轴方向输出强度大、方向性好的激光束。

5. 激光器由哪些部分组成？

答：激光器基本结构由具有亚稳态能级的工作物质、光学谐振腔和激励装置三部分组成。

（1）工作物质：包括激活介质与一些辅助物质。可以是固体（晶体、玻璃）、气体（原子气体、离子气体、分子气体）、液体和半导体等介质。

（2）光学谐振腔：通常由两块放置在工作物质两端并且与腔内主轴线垂直的平面或球面反射镜构成。按组成谐振腔的两块反射镜的形状及它们的相对位置，可将光学谐振腔分为：平行平面腔、平凹腔、对称凹面腔、凸面腔等。两反射镜的曲率半径和间距（腔长）决定了谐振腔对本征模的限制情况，从而调节所产生激光的模式（即选模）。不同类型的谐振腔有不同的模式结构和限模特性。

（3）激励装置（泵浦源）：向工作物质提供能量，使激活介质中的粒子被抽运到高能态上以便实现粒子数反转分布。由于供能形式不同，激励装置可有光泵、电泵、化学泵、热泵、核泵以及用一种激光器去泵浦另一种激光器等之分。

6. 与普通光相比，激光有何特性？

答：激光与普通光相比具有以下特性。

（1）方向性好：在激光器中，由于光学谐振腔的作用，只有平行于轴线方向的受激辐射光才能形成激光，所以激光的方向性极好。

（2）单色性好：受激辐射光具有很窄的频率宽度，又由于谐振腔的选频作用，使激光频宽更进一步减小，因此激光具有非常好的单色性。

（3）强度大：激光能量集中在很小的角度内，所以激光强度很大。

（4）相干性好：激光发生干涉现象的光程差可达数十公里，所以激光相干性好。

7. 求红宝石激光（波长为 6 940Å）的光子能量、质量和动量。

解：

光子能量：$E = h\nu = h\dfrac{c}{\lambda} = 6.626 \times 10^{-34} \times \dfrac{3 \times 10^8}{6\ 940 \times 10^{-10}} = 2.864 \times 10^{19} \text{J}$

光子质量：$m = \dfrac{E}{c^2} = \dfrac{2.864 \times 10^{-19}}{(3 \times 10^8)^2} = 3.182 \times 10^{-36} \text{kg}$

光子动量：$p = mc = \dfrac{h}{\lambda} = \dfrac{6.626 \times 10^{-34}}{6\ 940 \times 10^{-10}} = 9.547 \times 10^{-28} \text{kg·m/s}$

8. 某一工作物质中原子具有下列的能级：-13.2eV（基态）、-11.1eV、-10.6eV、-9.8eV；其中 -10.6eV 态主要向 -11.1eV 态跃迁，-9.8eV 态主要向基态跃迁。应该用多大波长的光泵来抽运这一激光器才合适？该激光器发出的激光波长是多少？

解：设光泵的波长为 $\lambda_{泵}$，激光波长为 $\lambda_{激}$，已知工作物质中原子各能级：$E_0 = 13.2\text{eV}$（基态)、$E_1 = 11.1\text{eV}$、$E_2 = 10.6\text{eV}$、$E_3 = 9.8\text{eV}$,由能级跃迁公式

$$E_0 - E_2 = h\nu = \frac{hc}{\lambda_{泵}}$$

得 $\lambda_{泵} = \dfrac{hc}{E_0 - E_2} = \dfrac{6.626 \times 10^{-34} \times 3 \times 10^8}{(13.2 - 10.6) \times 1.6 \times 10^{-19}} = 477.8\text{nm}$

同理设激光波长为 $\lambda_{激}$,则:$\lambda_{激} = \dfrac{hc}{E_0 - E_1} = \dfrac{6.626 \times 10^{-34} \times 3 \times 10^8}{(13.2 - 11.1) \times 1.6 \times 10^{-19}} = 591.6\text{nm}$

9. 什么是激光全息照相？激光全息术有哪些特点和应用？

答:激光全息照相是利用光波的干涉和衍射原理,将物光波以干涉条纹的形式在全息干板(又称为全息底片)上记录下来,然后在一定条件下,利用衍射再现原物体的立体图像。

与普通照相相比较,全息照相术有如下特点:

(1)全息照相是以波动光学为基础;而普通照相是以几何光学为基础。

(2)全息照相记录了物光的振幅和相位信息,得到非常逼真的三维立体图像;而普通照相仅仅记录了物光的振幅信息,得到二维平面图像。

(3)全息照相中,物和像平面是点和面对应关系,所以全息图像的每一局部都能再现原物的整体像;而普通照相中,物和像是点和点对应关系,即三维物体上各点与二维图像各相应点对应。

(4)同一张全息底片可以重叠记录多帧图像,且每帧图像能够互不干扰地一一再现;普通照相无法做到这点。

(5)全息照相要求高相干度单色光源,通常采用激光光源;而普通照相只需用普通光源。

激光全息术的主要应用:激光全息显示、激光全息干涉计量术、激光全息储存和激光全息防伪等。

激光全息显示:在激光透射全息图片的基础上来制作各种类型的激光全息三维图片,具有全视差、大视场、大景深、全方位真彩色显示特点。

激光全息干涉计量术:用激光全息干涉法测取干涉条纹照片时,能大幅度消除不均匀背景杂音,使图像对比度增强,全息干涉条纹得到细化,从而得到清晰的干涉条纹图像,达到精确测量的目的。目前,激光全息干涉无损检测技术在工业、军事及国防领域的复合材料检测、电铸结构件检测、火箭固体燃料火药柱检测、压力容器检测、应力腐蚀裂纹扩展的检测等方面得以应用。

激光全息储存:激光全息储存容量增大,储存器性能不断改进高密度全息储存技术正日益走向实用。目前激光全息储存技术主要是在数字数据的储存及超大容量全息储存器等方面的应用。

激光全息防伪:激光全息防伪技术包括激光全息图像防伪、加密激光全息图像防伪和激光光刻防伪技术三方面。由激光全息技术制成的防伪标识图像具有巨大的潜力和独特的魅力,现在已经广泛地应用于证券、电子产品、化妆品、食品、医药、轻工业品、身份证、机要卡及豪华工艺品等的防伪。

二、知识与能力测评参考答案

1. 略。

2. 略。

3. 略。

4. 略。

第十二章 X射线

【要点概览】

X射线的发现推动了人类医学技术的进步。本章主要介绍X射线的基本特性及X射线与物质的相互作用。

1. X射线的产生条件：①有高速运动的电子流；②有适当的障碍物（或称为靶）阻止电子的运动，把电子的动能转变为X射线的能量。

2. 管电压是指X射线管阴阳两极间所加的几十千伏到几百千伏的直流高电压。管电流是由阴极发射的热电子在电场作用下，高速奔向阳极而形成的电流。

3. X射线的强度指单位时间内通过与X射线方向相垂直的单位面积的辐射能量。X射线的强度一般由质和量表示。X射线量的多少，医学上常用管电流的毫安数（mA）来表示，称为毫安率。

4. X射线的质，即硬度，是指X射线的贯穿本领，它取决于X射线的波长，由单个光子的能量决定。医学上通常用管电压的千伏数（kV）来表示X射线的硬度，称为千伏率。

5. 在X射线管中，当高速电子流撞击阳极靶而制动时发生轫致辐射。由于各个电子到原子核的距离不同，在原子核的强电场作用下，速度变化情况也各不一样，所以每个电子损失的动能将不同，辐射出来的光子能量具有各种各样的数值，从而形成具有各种频率的连续X射线谱。

6. X射线强度为零时对应的波长是连续谱中的最短波长称为短波极限，与管电压成反比，即 $\lambda_{\min} = \dfrac{1.242}{U(\mathrm{kV})}(\mathrm{nm})$。

7. 当X射线管的管电压较高时（70kV以上），高速运动的电子轰击阳极靶，靶原子的内层电子被击飞，所形成的空位被外层电子填充时产生辐射。由于靶原子具有特定的能级，所以该辐射谱被称为标识X射线谱。

8. X射线的特性是指电离作用、荧光作用、光化学作用、生物效应和贯穿本领。

9. X射线的衍射是指X射线照射在晶体表面上时与可见光不同，可见光仅在物体表面上散射，而X射线除了表面散射外，还可以进入物体内部的晶体点阵上散射，所有散射线互相叠加、干涉产生衍射条纹。满足X射线衍射的方程称为布拉格方程：$2d\sin\theta = k\lambda$，$k = 1$，$2\cdots$。

10. X射线与物质的作用形式主要有康普顿效应、光电效应和电子对效应。其方程分别为 $\Delta\lambda = \dfrac{2h}{m_{e}c}\sin^{2}\left(\dfrac{\varphi}{2}\right)$、$h\nu = \dfrac{1}{2}m_{e}v^{2} + W$ 和 $h\nu = E_{+} + E_{-} + 2m_{e}c^{2}$。

11. 线性衰减系数 μ 与密度 ρ 的比值称为质量衰减系数, 即 $\mu_m = \dfrac{\mu}{\rho}$。

12. X 射线衰减规律(均匀物质)为 $I = I_0 e^{-\mu_m x_m}$, 其中 $x_m = x\rho$, 称为质量厚度。

13. X 射线通过物质时, 其强度衰减为原来的一半时所穿过的物质厚度(或质量厚度), 称为该种物质的半价层, 即 $x_{m1/2} = \dfrac{\ln 2}{\mu_m} = \dfrac{0.693}{\mu_m}$。

14. 质量衰减系数与波长和原子序数的关系: $\mu_m = KZ^\alpha \lambda^3$

【重点例题解析】

例题 1　已知某 X 射线管施加 100kV 的管电压, 试求该 X 射线管所辐射的短波极限和 X 射线的最高频率。

解: 根据
$$\lambda_{\min} = \frac{1.242}{U(\text{kV})} \text{nm}$$

可得辐射的短波极限为
$$\lambda_{\min} = \frac{1.242}{100} = 0.012\ 42 \text{nm}$$

因此 X 射线的最高频率为

$$\nu_{\max} = \frac{c}{\lambda_{\min}} = \frac{3 \times 10^8}{0.012\ 42 \times 10^{-9}} = 2.416 \times 10^{19} \text{Hz}$$

例题 2　一束单色 X 射线通过某人体组织后强度减弱了 95%, 已知该组织的线性吸收系数为 20cm^{-1}, 求人体组织的厚度?

解: 设投射到该组织上的 X 射线强度为 I_0, 由题意知, 被组织吸收的强度为 $0.95I_0$, 因而射出组织时的射线强度为 $0.05I_0$。

根据 X 射线的吸收规律 $I = I_0 e^{-\mu x}$, 得到
$$0.05I = I_0 e^{-\mu x}, \text{即 } e^{-\mu x} = 0.05$$

因此

$$x = \frac{\ln 20}{\mu} = \frac{2.996}{20} = 1.498 \times 10^{-1} \text{cm}$$

【知识与能力测评】

1. 什么是轫致辐射?

2. 什么是短波极限?

3. X 射线穿过某物质, 若使其强度衰减为原来的 1/4, 则该物质的厚度为多少个半价层?

4. X 射线管两端所加电压为 U, 已知电子电量为 e, 则电子到达靶物质时的动能为多少? X 射线可能具有的最大能量为多少?

5. 两种物质对某 X 射线衰减的半价层之比为 $1 : \sqrt{2}$, 则它们的衰减系数之比为多少?

6. X 射线管两端的电压增加一倍时, 测得连续 X 射线谱的最短波长变化了 0.5nm, 则管电压增加后, 最短波长应为多少?

7. 一只 X 射线管两端的电压为 50kV, 求该 X 射线管产生的连续 X 射线的最高频率。

8. 一束单色 X 射线, 入射到晶体间距为 0.281nm 的单晶体氧化钠的天然晶面上, 当入

射角减少到 4.1° 时才观察到布拉格反射,试确定该 X 射线的波长。

9. 已知某种物质的线性吸收系数为 $200cm^{-1}$,有一束单色 X 射线通过该物质后强度减弱了 90%,则该物质的厚度应为多少?

10. X 射线被物质吸收时,需经过几个半价层,强度才能减少到原来的 1%?

【参考答案】

一、本章习题解答

1. X 射线的产生条件是什么?

答:①有高速运动的电子流;②有适当的障碍物(或称为靶)来阻止电子的运动,把电子的动能转变为 X 射线的能量。

2. 什么是 X 射线的强度? 什么是 X 射线的硬度? 如何间接调节?

答:X 射线的强度是指单位时间内通过与射线方向垂直的单位面积的辐射能量。通常调节灯丝电流来改变管电流,从而改变 X 射线的强度。X 射线的硬度是指 X 射线的贯穿本领,它只决定于 X 射线的波长(即单个光子的能量),而与光子数目无关。通常调节管电压来控制 X 射线的硬度。

3. X 射线的两种典型谱线是什么? 各自产生机理是什么?

答:连续谱和标识谱。连续谱是高速电子与原子核发生相互作用,产生轫致辐射;标识谱是高速电子与原子内层电子发生相互作用,产生能级跃迁。

4. X 射线有哪些基本性质?

答:X 射线的基本性质有电离作用、荧光作用、光化学作用、生物效应和贯穿本领等。

5. X 射线与物质相互作用形式有哪些?

答:康普顿效应,光电效应,电子对效应。

6. 连续工作的 X 射线管,工作电压是 250kV,电流是 40mA,假定产生 X 射线的效率是 0.7%,靶上每分钟会产生多少热量?

解:$W_{总} = UIt = 250 \times 10^3 \times 40 \times 10^{-3} \times 60 = 600kJ$

因为产生 X 射线的效率为 0.7%,所以 X 射线的能量有 99.3% 转变为热,即靶上每分钟会产生的热量 $Q = W_{总} \times 99.3\% = 595.8kJ$

7. 设 X 射线机的管电压为 80kV,计算光子的最大能量和 X 射线的最短波长。

解: $E_{max} = eU = 1.6 \times 10^{-19} \times 80 \times 10^3 = 1.28 \times 10^{-14}J$

$$\lambda_{min} = \frac{1.242}{U(kV)} = \frac{1.242}{80} = 0.015\ 5nm$$

8. 对波长为 0.154nm 的 X 射线,铝的衰减系数为 $132cm^{-1}$,铅的衰减系数为 $2\ 610cm^{-1}$。要和 1mm 厚的铅层得到相同的防护效果,铝板的厚度应为多大?

解:由 $I = I_0 e^{-\mu x}$ 得

$e^{-\mu_{Al} x_{Al}} = e^{-\mu_{Pb} x_{Pb}}$

所以

$$x_{Al} = \frac{\mu_{Pb}}{\mu_{Al}} x_{Pb} = 19.8mm$$

9. 一厚为 2×10^{-3} m 的铜片能使单色 X 射线的强度减弱至原来的 1/5,试求铜的线性衰减系数和半价层。

解： 由于 $I = I_0 \mathrm{e}^{-\mu x} = 1/5 I_0$，得 $\mathrm{e}^{-\mu x} = 1/5$，

将厚度 2×10^{-3} m 代入，得 $\mu = \dfrac{-\ln 1/5}{x} = \dfrac{\ln 5}{2 \times 10^{-3}} = 8.05 \times 10^2 \mathrm{m}^{-1} = 8.05 \mathrm{cm}^{-1}$

半价层 $x_{1/2} = \dfrac{0.693}{\mu} = \dfrac{0.693}{8.05} = 0.086 \mathrm{cm}$

二、知识与能力测评参考答案

1. 略。

2. 略。

3. 2 个半价层。

4. eU；eU。

5. $\sqrt{2} : 1$。

6. 0.5nm。

7. 1.208×10^{19} Hz。

8. 0.04nm。

9. 1.15×10^{-2} cm。

10. 6.6 个半价层。

第十三章　原子核

【要点概览】

原子核物理学是研究原子核特性、结构和变化等问题的一门科学。本章只对原子核及其放射性作一般性介绍。

1. 原子核由质子和中子构成,这两种粒子统称为核子,中子不带电,质子带正电,因此,原子核具有电荷和质量;维持原子核成为稳定系统的强相互吸引力称为核力。

2. 核素是指一类具有确定质子数和核子数的中性原子;同位素是指质子数相同而质量数不同的一类核素,它们在周期表中处于相同的位置;同中子异位素是指中子数相同,质子数不同的一类核素;同量异位素是指质量数相同,质子数不同的一类核素;同质异能素是指核的质子数和质量数都相同而处于不同能量状态的一类核素。

3. 原子核的质量亏损是组成原子核的质子和中子的质量总和与原子核的质量之差,即 $\Delta m = Zm_p + (A-Z)m_n - m_X$。

4. 质子和中子组成原子核的过程中释放的能量为结合能,即 $\Delta E = [Zm_p + (A-Z)m_n - m_X]c^2$。

5. 比结合能是原子核的结合能除以质量数,即 $\varepsilon = \dfrac{\Delta E}{A}$。

6. α 衰变是指放射性核素的原子核,放射出 α 粒子而衰变为另一种原子核的过程,其位移定则是子核在周期表中比母核向前移两个位置,$_Z^A X \rightarrow {}_{Z-2}^{A-4} Y + {}_2^4 He + Q$。

7. β 衰变是指放射性核素自发地放射出 β 射线(高速电子)或俘获轨道电子而变成另一个核素的现象,它包括 β^- 衰变、β^+ 衰变和电子俘获。

(1)β^- 衰变:放射性核素放出电子而变成另一种核的过程,其位移定则子核在周期表中比母核往后移一个位置,$_Z^A X \rightarrow {}_{Z+1}^A Y + {}_{-1}^0 e + \tilde{\nu}_e + Q$。

(2)β^+ 衰变:放射性核素放出正电子而变成另一种核的过程,其位移定则子核在周期表中比母核前移一个位置,$_Z^A X \rightarrow {}_{Z-1}^A Y + {}_{+1}^0 e + \nu_e + Q$。

(3)电子俘获:某些核素的原子核从核外的电子壳层中俘获一个电子,使核中的一个质子转变成中子,并放出中微子,从而形成子核,$_Z^A X + {}_{-1}^0 e \rightarrow {}_{Z-1}^A Y + \nu_e + Q$。

8. γ 衰变是指一种同质异能素之间的跃迁,$_Z^A X^m \rightarrow {}_Z^A X + \gamma + Q$。

9. 衰变定律:未衰变的母核数随时间按指数规律减少,即 $N = N_0 e^{-\lambda t}$ 或 $N = N_0 \left(\dfrac{1}{2}\right)^{\frac{t}{T}}$。

10. 原有的母核总数衰变一半所需的时间称为半衰期,它和平均寿命都是描述衰变快慢的时间参数;半衰期 T、平均寿命 τ 与衰变常数 λ 的关系为 $T = \dfrac{\ln 2}{\lambda} = \dfrac{0.693}{\lambda} = \tau \ln 2$。

11. 放射性活度为单位时间内衰变的母核数,即 $A = A_0 e^{-\lambda t}$,它是描述放射性核素衰变能力的参数,其单位为贝可(Bq,SI)或居里(Ci)。

12. 由于生物代谢而排出体外,使体内的放射性原子核数量的减少比单纯的物理衰变要快,有效半期与物理半衰期和生物半衰期的关系,$\dfrac{1}{T_e} = \dfrac{1}{T} + \dfrac{1}{T_b}$。

13. 人为地利用某种高速粒子去轰击靶原子核,以引起核转变称为人工核反应,可表示为 ${}_Z^A X + a \rightarrow {}_{Z'}^{A'} Y + b$ 或 ${}_Z^A X(a, b){}_{Z'}^{A'} Y$。

14. 照射剂量是指单位体积或单位质量被照物质所吸收的能量,用符号 X 表示;吸收剂量是指物体内各处所吸收的射线能量程度,用符号 D 表示;有效剂量:指吸收剂量与相对生物效应倍数的乘积,用符号 H 表示。

15. 组成核的各个核子的轨道角动量和自旋角动量的矢量和称为原子核的总角动量,表达式为 $L_I = \sqrt{I(I+1)}\dfrac{h}{2\pi}$。

16. 原子核核磁矩为原子核中的质子和中子磁矩的矢量和,即 $\mu = g\sqrt{I(I+1)}\mu_N$,式中核磁子 $\mu_N = \dfrac{eh}{4\pi m_p} = 5.050\,8 \times 10^{-27} \mathrm{J/T}$,它是核磁矩的基本单位,g 称为朗德因子。

17. 如果在与恒定磁场垂直方向上加一个交变的射频磁场,当其频率恰好符合拉莫尔关系时,则核就能从射频磁场中吸收大量能量,从较低的磁量子能级跃迁到相邻较高的磁量子能级,这一现象称为称为核磁共振,拉莫尔公式:$\omega_0 = \gamma B$ 或 $\nu_0 = \dfrac{\gamma}{2\pi}B$,式中 $\gamma = \dfrac{\mu}{L_I} = \dfrac{2\pi g\mu_N}{h} = g\dfrac{e}{2m_P}$ 称为原子核的旋磁比。

18. 弛豫过程是当射频磁场撤除之后,处在激发态的核系统释放能量而回到平衡状态的过程,按观测方向分可为纵向(平行磁场方向)弛豫和横向(垂直磁场方向)弛豫。

19. 纵向弛豫时间:通过纵向弛豫使系统达到平衡态时的时间常数,其过程是原子核与周围物质进行热交换,最后达到热平衡,纵向弛豫时间又称为自旋-晶格弛豫时间。

20. 横向弛豫时间:通过横向弛豫使系统达到平衡态时的时间常数,它是同种核相互交换能量的过程,横向弛豫时间又称为自旋-自旋弛豫时间。

21. 以发生共振吸收的强度为纵坐标、发生共振的频率(或磁感应强度)为横坐标,绘出一条共振吸收的强度与发生共振频率(或磁感应强度)变化的曲线,建立在此原理基础上的一类分析方法称为核磁共振谱法;它是测定有机物结构、构型和构象的重要手段,它能够提供质子类型及其化学环境、氢分布和核与核之间关系等信息。

22. 核磁共振的频率,不仅是由外加磁场及核磁矩来确定的,还要受到磁核所处的分子环境的影响;例如质子在给定的外磁场中,因所处的分子环境不同,会有不同的共振频率,这个效应称为化学位移;扫频法的化学位移 $\delta = \dfrac{\nu_x - \nu_S}{\nu_S} \times 10^6$,扫场法的化学位移 $\delta = \dfrac{B_S - B_x}{B_S} \times 10^6$。

【重点例题解析】

例题 1 已知 ${}_{15}^{32}\mathrm{P}$ 的半衰期为 14.3 天,试求:

(1)它的衰变常数和平均寿命。

（2）$1mg$ 纯 $_{15}^{32}P$ 的放射性活度。

（3）放置 42.9 天后放射性活度。

解:（1）已知 $_{15}^{32}P$ 半衰期 $T = 14.3d$,摩尔质量 $\mu = 32g/mol$, $m = 1mg = 1 \times 10^{-3}g$,阿伏伽德罗常量 $N_A = 6.022 \times 10^{23}$ 个 $/mol$。

$$衰变常数:\lambda = \frac{0.693}{T} = \frac{0.693}{14.3d} = 4.85 \times 10^{-2}/d = 5.61 \times 10^{-7}/s$$

$$平均寿命:\tau = \frac{T}{0.693} = \frac{14.3d}{0.693} = 20.6d$$

（2）$1mg$ 纯 $_{15}^{32}P$ 放射性活度为

$$A_0 = \lambda N = \frac{0.693}{T} \times \frac{m}{\mu} \times N_A = \frac{0.693 \times 1 \times 10^{-3} \times 6.022 \times 10^{23}}{14.3 \times 24 \times 3\ 600 \times 32}Bq = 1.06 \times 10^{13}Bq$$

（3）42.9 天后放射性活度为

$$A = A_0 e^{-\lambda t} = A_0 \left(\frac{1}{2}\right)^{\frac{t}{T}} = 1.06 \times 10^{13} \times \left(\frac{1}{2}\right)^{\frac{42.9}{14.3}}Bq = 1.32 \times 10^{12}Bq$$

例题 2 给患者服用 ^{59}Fe 检查其血液的异常情况。已知 ^{59}Fe 的物理半衰期 $T = 46.3$ 天,生物半衰期 $T_b = 65$ 天,问服用 9 天后,残留于体内的放射性核素的相对量 $\left(\frac{N}{N_0}\right)$ 为多少?

解:由 $\frac{1}{T_e} = \frac{1}{T} + \frac{1}{T_b}$ 知有效半衰期

$$T_e = \frac{TT_b}{T + T_b} = \frac{46.3 \times 65}{46.3 + 65}d = 27d$$

由于

$$N = N_0 e^{-\lambda t} = N_0 e^{-\frac{\ln 2}{T_e}t} = N_0 \left(\frac{1}{2}\right)^{t/T_e}$$

所以

$$\frac{N}{N_0} = \left(\frac{1}{2}\right)^{9/27} = \left(\frac{1}{2}\right)^{1/3} \approx 79.4\%$$

【知识与能力测评】

1. 计算氚核的结合能和平均结合能。(已知氚核的原子质量 $m_氚 = 3.016\ 050u$,氢原子质量 $m_氢 = 1.007\ 825u$,中子质量 $m_n = 1.008\ 665u$)

2. 由 $_{88}^{226}Ra$ 衰变成 $_{82}^{206}Pb$,须经过几次 α 衰变和几次 β 衰变?

3. 假设某种放射性核素的平均寿命为 100 天,试求:

（1）前 10 天内已经衰变的核数占总核数的百分比。

（2）第 10 天发生衰变的核数占总核数的百分比。

4. 两种放射性核素的半衰期分别为 6 天和 8 小时,假设含这两种放射性药物最初放射性活度相同,则这两种放射性物质的摩尔数之比为多少?

5. 一个含 ^3H 样品的放射性强度为 $3.70 \times 10^8 Bq$,已知 ^3H 的半衰期为 12.33 年,问样品中 ^3H 的含量有多少?

6. 医疗放射使用 ^{60}Co 的半衰期约为 5.27 年,如果 $2g$ 纯 ^{60}Co 的放射性活度减弱到原来的四分之一时就达不到治疗效果,那么多少年后就需要更换 ^{60}Co?

7. 临床上利用注射含 ^{131}I 溶液作甲状腺扫描的活性试剂,要求在注射 12 小时后人体每克甲状腺上^{131}I的放射性活度为200μCi,问注射时所用溶液中含纯^{131}I多少克?（已知^{131}I的半衰期为8.0天,假设人体甲状腺的质量为40g,^{131}I在此人身体内的有效半衰期为5.0天）

8. 在考古工作中,可以从古生物遗骸中^{14}C的含量推算出古生物遗骸的年代。已知^{14}C的半衰期为T,假设一具古生物遗骸中^{14}C与^{12}C存量之比为b,目前空气中^{14}C与^{12}C存量之比为b_0,那么这具古生物遗骸至今多久?

9. 向一患者静脉注射含有放射性^{24}Na而活度为4.0×10^4Bq的生理盐水。30小时后抽取该患者的血液2ml测得其活度是3.3Bq。由此结果大致推算人体全身血液的总体积是多少?（已知^{24}Na的半衰期约为$T = 15$小时）

10. 已知^{31}P的磁旋比为17.24MHz/T,若其核磁共振波谱仪的磁感应强度为1.501T,求其工作频率。

【参考答案】

一、本章习题解答

1. 在$^{12}_{6}$C、$^{13}_{6}$C、$^{14}_{7}$N、$^{16}_{7}$N、$^{16}_{8}$O、$^{17}_{8}$O这几种核素中,哪些核素包含相同的下列数据:

(1)质子数。

(2)中子数。

(3)核子数。

(4)核外电子数。

解:(1)质子数相同的核素有:$^{12}_{6}$C和$^{13}_{6}$C、$^{14}_{7}$N和$^{16}_{7}$N、$^{16}_{8}$O和$^{17}_{8}$O。

(2)中子数相同的核素有:$^{13}_{6}$C和$^{14}_{7}$N、$^{16}_{7}$N和$^{17}_{8}$O。

(3)核子数相同的核素有:$^{16}_{7}$N和$^{16}_{8}$O。

(4)核外电子数相同的核素有:$^{12}_{6}$C和$^{13}_{6}$C、$^{14}_{7}$N和$^{16}_{7}$N、$^{16}_{8}$O和$^{17}_{8}$O。

2. 已知核半径可按公式$R = 1.2 \times 10^{-15} A^{\frac{1}{3}}$m来确定,其中$A$为核的质量数。求单位体积($m^3$)核物质内的核子数。

解:单位体积核物质内的核子数为

$$N = \frac{A}{\frac{4}{3}\pi R^3} = \frac{A}{\frac{4}{3}\pi \times (1.2 \times 10^{-15})^3 A} = \frac{1}{\frac{4}{3}\pi \times (1.2 \times 10^{-15} m)^3} = 1.38 \times 10^{44}/m^3$$

3. 试计算两个氘核$^2_1$H结合成一个氦核$^4_2$He时释放的能量。（已知$^2_1$H的质量$m_D = 2.014\ 102$u,$^4_2$He的质量$m_{He} = 4.002\ 603$u）

解:两个$^2_1$H结合成一个$^4_2$He时的质量亏损为

$$\Delta m = 2m_D - m_{He} = 2 \times 2.014\ 102u - 4.002\ 603u = 0.025\ 601u$$

两个$^2_1$H结合成一个$^4_2$He时释放的能量为

$$\Delta E = \Delta m \times 931.5MeV = 0.025\ 601 \times 931.5MeV = 23.85MeV$$

4. 由$^{238}_{92}$U衰变成$^{206}_{82}$Pb,须经过几次α衰变和几次β衰变?

解:由于β粒子的质量数为0,则由$^{238}_{92}$U衰变成$^{206}_{82}$Pb需经过8次α衰变;又因为α粒子和β粒子的电荷数分别为2和-1,则由$^{238}_{92}$U衰变成$^{206}_{82}$Pb需再经过6次β衰变,所以,整个过

程须经过 8 次 α 衰变和 6 次 β 衰变。

5. 由 $^{210}_{84}\text{Po}$ 放出的 α 粒子速度为 $1.6 \times 10^7 \text{m/s}$,求反冲核的反冲速度。

解: $^{210}_{84}\text{Po}$ 发生 α 衰变的表达式为 $^{210}_{84}\text{Po} \rightarrow ^{206}_{82}\text{Pb} + ^4_2\text{He} + Q$

根据动量守恒定律知 $\quad m_{\text{Pb}}v_{\text{Pb}} + m_\alpha v_\alpha = 0$

解得 $\quad v_{\text{Pb}} = -\dfrac{m_\alpha}{m_{\text{Pb}}}v_\alpha \approx -\dfrac{4}{206} \times 1.6 \times 10^7 \text{m/s} = -3.1 \times 10^5 \text{m/s}$

负号表示反冲核的速度与 α 粒子的速度方向相反。

6. 试证明,在非相对论情形下,发生 α 衰变时,α 粒子所获得的动能为 $E_\alpha = \dfrac{A-4}{A}Q$,式中 Q 为衰变能,A 为母核质量数。

证明:α 衰变的表达式为 $^A_Z\text{X} \rightarrow ^{A-4}_{Z-2}\text{Y} + ^4_2\text{He} + Q$,根据动量和动能守恒定律知

$$m_\text{Y}v_\text{Y} + m_\alpha v_\alpha = 0 \tag{式(1)}$$

$$\frac{1}{2}m_\text{Y}v_\text{Y}^2 + \frac{1}{2}m_\alpha v_\alpha^2 = Q \tag{式(2)}$$

联立方程,$m_\alpha = 4\text{u}, m_\text{Y} = (A-4)\text{u}, v_\alpha^2 = \dfrac{A-4}{2Au}Q$

所以,α 粒子所获得的动能为 $\quad E_\alpha = \dfrac{1}{2}m_\alpha v_\alpha^2 = \dfrac{A-4}{A}Q$

7. 试计算 $1\mu\text{g}$ 的同位素 $^{32}_{15}\text{P}$ 衰变时,在一昼夜中放出的粒子数。(已知 $^{32}_{15}\text{P}$ 的半衰期 $T = 14.3$ 天)

解: 已知 $m = 1\mu\text{g}, T = 14.3\text{d}, \mu = 32\text{g/mol}$,根据半衰期与衰变常数的关系知

$$\lambda = \frac{\ln 2}{T} = \frac{0.693}{14.3 \times 24 \times 3\,600\text{s}} = 5.61 \times 10^{-7}/\text{s}$$

$1\mu\text{g}$ 的同位素 $^{32}_{15}\text{P}$ 衰变时,在一昼夜中放出的粒子数为

$$\Delta N = N_0 - N = \frac{m}{\mu}N_A(1 - e^{-\lambda t})$$

$$= \frac{1 \times 10^{-6}}{32} \times 6.022 \times 10^{23} \times (1 - e^{-5.61 \times 10^{-7} \times 24 \times 3\,600}) \text{个/昼夜}$$

$$= 8.9 \times 10^{14} \text{个/昼夜}$$

8. $^{23}_{11}\text{Na}$ 被中子照射后转变为 $^{24}_{11}\text{Na}$。问在停止照射 24 小时后,还剩百分之几的 $^{24}_{11}\text{Na}$?(已知 $^{24}_{11}\text{Na}$ 的半衰期 $T = 14.8$ 小时)

解: 已知 $T = 14.8\text{h}, \mu = 24\text{g/mol}$,设 $^{24}_{11}\text{Na}$ 停止照射时的核子数为 N_0,根据核素衰变规律知,在停止照射 24 小时后其核子数为

$$N = N_0 e^{-\lambda t} = N_0 \left(\frac{1}{2}\right)^{\frac{t}{T}}$$

所以 $\quad \dfrac{N}{N_0} = \left(\dfrac{1}{2}\right)^{\frac{t}{T}} = \left(\dfrac{1}{2}\right)^{\frac{24}{14.8}} = 32.5\%$

9. 放射性活度为 $3.70 \times 10^9 \text{Bq}$ 的放射性 $^{32}_{15}\text{P}$ 的制剂,问在制剂后 10 天、20 天和 30 天的放射性活度各是多少?(已知 $^{32}_{15}\text{P}$ 的半衰期 $T = 14.3$ 天)

解: 已知 $A_0 = 3.70 \times 10^9 \text{Bq}, T = 14.3\text{d}, t_1 = 10\text{d}, t_2 = 20\text{d}, t_3 = 30\text{d}$,根据放射性活度随时间变化规律知:

$$A = A_0 \mathrm{e}^{-\lambda t} = A_0 \left(\frac{1}{2}\right)^{\frac{t}{T}}$$

$$A_1 = A_0 \left(\frac{1}{2}\right)^{\frac{t_1}{T}} = 3.7 \times 10^9 \times \left(\frac{1}{2}\right)^{\frac{10}{14.3}} \text{Bq} = 2.28 \times 10^9 \text{Bq}$$

$$A_2 = A_0 \left(\frac{1}{2}\right)^{\frac{t_2}{T}} = 3.7 \times 10^9 \times \left(\frac{1}{2}\right)^{\frac{20}{14.3}} \text{Bq} = 1.40 \times 10^9 \text{Bq}$$

$$A_3 = A_0 \left(\frac{1}{2}\right)^{\frac{t_3}{T}} = 3.7 \times 10^9 \times \left(\frac{1}{2}\right)^{\frac{30}{14.3}} \text{Bq} = 0.86 \times 10^9 \text{Bq}$$

10. $^{232}_{90}\text{Th}$ 放出 α 粒子衰变成 $^{228}_{88}\text{Ra}$,从含有 1g $^{232}_{90}\text{Th}$ 的一片薄膜测得每秒放射 4 100 个粒子,求其半衰期。

解: 已知 $m = 1\text{g}, A_0 = \dfrac{\mathrm{d}N}{\mathrm{d}t} = 4\,100/\text{s}, \mu = 232\text{g/mol}$,根据放射性活度定义可知

$$A_0 = \frac{\mathrm{d}N}{\mathrm{d}t} = \lambda N = \frac{\ln 2}{T} \times \frac{m}{\mu} \times N_A$$

则 $$T = \frac{\ln 2}{A_0} \times \frac{m}{\mu} \times N_A = \frac{0.693}{4\,100} \times \frac{1}{232} \times 6.022 \times 10^{23} \text{s} = 4.387 \times 10^{17} \text{s}$$
$$= 1.39 \times 10^{10} \text{a}$$

11. 已知放射性 $^{55}_{27}\text{Co}$ 的活度在 1 小时内减少 3.8%,衰变产物是非放射性的,求此核素的衰变常量和半衰期。

解: 已知 $t = 1\text{h}, \dfrac{A_0 - A}{A_0} = 3.8\%, \mu = 55\text{g/mol}$,根据放射性活度随时间变化规律 $A = A_0 \mathrm{e}^{-\lambda t}$ 知:

$$\lambda = -\frac{\ln A/A_0}{t} = -\frac{\ln(1 - 0.038)}{1\text{h}} = 0.038\,7/\text{h}$$

$$T = \frac{\ln 2}{\lambda} = \frac{0.693}{0.038\,7}\text{h} = 17.9\text{h}$$

12. 利用 $^{131}_{53}\text{I}$ 的溶液作甲状腺扫描,在溶液出厂时只需注射 1.0ml 就够了,如果溶液出厂后贮存了 15 天,作同样要求的扫描需要注射多少 ml?(已知 $^{131}_{53}\text{I}$ 的平均寿命为 11.6 天)

解: 已知 $V_1 = 1\text{ml}, t = 15\text{d}, \mu = 131\text{g/mol}, \tau = 11.6\text{d}, A_1 = A_2$,设在溶液出厂时单位体积内含 $^{131}_{53}\text{I}$ 为 $\rho_0 \text{g/ml}$,15 天后单位体积这种溶液内含 $^{131}_{53}\text{I}$ 为 $\rho \text{g/ml}$,根据放射性核素衰变规律 $N = N_0 \mathrm{e}^{-\frac{t}{\tau}}$ 知:

$$\frac{\rho}{\mu} N_A = \frac{\rho_0}{\mu} N_A \mathrm{e}^{-\frac{t}{\tau}} \Rightarrow \rho = \rho_0 \mathrm{e}^{-\frac{t}{\tau}} \qquad \text{式}(1)$$

再根据放射性活度定义知:$A_1 = \lambda N_A \dfrac{\rho_0 V_1}{\mu}$ 和 $A_2 = \lambda N_A \dfrac{\rho V_2}{\mu}$

由于 $A_1 = A_2$,则

$$\rho_0 V_1 = \rho V_2 \qquad \text{式}(2)$$

联立(1)、(2)得

$$V_2 = \frac{\rho_0 V_1}{\rho} = V_1 e^{\frac{t}{\tau}} = 1.0 \times e^{\frac{15}{11.6}} \text{ml} = 3.6 \text{ml}$$

13. 如果一放射性物质含有两种放射性核素,假设其中一种的半衰期为 1 天,另一种的半衰期为 8 天,在开始时短寿命核素的活度是长寿命核素的 128 倍。问经过多长时间两者的活度相等。

解:已知 $T_1 = 1\text{d}$, $T_2 = 8\text{d}$, $A_{10} = 128A_{20}$, $A_1 = A_2$,根据放射性活度随时间变化规律 $A = A_0 e^{-\lambda t} = A_0 \left(\frac{1}{2}\right)^{\frac{t}{T}}$ 知

$$A_1 = A_{10}\left(\frac{1}{2}\right)^{\frac{t}{T_1}} \text{ 及 } A_2 = A_{20}\left(\frac{1}{2}\right)^{\frac{t}{T_2}}$$

将已知条件代入,得:$128A_{20}\left(\frac{1}{2}\right)^{t} = A_{20}\left(\frac{1}{2}\right)^{\frac{t}{8}}$

因此 $\qquad\qquad\qquad\qquad\qquad t = 8\text{d}$

14. 以一定强度的中子流照射 $^{127}_{53}\text{I}$ 的样品,使它每秒产生 10^7 个放射性原子核 $^{128}_{53}\text{I}$。已知 $^{128}_{53}\text{I}$ 的半衰期为 25 分钟。求在照射 1 分钟、10 分钟、25 分钟、50 分钟后,$^{128}_{53}\text{I}$ 的原子核数及其放射性活度。又在长期照射达到饱和后,$^{128}_{53}\text{I}$ 原子核的最大数目和最大放射性活度各是多少?

[提示:开始时 $^{128}_{53}\text{I}$ 核数为 0,衰变核数为 0;随其核数也增大,衰变核数也增大;经长期照射后达到饱和。因此经照射时间 t 后,生成的放射性原子核数 $N = N_{饱和}(1 - e^{-\lambda t})$。因照射达到饱和后,每秒内衰变的原子核数 $\lambda N_{饱和}$ 应等于每秒内产生的原子核数 10^7,因此有 $N_{饱和} = 10^7/\lambda$]。

解:已知 $A_0 = \frac{\text{d}N}{\text{d}t} = 10^7 \text{Bq}$, $T_{^{128}_{53}\text{I}} = 25\text{min}$, $t = 1\text{min}$、10min、25min、50min,单位时间内产生的 $^{128}_{53}\text{I}$ 核子数为 10^7 个/s,单位时间内 $^{128}_{53}\text{I}$ 衰变数为 λN,因此每秒净增加 $^{128}_{53}\text{I}$ 的核子数为 $\frac{\text{d}N}{\text{d}t} = A - \lambda N = -\lambda\left(N - \frac{A}{\lambda}\right)$

整理得 $\qquad\qquad\qquad \frac{\text{d}\left(N - \frac{A}{\lambda}\right)}{N - \frac{A}{\lambda}} = -\lambda\text{d}t$

积分后得 $\qquad\qquad\qquad N - \frac{A}{\lambda} = Ce^{-\lambda t}$

当 $t = 0$ 时,$N = 0$,代入上式得 $\quad C = -\frac{A}{\lambda}$

故 $\qquad\qquad\qquad N = \frac{A}{\lambda}(1 - e^{-\lambda t}) = N_{饱和}(1 - e^{-\lambda t})$

根据半衰期与衰变常数的关系知 $^{128}_{53}\text{I}$ 的衰变常数为

$$\lambda = \frac{\ln 2}{T} = \frac{0.693}{25 \times 60\text{s}} = 4.62 \times 10^{-4}/\text{s}$$

根据 $N = N_{饱和}(1 - e^{-\lambda t})$ 知：$t \to \infty$，$N = N_{饱和}$，$A = A_{饱和}$

则 $A_{饱和} = 10^7 \text{Bq}$，$N_{饱和} = \dfrac{A_{饱和}}{\lambda} = \dfrac{10^7}{4.62 \times 10^{-4}} = 2.16 \times 10^{10}$ 个

$$t_1 = 1\text{min}, N_1 = N_{饱和}(1 - e^{-\lambda t_1}) = 5.91 \times 10^8 \text{ 个}$$

$$A_1 = A_{饱和}(1 - e^{-\lambda t_1}) = 2.73 \times 10^5 \text{Bq}$$

$$t_2 = 10\text{min}, N_2 = N_{饱和}(1 - e^{-\lambda t_2}) = 5.23 \times 10^9 \text{ 个}$$

$$A_2 = A_{饱和}(1 - e^{-\lambda t_2}) = 2.42 \times 10^6 \text{Bq}$$

$$t_3 = 25\text{min}, N_3 = N_{饱和}(1 - e^{-\lambda t_3}) = 1.08 \times 10^{10} \text{ 个}$$

$$A_3 = A_{饱和}(1 - e^{-\lambda t_3}) = 5.00 \times 10^6 \text{Bq}$$

$$t_4 = 50\text{min}, N_4 = N_{饱和}(1 - e^{-\lambda t_4}) = 1.62 \times 10^{10} \text{ 个}$$

$$A_4 = A_{饱和}(1 - e^{-\lambda t_4}) = 7.50 \times 10^6 \text{Bq}$$

$$t \to \infty, N_{最大} = N_{饱和} = 2.16 \times 10^{10} \text{ 个}$$

$$A_{最大} = A_{饱和} = 10^7 \text{Bq}$$

15. 假设一种用于器官扫描的放射性核素的物理半衰期为 9 天，若有效半衰期为 2 天，求其在器官内的生物半衰期为多少？

解： 已知 $T = 9\text{d}$，$T_e = 2\text{d}$，根据 $\dfrac{1}{T_e} = \dfrac{1}{T} + \dfrac{1}{T_b}$ 知该核素在器官内的生物半衰期为

$$T_b = \frac{TT_e}{T - T_e} = \frac{9 \times 2}{9 - 2}\text{d} = 2.57\text{d}$$

16. 一位患者内服 600mg 的 Na_2HPO_4，其中含有放射性活度为 $5.55 \times 10^7 \text{Bq}$ 的 $^{32}_{15}P$。在第一昼夜排出的放射性物质活度有 $2.00 \times 10^7 \text{Bq}$，而在第二昼夜排出 $2.66 \times 10^6 \text{Bq}$（测量是在收集放射性物质后立即进行的）。试计算该患者服用两昼夜后，尚存留在体内的 $^{32}_{15}P$ 的百分数和 Na_2HPO_4 的克数。（已知 $^{32}_{15}P$ 的半衰期 $T = 14.3$ 天）

解：（1）已知 $m = 600\text{mg}$，$A_0 = 5.55 \times 10^7 \text{Bq}$，$\Delta A_1 = 2.00 \times 10^7 \text{Bq}$，$\Delta A_2 = 2.66 \times 10^6 \text{Bq}$，$T = 14.3\text{d}$，$\mu = 32\text{g/mol}$，根据半衰期与衰变常数的关系知

$$\lambda = \frac{\ln 2}{T} = \frac{0.693}{14.3 \times 24 \times 3\,600\text{s}} = 5.61 \times 10^{-7}/\text{s}$$

第一昼夜后尚存体内 $^{32}_{15}P$ 的活度为

$$A_1 = A_0 e^{-\lambda t_1} - \Delta A_1 \qquad\qquad 式（1）$$

第二昼夜后尚存体内 $^{32}_{15}P$ 的活度为

$$A_2 = A_1 e^{-\lambda t_2} - \Delta A_2 \qquad\qquad 式（2）$$

将（1）代入（2）得两昼夜后尚存体内 $^{32}_{15}P$ 的活度为

$$A_2 = A_1 e^{-\lambda t_2} - \Delta A_2 = A_0 e^{-\lambda(t_1 + t_2)} - \Delta A_1 e^{-\lambda t_2} - \Delta A_2$$

$$= (5.55 \times 10^7 \times e^{-\frac{2\ln 2}{14.3}} - 2.00 \times 10^7 \times e^{-\frac{\ln 2}{14.3}} - 2.66 \times 10^6)\text{Bq}$$

$$= 2.87 \times 10^7 \text{Bq}$$

尚存留在体内的 $^{32}_{15}P$ 的百分数：$p\% = \dfrac{A_2}{A_0} = \dfrac{2.87 \times 10^7}{5.55 \times 10^7} = 51.7\%$

（2）尚存留在体内 Na_2HPO_4 的克数

$$\Delta m = 600 \times \left(1 - \frac{2.00 \times 10^7 + 2.66 \times 10^6}{5.55 \times 10^7}\right) \text{mg} = 355\text{mg}$$

17. 完成下列反应式

(1)$^{7}_{3}\text{Li}(\alpha,n)$。

(2)$^{25}_{12}\text{Mg}(\alpha,p)$。

(3)$^{10}_{5}\text{B}(p,\alpha)$。

(4)$^{12}_{6}\text{C}(p,\gamma)$。

(5)$^{23}_{11}\text{Na}(n,\gamma)$。

(6)$^{27}_{13}\text{Al}(n,p)$。

解:(1)$^{7}_{3}\text{Li}(\alpha,n)$ $\quad ^{7}_{3}\text{Li} + ^{4}_{2}\text{He} \rightarrow ^{10}_{5}\text{B} + ^{1}_{0}\text{n} + Q$

(2)$^{25}_{12}\text{Mg}(\alpha,p)$ $\quad ^{25}_{12}\text{Mg} + ^{4}_{2}\text{He} \rightarrow ^{28}_{13}\text{Al} + ^{1}_{1}\text{H} + Q$

(3)$^{10}_{5}\text{B}(p,\alpha)$ $\quad ^{10}_{5}\text{B} + ^{1}_{1}\text{H} \rightarrow ^{7}_{4}\text{Be} + ^{4}_{2}\text{He} + Q$

(4)$^{12}_{6}\text{C}(p,\gamma)$ $\quad ^{12}_{6}\text{C} + ^{1}_{1}\text{H} \rightarrow ^{13}_{7}\text{N} + \gamma + Q$

(5)$^{23}_{11}\text{Na}(n,\gamma)$ $\quad ^{23}_{11}\text{Na} + ^{1}_{0}\text{n} \rightarrow ^{24}_{11}\text{Na} + \gamma + Q$

(6)$^{27}_{13}\text{Al}(n,p)$ $\quad ^{27}_{13}\text{Al} + ^{1}_{0}\text{n} \rightarrow ^{27}_{12}\text{Mg} + ^{1}_{1}\text{H} + Q$。

18. 以能量 2.5MeV 的光子打击氘核,结果把质子和中子分开,这时质子、中子所具有的动能各是多少?(已知 $m_D = 2.014\ 102\text{u}$,$m_n = 1.008\ 665\text{u}$,$m_H = 1.007\ 825\text{u}$)

解:已知入射光子的能量为 $E_\gamma = 2.5\text{MeV}$,核反应方程为 $^{2}_{1}\text{H} + \gamma \rightarrow ^{1}_{1}\text{H} + ^{1}_{0}\text{n} + Q$,根据质量和能量守恒知

$$E_\gamma + m_D c^2 = m_H c^2 + m_n c^2 + E_p + E_n$$

$$E_p + E_n = E_\gamma + (m_D - m_H - m_n)c^2$$
$$= 2.5\text{MeV} + (2.014\ 102 - 1.007\ 825 - 1.008\ 665) \times 931.5\text{MeV}$$
$$= 0.276\text{MeV}$$

$$E_p = E_n \approx \frac{0.276\text{MeV}}{2} = 0.138\text{MeV}$$

19. 以质子轰击锂核时引起的反应为

$$^{1}_{1}\text{H} + ^{7}_{3}\text{Li} \rightarrow ^{8}_{4}\text{Be} \rightarrow 2\ ^{4}_{2}\text{He}$$

实验指出,这个反应中有时出现两个背向射出的 α 粒子。由这一事实可以推出什么结论? α 粒子的速度多大?(已知 $m_{Li} = 7.026\ 78\text{u}$)

解:(1)通过反应中有时出现两个背向射出的 α 粒子这一事实可以推出,质子轰击锂核产生的 $^{8}_{4}\text{Be}$ 核的速率有时几乎等于零。

(2)已知 $m_{Li} = 7.026\ 78\text{u}$,$m_{He} = 4.002\ 603\text{u}$,$m_H = 1.007\ 825\text{u}$,根据相对论质能关系知上述反应的反应能为

$$\Delta E = \Delta m c^2 = (m_H + m_{Li} - 2m_{He})c^2$$
$$= (1.007\ 825 + 7.026\ 78 - 2 \times 4.002\ 603) \times 931.5\text{MeV} = 27.38\text{MeV}$$

每个 α 粒子的动能为

$$E_k = \frac{\Delta E}{2} = \frac{27.38\text{MeV}}{2} = 13.69\text{MeV} \approx 2.19 \times 10^{-12}\text{J}$$

每个 α 粒子的速度为

$$v = \sqrt{\frac{2E_k}{m_{He}}} = \sqrt{\frac{2 \times 2.19 \times 10^{-12}}{4.002\ 603 \times 1.66 \times 10^{-27}}}\ \text{m/s} = 2.57 \times 10^7\ \text{m/s}$$

20. 一个含有镭的微粒,与荧光屏的距离为 $d = 1.2\text{cm}$,荧光屏的面积 $S = 0.02\text{cm}^2$,从含镭微粒到屏的中心的直线和屏垂直,如在 1 分钟内从屏上看到闪光 47 次,问微粒中含有多少个镭原子? 镭的质量是多少? 已知镭的半衰期为 1 600 年(约 5×10^{10} 秒),并且假设镭衰变的产物迅速被抽气机抽去。

解:已知镭的半衰期 $T = 1\ 600\text{a} \approx 5 \times 10^{10}\text{s}$,距离荧光屏 $d = 1.2\text{cm}$,荧光屏面积 $S = 0.02\text{cm}^2$,荧光屏上放射性活度 $A = 47$ 次/min,镭的摩尔质量为 $\mu = 226\text{g/mol}$,$N_A = 6.022 \times 10^{23}/\text{mol}$。设微粒中含有 N_0 个 ^{226}Ra 镭原子,^{226}Ra 的质量为 m。假设点状放射源各向同性地辐射,接收到的放射粒子的数量反比于距离的平方。则

$$A = \frac{\lambda N_0}{4\pi d^2} S$$

所以
$$N_0 = \frac{4\pi A d^2}{\lambda S} = \frac{4\pi A T d^2}{0.693 S} = \frac{4 \times 3.14 \times \dfrac{47}{60} \times 5 \times 10^{10} \times (1.2 \times 10^{-2})^2}{0.693 \times 0.02 \times 10^{-4}}\text{个}$$
$$= 5.11 \times 10^{13}\text{个}$$

利用 $N_0 = \dfrac{m}{\mu} \times N_A$,因此镭的质量为

$$m = \frac{\mu N_0}{N_A} = \frac{226 \times 5.11 \times 10^{13}}{6.022 \times 10^{23}}\text{g} = 1.92 \times 10^{-8}\text{g}$$

21. 解释放射性活度、照射剂量、吸收剂量和生物有效剂量的意义。

解:放射性活度:放射性核素在衰变过程中,单位时间内衰变的原子核数目越多,从放射源发出的射线越强,因此用单位时间内衰变的母核数来表示其活度,单位为贝可(Bq)。

照射剂量:单位体积或单位质量被照物质所吸收的能量,单位为 C/kg。

吸收剂量:物体内各处所吸收的射线能量程度,单位为戈瑞(Gy)。

生物有效剂量:相对生物效应倍数(relative biological effectiveness,RBE)来表示不同辐射对有机体的破坏程度。生物有效剂量的量值等于吸收剂量与 RBE 的乘积。单位为希沃特(Sv)。

22. 假设在距放射源为 10cm 处的 γ 射线剂量率为 $1.29 \times 10^{-3}\text{C/(kg \cdot min)}$,且剂量率与距放射源的距离平方成反比。如果容许照射剂量为 $3.225 \times 10^{-6}\text{C/(kg \cdot h)}$,那么在距离放射源多远的地方才算达到了安全防护距离?

解:已知 $r_1 = 10\text{cm}$,$X_1 = 1.29 \times 10^{-3}\text{C/(kg \cdot min)} = 7.74 \times 10^{-2}\text{C/(kg \cdot h)}$,$X_2 = 3.225 \times 10^{-6}\text{C/(kg \cdot h)}$,由 $\dfrac{X_1}{X_2} = \dfrac{r_2^2}{r_1^2}$ 知

$$r_2 = \sqrt{\frac{X_1}{X_2}}\ r_1 = \sqrt{\frac{7.74 \times 10^{-2}}{3.225 \times 10^{-6}}} \times 10\text{cm} = 1.55 \times 10^3\text{cm} = 15.5\text{m}$$

23. $^{35}_{17}\text{Cl}$ 核的 $I = \dfrac{3}{2}$,在外磁场中分裂成若干能级? 写出两相邻能级之差的表达式。已知它的磁矩为 $0.820\ 9\mu_N$,求朗德 g 因子。

解:(1)已知 $^{35}_{17}$Cl 核的 $I = \dfrac{3}{2}$，$\mu_m = 0.820\ 9\mu_N$，$^{35}_{17}$Cl 核在外磁场中分裂成 4 能级

$\left(m_l = -\dfrac{3}{2}、-\dfrac{1}{2}、\dfrac{1}{2}、\dfrac{3}{2} \right)$

两相邻能级之差的表达式　$\Delta E = g\mu_N B$

(2)根据 $\mu_m = g\mu_N m$ 知　$g = \dfrac{\mu_m}{\mu_N m} = \dfrac{0.820\ 9\mu_N}{\mu_N \times \dfrac{3}{2}} = 0.547\ 27$

24. 分别计算原子核 $^1_1$H、$^7_3$Li、$^{14}_7$N、$^{23}_{11}$Na 及 $^{115}_{49}$In 的朗德 g 因子和磁旋比 γ。

解:根据 $g = \dfrac{\mu_m}{\mu_N m_l}$ 及 $\gamma = g\dfrac{e}{2m_p}$ 知,原子核 $^1_1$H、$^7_3$Li、$^{14}_7$N、$^{23}_{11}$Na 及 $^{115}_{49}$In 的朗德 g 因子和磁旋比 γ 为

原子核	自旋量子数	磁矩（μ_N）	朗德 g 因子	磁旋比 γ
$^1_1$H	1/2	+ 2.792 68	5.585 36	2.675×10^8
$^7_3$Li	3/2	+ 3.256	2.170 67	1.04×10^8
$^{14}_7$N	1	+ 0.404 7	0.404 70	0.194×10^8
$^{23}_{11}$Na	3/2	+ 2.216 1	1.477 40	0.708×10^8
$^{115}_{49}$In	9/2	+ 5.496 0	1.221 33	0.585×10^8

25. 质子与反质子湮没时产生四个具有同样能量的 π^0 介子,试求每个 π^0 介子的动能(已知 π^0 介子的质量则是电子质量的 264.2 倍)。

解:已知 $m_p = 1.007\ 277$u,$m_\pi = 264.2m_e = 264.2 \times \dfrac{1.007\ 277\text{u}}{1\ 836.5} = 0.144\ 907\ 48$u,根据相对论质能关系知

$$\Delta E = \Delta mc^2 = (2m_p - 4m_\pi)c^2$$
$$= (2 \times 1.007\ 277 - 4 \times 0.144\ 907\ 48) \times 931.5\text{MeV}$$
$$= 1\ 336.6\text{MeV}$$

因此,每个 π^0 介子的动能为

$$E_k = \dfrac{\Delta E}{4} = \dfrac{1\ 336.6\text{MeV}}{4} = 334.2\text{MeV}$$

二、知识与能力测评参考答案

1. 8.48MeV, 2.83MeV。

2. $^{226}_{88}$Ra 经过 5 次 α 衰变和 4 次 β 衰变后变为 $^{206}_{82}$Pb。

3. 9.5%, 0.91%。

4. 18。

5. 1.03×10^{-6}g。

6. 10.54 年。

7. 0.068 8μg。

8. $t = \dfrac{\ln(b_0/b)}{\ln 2} \cdot T$。

9. 6.1L。

10. 25.88MHz。

第十四章　相对论基础

【要点概览】

本章主要阐述了狭义相对论的基本理论与应用,同时对广义相对论的基本理论加以简单介绍。

1. 狭义相对论的两个基本假设是相对性原理和光速不变原理。相对性原理是指物理定律在所有惯性系中都是相同的,因此所有惯性系都是等价的,不存在特殊的绝对的惯性系。光速不变原理是指在所有的惯性系中,光在真空中的传播速率具有相同的值 c。

2. 洛伦兹变换表达了在两个惯性系 K 和 K' 中,对同一事件的两组时空坐标 (x, y, z, t) 和 (x', y', z', t') 之间的相互关系。(K' 相对惯性参考系 K 以恒定速度 u 沿 x 轴正向运动)

$$\text{洛伦兹变换:} \quad \begin{cases} x' = \gamma(x - ut) \\ y' = y \\ z' = z \\ t' = \gamma\left(t - \dfrac{u}{c^2}x\right) \end{cases} \quad \text{或} \quad \begin{cases} x = \gamma(x' + ut') \\ y = y' \\ z = z' \\ t = \gamma\left(t' + \dfrac{u}{c^2}x'\right) \end{cases}$$

3. 对于一个惯性系来说同时发生的两个事情,对于另一个惯性系就不一定是同时发生了,这就是同时性的相对性。

4. 被测物体和测量者相对运动时,测量者测得的沿其运动方向的长度变短了,这个现象称为长度收缩或洛伦兹收缩。

5. 在一个相对于观察者运动的惯性系中发生的物理过程,观察者所观测的时间比在这个运动的惯性系中直接观察到的时间长,这就是时间延缓效应,也称时间膨胀或者运动时钟变慢。

6. 两个事件之间的时空间隔在所有惯性系中都相同,也就是说时空间隔是绝对的,这就是相对性的绝对性。

7. m_0 为物体在相对静止的参考系中的质量,称为静质量;物体相对观测者速度为 v 时的质量 m,称为相对论质量,即 $m = \dfrac{m_0}{\sqrt{1 - \dfrac{v^2}{c^2}}} = \gamma m_0$。

8. 当物体相对观测者速度为 v 时,物体具有的相对论动量的大小就是相对论质量与速度的乘积,即 $p = mv = \dfrac{m_0 v}{\sqrt{1 - \dfrac{v^2}{c^2}}} = \gamma m_0 v$。

9. 在相对论中,质点的动能 E_k 等于质点因运动引起质量的增量($\Delta m = m - m_0$)乘以光速的平方,即 $E_k = mc^2 - m_0c^2$。

10. 质能关系: $E = mc^2 = \dfrac{m_0c^2}{\sqrt{1 - \dfrac{v^2}{c^2}}} = \gamma m_0c^2$。

11. 原子核的静质量总是小于组成该原子核所有核子的静质量之和,其差额称为原子核的质量亏损。

12. 广义相对论中的等效原理指一个均匀的引力场与一个匀加速参考系完全等价。

13. 广义相对论中的广义相对性原理是指无论是对惯性系或是非惯性系,物理定律的表达形式都是相同的,即所有参考系都是等价的。

【重点例题解析】

例题 1　设火箭 A、B 沿 x 轴方向相向运动,在地面测得它们的速度各为 $v_A = 0.9c$,$v_B = -0.9c$。试求火箭 A 上的观测者测得火箭 B 的速度为多少?

解:令地球为"静止"参考系 K,火箭 A 为参考系 K'。A 沿 x、x' 轴正方向以速度 $u = v_A$ 相对于 K 运动,B 相对 K 的速度为 $v_x = v_B = -0.9c$。所以在 A 上观测到火箭 B 的速度为:

$$v'_x = \frac{v_x - u}{1 - \dfrac{uv_x}{c^2}} = \frac{-0.9c - 0.9c}{1 - \dfrac{(0.9c)(-0.9c)}{c^2}} = \frac{-1.8c}{1.81} \approx -0.994c$$

而按伽利略变换则得: $v'_x = v_x - u = -0.9c - 0.9c = -1.8c$

例题 2　μ 子是在宇宙射线中发现的一种不稳定的粒子,它会自发地衰变为一个电子和两个中微子。对 μ 子静止的参考系而言,它自发衰变的平均寿命为 2.15×10^{-6} 秒。我们假设来自太空的宇宙射线,在离地面 6 000m 的高空所产生的 μ 子,以相对于地球 $0.995c$ 的速率由高空垂直向地面飞来,试问在地面上的实验室中能否测得 μ 子的存在?

解:(1)按经典理论,μ 子在消失前能穿过的距离为

$$L = 0.995c \times 2.15 \times 10^{-6}\text{s} = 642\text{m}$$

所以 μ 子不可能到达地面实验室,这与在地面上能测得 μ 子存在的实验结果不符。

(2)按相对论,设地球参考系为 S,μ 子参考系为 S'。依题意,S' 系相对于 S 系的运动速率 $u = 0.995c$,μ 子在 S' 系中的固有寿命 $\tau_0 = 2.15 \times 10^{-6}$ 秒。根据相对论时间延缓公式 $\tau = \gamma\tau_0$ 在地球上观察 μ 子的平均寿命为

$$\tau = \gamma\tau_0 = \frac{1}{\sqrt{1 - \dfrac{u^2}{c^2}}}\tau_0 = 2.15 \times 10^{-5}\text{s}$$

μ 子在时间 τ 内的平均飞行距离为

$$L = u\tau = 0.995c \times 2.15 \times 10^{-5} = 6.42 \times 10^3\text{m}$$

这一距离 > 6 000m,所以 μ 子在衰变前可以到达地面,因而实验结果验证了相对论理论的正确。

上述结果也可以采用另外解法得到。在 μ 子不动的 S' 系中,地球朝 μ 子运动的速率为 $u = 0.995c$。在 μ 子寿命 τ_0 时间内,地球的运动距离为

$$L' = u\tau_0 = 0.995c \times 2.15 \times 10^{-6} = 6.42 \times 10^2\text{m}$$

这已经考虑了相对论长度收缩效应,变换到地球参考系,这段距离的固有长度为

$$L_0 = \gamma L' = \frac{1}{\sqrt{1 - \dfrac{u^2}{c^2}}} \cdot L' = 6.42 \times 10^3 \text{m}$$

例题 3 一粒子的静止质量为 $1/3 \times 10^{-26}$ kg,以速率 $3c/5$ 垂直进入水泥墙。墙厚 50cm,粒子从墙的另一面穿出时的速率减少为 $5c/13$。求:

(1)粒子受到墙的平均阻力。

(2)粒子穿过墙所需的时间。

解:由题意可知 $m_0 = \dfrac{1}{3} \times 10^{-26}$ kg,$v_1 = \dfrac{3}{5}c$,$d = 0.5$ m,$v_2 = \dfrac{5}{13}c$

(1)设 $\overline{F}$ 为平均阻力,由动能定理得

$$W = \overline{F}d = E_2 - E_1 = \frac{m_0 c^2}{\sqrt{1 - (v_2^2/c^2)}} - \frac{m_0 c^2}{\sqrt{1 - (v_1^2/c^2)}}$$

$$\overline{F} = \frac{m_0 c^2}{d}\left(\frac{1}{\sqrt{1 - (v_2^2/c^2)}} - \frac{1}{\sqrt{1 - (v_1^2/c^2)}}\right) = -10^{-10} \text{N}$$

(2)由动量定理解得平均阻力为

$$\overline{F} \cdot \Delta t = m_2 v_2 - m_1 v_1$$

解得粒子穿过墙所需的时间为

$$\Delta t = \frac{m_2 v_2 - m_1 v_1}{\overline{F}} = \frac{\dfrac{13}{12}m_0 \times \dfrac{5}{13}c - \dfrac{5}{4}m_0 \times \dfrac{3}{5}c}{-10^{-10}} = \frac{1}{3} \times 10^{-8} \text{s}$$

例题 4 试求由一个质子(静质量为 $1.672\ 623 \times 10^{-27}$ kg)和一个中子(静质量为 $1.674\ 929 \times 10^{-27}$ kg)结合成一个氘核(静质量为 $3.343\ 586 \times 10^{-27}$ kg)的结合能,并计算聚合成 1kg 氘核所能释放出来的能量。

解:一个质子和一个中子结合成一个氘核时,其质量亏损为

$$B = (m_{0p} + m_{0n}) - m_{0d} = [(1.672\ 623 + 1.674\ 929) - 3.343\ 586] \times 10^{-27} \text{kg}$$
$$= 3.966 \times 10^{-30} \text{kg}$$

所以氘核的结合能为

$$E_B = Bc^2 = 3.966 \times 10^{-30} \times 8.987\ 6 \times 10^{16} \text{J} = 3.564 \times 10^{-13} \text{J}$$

因此,聚合成 1kg 氘核所能释放出来的能量约为

$$\Delta E = \frac{E_B}{m_{0d}} = \frac{3.56 \times 10^{-13}}{3.34 \times 10^{-27}} = 1.07 \times 10^{14} \text{J/kg}$$

这一数值相当于每千克汽油燃烧时所放出的热量 4.6×10^7 J/kg 的 230 万倍。

【知识与能力测评】

1. 伽利略相对性原理与狭义相对论的相对性原理有何相同之处?有何不同之处?

2. 同时性的相对性是什么含义?为什么会有这种相对性?如果光速是无限大,是否还会有同时性的相对性?

3. 在地面上 A 处发射一枚炮弹后经 4×10^{-6} s 在 B 处又发射一枚炮弹,A、B 相距 800m。

（1）在什么样的参照系中将测得上述两个事件发生在同一地点？

（2）试找出一个参照系，在其中测得上述两个事件同时发生。

4. 根据相对论的理论，实物粒子在介质中的运动速度是否有可能大于光在该介质中的传播速度？

5. 在惯性系 S 中，测得某两事件发生在同一地点，时间间隔为 4s；在另一惯性系 S' 中，测得这两事件的时间间隔为 6s。求在 S' 系中，它们的空间间隔是多少？

6. 假定静止 μ 子的平均寿命约为 2×10^{-6} s。今在 6 000m 的高空，由于 π 介子的衰变产生一个速度为 $v = 0.998c$（c 为真空中的光速）的 μ 子飞向地球。

（1）地球上的观测者判断 μ 子能否到达地球？

（2）与 μ 一起运动的参照系中的观测者判断结果又如何？

7. 两枚固有长度均为 20m 的火箭 A、B 各以相对于地球 $v_A = \dfrac{2}{3}c$、$v_B = \dfrac{3}{5}c$ 的速率朝相反方向匀速飞行。

（1）分别用伽利略变换和洛伦兹变换计算两枚火箭的相对速率。

（2）在 A 上测量 B 为多长？

8. 有一火箭相对于地面以 $v = 0.6c$ 匀速向上飞离地球，在火箭发射 10 秒后（火箭上的时钟计时），其向地面发射一导弹，导弹相对于地面的速度为 $0.3c$。问从地球上的时钟看，火箭发射后多长时间导弹到达地面？

9. 半人马星座 α 星是距离太阳系最近的恒星，它距离地球 4.3×10^{16} m。设有一宇宙飞船自地球飞到半人马星座 α 星。

（1）若宇宙飞船相对于地球的速度为 $v = 0.999c$，按地球上的时钟计算要用多少年？

（2）如以飞船上的时钟计算，所需时间又为多少年？

10. 设固有长度均为 $l_0 = 100$m 的宇宙飞船 A 和 B 沿同一方向匀速飞行，在飞船 B 上观测到飞船 A 的船头、船尾经过飞船 B 船头的时间间隔为 $\Delta t = \dfrac{5}{3} \times 10^{-7}$ s，求飞船 B 相对于飞船 A 的速度大小。

11. 有一个静质量为 m_0、以 $0.8c$ 速度运动的粒子，与一个静质量为 $3m_0$、开始处于静止状态的粒子发生完全非弹性碰撞，求组合后物体的静质量 M_0。

12. 已知 μ 子的静止能量为 105.7MeV，平均寿命为 2.2×10^{-8} s。试求动能为 150MeV 的 μ 子的速度是多少？平均寿命又是多少？

13. 在实验室中测得电子的运动速度为 $0.6c$，设一观测者沿电子的运动方向以相对实验室 $0.8c$ 的速度运动。求该观测者测得的电子的动能和动量（电子的静止质量 $m_e = 9.11 \times 10^{-31}$ kg）。

【参考答案】

一、本章习题解答

1. 一原子核相对于实验室以 $0.6c$ 运动，在运动方向上发射一电子，电子相对于核的速度是 $0.8c$；又在相反方向发射一光子。求：

（1）实验室中电子的速度。

（2）实验室中光子的速度。

解：（1）设 S 为实验室参照系，S' 为原子核所在的参照系，如图 14-1 所示。有：

$$v_x = \frac{v'_x + V}{1 + v'_x V/c^2} = \frac{0.6c + 0.8c}{1 + 0.6 \times 0.8c^2/c^2} = \frac{1.4c}{1.48} = 0.945\,9c$$

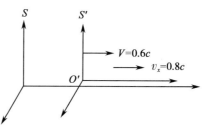

图 14-1

（2）根据光速不变原理，相对于实验室和相对于原子核的光速均为 c。

2. 地球绕太阳轨道的速度为 $3 \times 10^4\text{m/s}$，地球直径为 $1.27 \times 10^7\text{m}$，计算相对论长度收缩效应引起的地球直径在运动方向的减少量。

解：根据相对论长度收缩效应，地球直径在运动方向的长度为：

$$l = l_0\sqrt{1 - u^2/c^2} = 1.27 \times 10^7 \sqrt{1 - (3 \times 10^4/3 \times 10^8)^2} \approx 1.27 \times 10^7\text{m}$$

由此可见，地球绕太阳轨道运动的长度基本不变。

3. 一根米尺静止在 S' 系中，与 $O'x'$ 轴成 30° 角。如果在 S 系中测得该米尺与 Ox 轴成 45° 角。求：

（1）S 系中测得的米尺长度是多少？

（2）S' 相对于 S 的速度 u 是多少？

解：设 S' 系中，尺的静长为 l_0，$l_{0x} = l_0\cos 30° = \frac{\sqrt{3}}{2}l_0$，$l_{0y} = l_0\sin 30° = 0.5l_0$；在 S 系中，由题意可知 $l_x = l_y = l_{0y} = 0.5\text{m}$（因 y 方向不收缩）。

$$l_x = l_{0x}\sqrt{1 - \frac{u^2}{c^2}}$$

由此可解得：

$$l = \sqrt{l_x^2 + l_y^2} = \sqrt{2}\,l_x = \frac{\sqrt{2}}{2}l_0 = 0.707l_0$$

$$u = c\sqrt{1 - \frac{l_x^2}{l_{0x}^2}} = \sqrt{\frac{2}{3}}c = 0.816c$$

4. 地面观测者测定某火箭通过地面上相距 120km 的两城市花了 5×10^{-4} 秒，问由火箭观测者测定的两城市空间距离和飞越时间间隔。

解：由题意，地面观测者测定火箭的运行速度为 $u = 120 \times 10^3/5 \times 10^{-4} = 2.4 \times 10^8\text{m/s} = 0.8c$

按照相对论中的长度缩短原理，火箭观测者测定的两城市的空间距离为：

$$l = l_0\sqrt{1 - u^2/c^2} = 120\sqrt{1 - (0.8c/c)^2} = 72\text{km}$$

火箭观测者测定的时间为：

$$\tau_0 = \tau'\sqrt{1 - u^2/c^2} = 5 \times 10^{-4} \times \sqrt{1 - (0.8c/c)^2} = 3 \times 10^{-4}\text{秒}$$

5. 一位短跑选手，在地球上以 10 秒的时间跑完 100m。在飞行速度为 $0.98c$，飞行方向与跑动方向相反的飞船中的观测者看来，这位选手跑了多长时间和多长距离？

解：取地球为 S 系、飞船为 S' 系，设起跑和到达终点这两个事件的时空坐标在 S 系中为 (x_1, t_1) 和 (x_2, t_2)，在 S' 系中为 (x'_1, t'_1) 和 (x'_2, t'_2)，且已知 $u = -0.98c$，$x_2 - x_1 = 100\text{m}$，$t_2 - t_1 = 10$ 秒，则在 S' 系中选手跑的时间为：

$$\left.\begin{array}{l} t'_1 = \gamma\left(t_1 - \dfrac{u}{c^2}x_1\right) \\[2mm] t'_2 = \gamma\left(t_2 - \dfrac{u}{c^2}x_2\right) \end{array}\right\} \Rightarrow$$

$$t'_2 - t'_1 = \gamma\left(t_2 - t_1 - \frac{u}{c^2}(x_2 - x_1)\right) = \frac{1}{\sqrt{1 - (0.98c)^2/c^2}}\left[10 + \frac{0.98c}{c^2} \times 100\right] = 50.25\text{s}$$

在 S' 系中选手跑的距离为：

$$\left.\begin{array}{l} x'_1 = \gamma(x_1 - ut_1) \\[2mm] x'_2 = \gamma(x_2 - ut_2) \end{array}\right\} \Rightarrow$$

$$|x'_2 - x'_1| = \left|\gamma\left[(x_2 - x_1) - u(t_2 - t_1)\right]\right|$$

$$= \left|\frac{1}{\sqrt{1 - (0.98c)^2/c^2}}\left[100 + 0.98c \times 10\right]\right| = 1.47 \times 10^{10}\text{m}$$

6. 远方的一颗星体，以 $0.80c$ 的速度离开我们，我们接收到它辐射出来的闪光按 5 昼夜的周期变化，求固定在该星体上的参考系中测得的闪光周期。

解：固定在此星体上的参考系中测得的周期 T' 为固有时间

$$T = \frac{T'}{\sqrt{1 - u^2/c^2}} = 5$$

$$T' = 5\sqrt{1 - u^2/c^2} = 3 \text{ 昼夜}$$

7. 一个在实验室中以 $0.8c$ 的速度运动的粒子，飞行 3m 后衰变，按这实验室中观测者的测量，该粒子存在了多长时间？由一个与该粒子一起运动的观测者测量，该粒子衰变前存在了多长时间？

解：实验室中的观测者测量到该粒子存在的时间为：

$$\tau = \frac{3}{0.8c} = 1.25 \times 10^{-8}\text{s}$$

在与该粒子一起运动的观测者测量到的时间为固有时间：

$$\tau_0 = \tau\sqrt{1 - u^2/c^2} = 1.25 \times 10^{-8} \times 0.6 = 0.75 \times 10^{-8}\text{s}$$

8. （1）把电子自速度 $0.9c$ 增加到 $0.99c$，所需的能量是多少？这时电子的质量增加了多少？

（2）某加速器能把质子加速到 1GeV 的能量，求该质子的速度，这时其质量为其静质量的几倍？

解：（1）电子自速度 $0.9c$ 增加到 $0.99c$ 时所需的能量为（电子 $m_0c^2 = 0.511\text{MeV}$）：

$$\Delta E = \frac{m_0 c^2}{\sqrt{1 - \dfrac{v_2^2}{c^2}}} - \frac{m_0 c^2}{\sqrt{1 - \dfrac{v_1^2}{c^2}}} = \frac{m_0 c^2}{\sqrt{1 - 0.99^2}} - \frac{m_0 c^2}{\sqrt{1 - 0.9^2}}$$

$$= (7.089 - 2.294) \times 0.511\text{MeV} = 2.45\text{MeV}$$

电子的质量增加量为（电子的静质量 $m_0 = 9.1 \times 10^{-31}\text{kg}$）：

$$m = \frac{m_0}{\sqrt{1 - \dfrac{v_2^2}{c^2}}} - \frac{m_0}{\sqrt{1 - \dfrac{v_1^2}{c^2}}} = \frac{m_0}{\sqrt{1 - 0.99^2}} - \frac{m_0}{\sqrt{1 - 0.9^2}} = 4.36 \times 10^{-30}\text{kg}$$

（2）由题意：$\dfrac{m_0 c^2}{\sqrt{1 - \dfrac{v^2}{c^2}}} = 10^3 \text{MeV}$，（质子 $m_0 c^2 = 938.272\text{MeV}$）则 $\dfrac{938.272}{10^3} = \sqrt{1 - \dfrac{v^2}{c^2}}$ 解

得：$v = 0.346c$

其质量为其静质量的倍数为：$\dfrac{1}{\sqrt{1 - \dfrac{v^2}{c^2}}} = \dfrac{1}{\sqrt{1 - 0.346^2}} = 1.065$

9. 在原子核聚变中，两个 ^{2}H 原子结合而产生 ^{4}He。求：

（1）用原子质量单位，求该反应中的质量亏损。

（2）在这一反应中释放的能量是多少？

（3）这种反应每秒必须发生多少次才能产生 1W 的功率？（已知：^{2}H 的静质量为 2.013 553u，^{4}He 的静质量为 4.001 496u）

解：（1）质量亏损：$B = 2m_H - m_{He} = 2 \times 2.013\ 553\text{u} - 4.001\ 496\text{u} = 0.025\ 61\text{u}$（$1\text{u} = 931.5\text{MeV}/c^2$）

（2）所释放的能量：$\Delta E = Bc^2 = 0.025\ 61 \times 931.5 = 23.856\text{MeV}$

（3）$N = 1\text{W}/\Delta E = 1/23.856 \times 10^6 \times 1.6 \times 10^{-19} = 2.62 \times 10^{11}$

10. 已知 Na 原子的质量为 23u，Cl 原子的质量为 35.5u。当一个 Na 原子和一个 Cl 原子结合成一个 NaCl 分子时，释放出 4.2eV 的能量。求：

（1）当一个 NaCl 分子分解为一个 Na 原子和一个 Cl 原子时，质量增加多少？

（2）忽略这一质量差所造成的误差是百分之几？

解：（1）由题所给的条件可得

$E = \Delta m c^2 = [(m_{Na} + m_{Cl}) - m_{NaCl}] c^2 = 4.2 \times 10^{-6}\text{MeV}$

又　$1\text{u} = 931.5\text{MeV}/c^2$

$\Delta m = (m_{Na} + m_{Cl}) - m_{NaCl} = \dfrac{4.2 \times 10^{-6}}{931.5} = 4.5 \times 10^{-9}\text{u}$

由此可得质量增加量为：$\Delta m = 4.5 \times 10^{-9}\text{u}$

（2）忽略这一质量差所造成的误差 $= \Delta m / (m_{Na} + m_{Cl}) = 7.6 \times 10^{-11} \times 100\% = 7.6 \times 10^{-9}\%$

二、知识与能力测评参考答案

1. 略。

2. 略。

3. （1）$2 \times 10^8 \text{m/s}$；（2）找不到这样的参照系。

4. 有可能。

5. $1.34 \times 10^9 \text{m}$。

6. （1）μ 子能到达地球；（2）μ 子也能到达地球。

7. （1）$0.9c$；（2）8.72m。

8. 37.5 秒。

9. （1）$\Delta t = 4.5$ 年；（2）$\Delta t' = 0.20$ 年。

10. $v = 2.68 \times 10^8 \text{m/s}$。

11. $M_0 = 4.47m_0$。

12. （1）$v = 0.91c$；（2）$\tau = 5.32 \times 10^{-8}$ 秒。

13. $E_k = 6.85 \times 10^{-15}\text{J}$，$P = -1.235 \times 10^{-22}\text{kg} \cdot \text{m/s}$。

综合模拟试题

综合模拟试题一

一、选择题

1. 一匀质细杆可绕通过上端与杆垂直的水平光滑固定轴 O 旋转,初始状态为静止悬挂。现有一个弹性小球水平击中细杆。设小球与细杆之间为弹性碰撞,则在碰撞过程中对细杆与小球这一系统满足( )

    A. 机械能守恒   B. 动量守恒

    C. 角动量守恒   D. 机械能和角动量均守恒

2. 花样滑冰运动员绕通过自身的竖直轴转动,开始时两臂伸开,转动惯量为 I_0,角速度为 ω_0。然后她将两臂收回,使转动惯量减少为 $\frac{1}{3}I_0$。此时她转动的角速度变为( )

    A. $\frac{1}{3}\omega_0$ B. $(1/\sqrt{3})\omega_0$ C. $\sqrt{3}\omega_0$ D. $3\omega_0$

3. 一束波长为 λ 的平行单色光垂直入射到一单缝 AB 上,装置如图综 1-1 所示。在屏幕 D 上形成衍射图样,如果 P 是中央亮纹一侧第一个暗纹所在的位置,则 $\overline{BC}$ 的长度为( )

    A. $\lambda/2$ B. λ C. $3\lambda/2$ D. 2λ

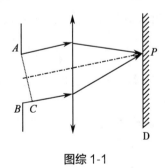

图综 1-1

4. 一束平行单色光垂直入射在光栅上,当光栅常数 $(a+b)$ 为下列哪种情况时(a 代表每条缝的宽度),$k = 3$、6、9 等级次的主极大均不出现( )

    A. $a+b=2a$ B. $a+b=3a$ C. $a+b=4a$ D. $a+b=6a$

5. 一空心导体球壳,其内、外半径分别为 R_1 和 R_2,带电荷 q,如图综 1-2 所示。当球壳中心处再放一电荷为 q 的点电荷时,则导体球壳的电势(设无穷远处为电势零点)为( )

A. $\dfrac{q}{4\pi\varepsilon_0 R_1}$ B. $\dfrac{q}{4\pi\varepsilon_0 R_2}$ C. $\dfrac{q}{2\pi\varepsilon_0 R_1}$ D. $\dfrac{q}{2\pi\varepsilon_0 R_2}$

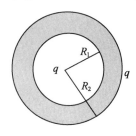

图综 1-2

6. 用白光光源进行双缝实验时,若用一个纯红色的滤光片遮盖一条缝、用一个纯蓝色的滤光片遮盖另一条缝,则(　　)

　　A. 产生红光和蓝光的两套彩色干涉条纹

　　B. 干涉条纹的间距将发生改变

　　C. 干涉条纹的亮度将发生改变

　　D. 不能产生干涉条纹

7. 一简谐振动曲线如图综 1-3 所示,则振动周期是(　　)

　　A. 2.62 秒　　　　B. 2.40 秒　　　　C. 2.20 秒　　　　D. 2.00 秒

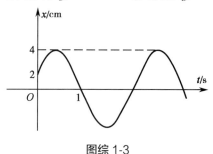

图综 1-3

8. 观察单缝夫琅禾费衍射,当入射光波长变大时(假设其他条件不变),中央明纹的宽度将(　　)

　　A. 变小　　　　　B. 变大　　　　　C. 不变　　　　　D. 不能确定

9. 两个偏振片紧贴着放在一盏灯的前面,此时没有光透过。当其中一个偏振片旋转 180° 时,将观察到(　　)

　　A. 透过的光强增强,随后减弱,最后光强减弱到零

　　B. 光强在整个过程中都逐渐增强

　　C. 光强增强,然后减弱,最后又增强

　　D. 光强增强、减弱,又再次增强、减弱

10. 将一个弹簧振子中的物体分别拉离平衡位置 1cm 和 2cm(形变在弹性限度内)后,由静止释放,则在两种情况下物体做简谐运动的(　　)

　　A. 周期相同　　　　　　　　　　　　B. 振幅相同

　　C. 最大速度相同　　　　　　　　　　D. 最大加速度相同

11. 一远视眼患者的近点在眼前 150cm 处,要使其看清眼前 15cm 处的物体,则应佩戴

的眼镜为(　　)

  A. −600 度的凹透镜   B. −750 度的凹透镜

  C. 600 度的凸透镜   D. 750 度的凸透镜

12. 当电子从远离原子核的轨道跃迁离原子核较近的轨道时(　　)

  A. 吸收能量   B. 辐射能量

  C. 既不吸收能量也不辐射能量   D. 无法确定

13. 质量为 $m = 2.0 \times 10^{-2}$ kg 的物质,坐标的不准确量 $\Delta x = 10^{-6}$ m,它的速率不准量为(　　)

  A. 3.02×10^{-25} m/s   B. 6.63×10^{-28} m/s

  C. 2.63×10^{-24} m/s   D. 3.31×10^{-26} m/s

14. 激光是达到粒子数反转的工作物质的一种(　　)

  A. 受激辐射   B. 自发辐射   C. 受激吸收   D. 无辐射跃迁

15. 由 $_{92}^{238}$U 衰变成 $_{82}^{206}$Pb,须经过若干次 α 衰变和(　　)次 β 衰变

  A. 2   B. 4   C. 6   D. 8

二、填空题

1. 黏性流体流动时,在相同的压力梯度 $\dfrac{\Delta P}{L}$ 下,流管的内径增大为原来的两倍,流量增加的倍数是原来的_____倍。

2. 1mol 氧气,在体积不变的情况下,温度升高 10℃ 所吸收的热量为_____。(氧气可视为理想气体)

3. 在如图综 1-4 所示电路中,已知 $\varepsilon_1 = 12$V,$r_1 = 1\Omega$,$\varepsilon_2 = 6$V,$r_2 = 1\Omega$,$R_1 = 3\Omega$,$R_2 = 5\Omega$,$R_3 = 12\Omega$,则 $I_1 =$ _____ ,$I_2 =$ _____ ,$I_3 =$ _____ 。

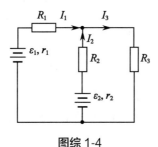

图综 1-4

4. 如图综 1-5 所示,一条无限长直导线在一处弯折成 $\dfrac{1}{4}$ 圆弧,圆弧半径为 R,圆心在 O 点,直线的延长线都通过圆心,已知导线的电流为 I,则圆心 O 处的磁感应强度的大小为_____,方向_____。

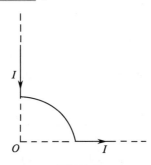

图综 1-5

5. 如图综 1-6 所示，L$_1$ 为无限长直载流导线，在同一平面另有一段与之平行的有限长载流导线 L$_2$。则导线 L$_2$ 受到的磁场力的大小为 _____ ，方向 _____ 。

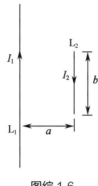

图综 1-6

6. 如图综 1-7 所示，电子以垂直于 **E** 和 **B** 的方向射入电场和磁场共存的区域，其速率 $v < \dfrac{E}{B}$，则电子的运动方式是 _____ 。

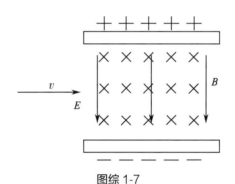

图综 1-7

7. 波长为 2nm 的光子，其具有的能量为 _____ ，动量为 _____ 。

8. 钠黄光(589nm)通过单缝后在 1m 处的屏上产生衍射条纹，若两个第一暗条纹之间的距离为 2mm，则单缝宽度为 _____ 。

9. 地面观察者测定某粒子通过距离为 360km 的两点所需时间为 2×10^{-3} s，则粒子的速度是 _____ ，若在粒子上测定，则飞越两点的时间间隔为 _____ 。

三、判断题

1. 在同时存在电场和磁场的空间，要使垂直磁场运动的电子在其中受到的合力为零，这时电场强度的方向必须与电子运动速度的方向垂直。(   )

2. 随时间变化的磁场所产生的电场称为有旋电场，它的电场线是一些闭合曲线。(   )

3. 在杨氏双缝干涉实验中，要想增大明条纹的间距，可将该系统放入水中来进行实验。(   )

4. 波长为 λ 的平行单色光照亮一宽度为 a 的狭缝，衍射角 $\theta = 30°$ 对应于衍射图样的第 1 级极小，a 的大小为 2λ。(   )

5. 光的双折射现象中满足折射定律的光线称作 e 光。(   )

四、计算题

1. 如图综 1-8 所示为平面简谐波 $t = T/4$ 时刻的波形图。求：

(1)波源的振动方程。

(2)波函数。

(3)P 点的振动方程。

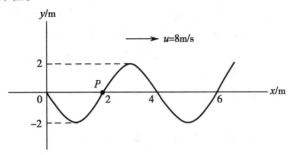

图综 1-8

2. 设真空中有一半径为 R 的均匀带电球体,所带总电荷为 q,求该球体内、外的场强。

3. 如图综 1-9 所示,一长直导线中通有电流 I,另有一长度为 L 的金属棒 AB,以 v 的速度平行于长直导线做匀速直线运动。如棒的近导线一端相距为 d,求棒 AB 中的感应电动势。

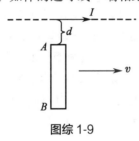

图综 1-9

4. 在杨氏双缝实验中,已知双缝的间距为 $d = 3\text{mm}$,缝距屏的距离为 $D = 3\text{m}$,若用波长为 550nm 的单色光照射狭缝。求：

(1)干涉条纹的间距。

(2)若将一厚度 $e = 0.01\text{mm}$ 的薄片置于狭缝 S_1 前,则中央明纹上移还是下移?

(3)若已知条纹移动的距离为 5mm,试计算薄片的折射率。

5. 两个薄凸透镜 L_1、L_2,焦距分别为 4cm 和 6cm,在水平方向从左到右先后放置组成共轴系统,某物体放在薄凸透镜 L_1 的左侧 8cm 处。求：

(1)当两个透镜之间的距离为 10cm 时,该物体最终成像位置在何处?

(2)当两个透镜之间的距离变为 1cm 时,该物体最终成像位置又在何处?

综合模拟试题二

一、填空题

1. 两根流管的半径分别为 $2r$ 和 r、管长分别为 l 和 $2l$,它们对同种流体的流阻之比是_____。

2. 两个同方向同频率的简谐振动的运动方程分别为 $x_1 = 6\cos\left(5\pi t + \dfrac{\pi}{2}\right)$ m 和 $x_2 = 3\cos\left(5\pi t - \dfrac{\pi}{2}\right)$ m,它们合振动的振幅是_____m,合振动的初相是_____。

3. 用波长 560nm 的单色光照射杨氏双缝,双缝间距为 0.4mm,缝距屏 1.5m,屏上第 4 级明条纹的位置是_____m;若用折射率为 1.56 的云母片覆盖其中的一条狭缝,这时屏上第 8 级明条纹恰好移到原中央零级明条纹的位置,则云母片的厚度是_____m。

4. 单缝衍射中,若在距中央明纹中心的某点 P 观察到第 2 级暗条纹,那么从点 P 看来,狭缝处的波面可分为_____个半波带。

5. 用波长 589.3nm 的钠光观察牛顿环,测得第 4 级暗环的半径为 4mm,则透镜的曲率半径为_____m。

6. 一容器中盛满水,水面高度为 h,今在其侧面底部开一个小孔,则小孔中水的流速为_____。

7. 两相干波源 A、B 的振动方程分别是 $y_1 = 0.04\cos\left(2\pi t\right)$ m 和 $y_2 = 0.04\cos\left(2\pi t + \dfrac{\pi}{2}\right)$ m,两波在 P 点相遇,设 P 点与 A 相距 0.5m,P 点与 B 相距 0.6m,波速为 0.4m/s,则两波传到 P 处时的相位差是_____。

8. 质量 $m = 10$kg、半径为 $R = 0.15$m 的均匀圆盘可绕中心固定轴转动。一条轻绳系在圆盘上,现用力 F 拉绳的一端使圆盘由静止开始匀加速转动,经 10 秒转速达 10r/s,则圆盘的角加速度是_____;拉力 F 是_____;力矩做的功是_____。

9. 半径 R_1 的导体球 A 带电 Q,一个原来不带电、半径为 R_2 的金属球壳 B(其厚度不计)同心地罩在 A 球的外面,球壳内外均为真空。导体球 A 的电势为_____;若用一根导线将导体球和球壳连在一起,导体球 A 的电势为_____。

二、选择题

1. 理想流体作定常流动的过程中,下面说法不正确的是(　　)

    A. 流管的形状不随时间而改变

    B. 流线的分布不随时间而改变

    C. 流管内外的流体可以相互交换

    D. 任何两条流线互不相交

2. 一物体做振幅为 A 的简谐振动,物体运动到何处其动能是势能的一半(　　)

    A. $\dfrac{A}{2}$ 处　　　　B. $\dfrac{2}{3}A$ 处　　　　C. $\dfrac{\sqrt{2}}{2}A$ 处　　　　D. $\dfrac{\sqrt{6}}{3}A$ 处

3. 一个截面积不同的水平管道,在不同的截面积处竖直连接两个管状压强计,水不流动时,两压强计中的液面高度相同;水流动时,压强计中的液面变化情况是(　　)

    A. 两液面同时升高相等的高度

    B. 两液面同时下降相等的高度

    C. 两液面同时下降,但下降的高度不同

    D. 两液面都不变化

4. 某光线入射偏振片 A,通过旋转偏振片 A 发现,当 A 旋转到某一位置时,通过 A 的视场最亮;当 A 旋转到另一位置时,通过 A 的视场最暗,即出现消光现象,则该光线是(　　)

A. 自然光   B. 偏振光

C. 部分偏振光   D. 无法判断

5. 在杨氏双缝实验中,若使两缝间的距离逐渐减小而其他条件不变,则屏幕上相邻两明条纹中心的距离将(　　)

A. 增大   B. 减小   C. 不变   D. 无法判断

6. 真空中长 L 的均匀带电直线 AB,所带电荷线密度为 λ,其延长线上距最近端 B 为 d 的 P 点的电势为(　　)

A. $\dfrac{\lambda}{4\pi\varepsilon_0}\ln\dfrac{d+L}{d}$ B. $\dfrac{\lambda}{4\pi\varepsilon_0 L}\ln\dfrac{d+L}{d}$

C. $\dfrac{\lambda}{4\pi\varepsilon_0 L}$ D. $\dfrac{\lambda}{4\pi\varepsilon_0}\ln\dfrac{d}{d+L}$

7. 牛顿黏滞定律的应用条件是(　　)

A. 理想液体做定常流动   B. 牛顿黏性液体做湍流

C. 非牛顿液体做层流   D. 牛顿黏性液体做层流

8. 若光栅常数与狭缝宽度的比为 3 : 2,问哪一级的主极大衍射条纹将消失(　　)

A. 第 0 级   B. 第 1 级   C. 第 2 级   D. 第 3 级

9. 一束自然光入射各向异性的方解石晶体的表面上,问将有几条光线从方解石透射出来(　　)

A. 1 条   B. 2 条   C. 0 条   D. 1 条或 2 条

10. 两个偏振片,它们偏振化方向的夹角为 $30°$,强度 $\dfrac{1}{2}I_0$ 的自然光垂直入射,则通过第二个偏振片的光强是(　　)

A. $\dfrac{1}{2}I_0$ B. $\dfrac{3}{4}I_0$ C. $\dfrac{3}{8}I_0$ D. $\dfrac{3}{16}I_0$

三、判断题

1. 波动中各质点的动能和势能相互转化,机械能保持不变。(　　)

2. 用每厘米有 5 000 条栅纹的光栅可以观察到 X 射线的衍射。(　　)

3. 空气劈尖干涉中,劈棱(棱边)处是明条纹。(　　)

4. 同一流管中流体的连续性方程 $S_1 v_1 = S_2 v_2$ 的适用范围必须是理想流体做定常流动。(　　)

5. 只含有单一方向的光振动称为偏振光,而含有多个方向的光振动称为自然光。(　　)

6. 相同质量和半径的圆盘和圆环,绕各自中心轴转动时,转动惯量相同。(　　)

7. 静电平衡状态下,导体内部的电势为 0。(　　)

8. 真空中半径为 R 的均匀带电圆环电荷线密度为 λ,在圆环轴线上距圆环中心 r 处的场强大小为 $E = \dfrac{\lambda}{2\pi\varepsilon_0(R+r)}$。(　　)

9. 极化电荷是通过导体间的静电感应而在导体表面产生的电荷。(　　)

10. 光的双折射现象中满足折射定律的光线称作 o 光。(　　)

四、计算题

1. 一空气劈尖长 0.05m,劈尖角 $\theta = 10^{-4}$ rad,用波长 500nm 的光垂直照射。求:

(1)条纹间距。

（2）第 5 级暗纹中心对应的厚度。

（3）总共可观察到多少条暗条纹？

（4）假设光线以 30° 角入射，其他条件不变，第 3 问中的结果是否有变化？为什么？

2. 频率 250Hz，振幅 0.02m 的波源，初相为 0，它产生的平面简谐波沿 x 正方向传播，波速 2.5m/s。

（1）写出波动方程。

（2）距波源 0.2m 处质点的振动方程。

（3）$t = 2s$ 时的波形方程。

（4）若波线上 A、B 两点分别距波源 0.2m 和 0.6m，求 A、B 两点的相位差。

（5）求 $x = 0.2$m 处的质点在 $t = 1$ 秒时的相位。这一相位是原点处质点在哪一时刻的相位？

3. 长为 L、质量 M 的均匀木棒，可绕垂直于棒一端的水平轴 O 无摩擦自由转动，当木棒静止在平衡位置时，有一质量 m 的子弹垂直击中木棒 A 点，A 点距转轴为 l，设子弹穿出木棒后的速度为 v，子弹击中木棒后木棒获得的最大摆角为 θ（图综 2-1）。试求：

（1）子弹击中木棒前的速度 v_0 及击中后木棒的角速度 ω。

（2）子弹穿出木棒过程中，木棒所受角冲量。

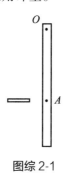

图综 2-1

4. 一个轻质弹簧上端固定，下端挂一质量为 M 的物体，物体静止时弹簧伸长 0.098m。若再将物体竖直拉下一段距离后放手，物体做简谐振动。设 $t = 0$ 时，物体经平衡位置以 0.5m/s 的速度向正方向运动，求：

（1）该简谐振动的振幅、圆频率和初相位（$g = 9.8$m/s^2）。

（2）物体从起始位置运动到正方向最大位移处所需要的最短时间。

5. 半径 R_1 的导体球 A 带电 q_1，一个原来不带电、半径为 R_2 的导体球壳 B（其厚度不计）同心地罩在 A 球的外面，A 和 B 间充有相对电容率为 ε_r 的均匀电介质，B 球壳外为真空（图综 2-2）。求：

（1）场强分布。

（2）导体球 A 的电势。

（3）极化电荷面密度。

（4）电介质中的电场能量。

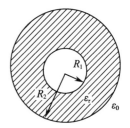

图综 2-2

综合模拟试题三

一、选择题

1. 在理想流体的稳定流动过程中,下面说法不正确的是(　　)

A. 流线上任何一点的切线方向都与流体通过该点时的速度方向一致

B. 流管的形状不随时间而改变

C. 流线的分布不随时间而改变

D. 流管内外的流体可以相互交换

2. 真空中一个点电荷 q 位于正四面体的中心,则通过正四面体每一个表面的电通量为(　　)

A. $\dfrac{q}{4\varepsilon_0}$ 　　　　B. $\dfrac{q}{3\varepsilon_0}$ 　　　　C. $\dfrac{q}{2\varepsilon_0}$ 　　　　D. $\dfrac{q}{\varepsilon_0}$

3. 两根长度相同、截面积 S_1、S_2($S_1 > S_2$)的铜棒串联在一起,在两端加上一定电压,那么通过两棒的电流强度、电流密度以及两棒内的电场强度的关系是(　　)

A. $I_1 = I_2, J_1 = J_2, E_1 = E_2$ 　　　　B. $I_1 = I_2, J_1 < J_2, E_1 > E_2$

C. $I_1 = I_2, J_1 > J_2, E_1 < E_2$ 　　　　D. $I_1 = I_2, J_1 < J_2, E_1 < E_2$

4. 如果一带电粒子以速度 v 平行于磁感应强度 B 的方向射入匀强磁场中,该粒子的速度将(　　)

A. 大小不变,方向改变 　　　　B. 大小不变,方向也不变

C. 大小改变,方向不变 　　　　D. 大小改变,方向也改变

5. 绝对黑体是指(　　)

A. 物体不吸收不反射任何光

B. 物体不反射不辐射任何光

C. 物体不辐射而能全部吸收任何光

D. 物体不反射而能全部吸收任何光

6. 在杨氏双缝实验中,若使双缝间距减小,屏上呈现的干涉条纹间距将(　　),若使双缝到屏的距离减小,屏上的干涉条纹又将(　　)

A. 变宽、变宽 　　　　B. 变窄、变窄

C. 变宽,变窄 　　　　D. 变窄,变宽

7. 在相同的时间内,一束波长为 λ 的单色光在空气中和在玻璃中传播时,正确的描述是(　　)

A. 传播的路程相等,走过的光程相等

B. 传播的路程相等,走过的光程不相等

C. 传播的路程不相等,走过的光程相等

D. 传播的路程不相等,走过的光程不相等

8. 下列说法中正确的是(　　)

A. 用给定的单色光照射金属表面发生光电效应时,一般来说,若被照射的金属不同,则光电子的最大初动能不同

B. 用不同频率的单色光照射同一种金属表面,若都能发生光电效应,则其最大初动

能相同

  C. 发生光电效应时,最大初动能的最小值等于金属的逸出功

  D. 用某单色光照射金属表面时,没有发生光电效应,若用多束这样的单色光同时照射表面同一处,则只要光束足够多,就有可能发生光电效应

9. 放射性核素单位时间内衰变的核数目与( )有关

  A. 与原有的核数 N_0 成正比   B. 与计数时尚存的核数 N 成正比

  C. 与衰变时间 t 成正比   D. 与放射性核素的半衰期成正比

10. 当两个分子间的距离 $r = r_0$ 时,分子处于平衡状态,设 $r_1 < r_0 < r_2$,则当两个分子间的距离由 r_1 变到 r_2 的过程中( )

  A. 分子力先减小后增加   B. 分子力先减小再一直增加

  C. 分子势能先减小后增加   D. 分子势能先增大后减小

二、填空题

1. 黏性流体在半径为 R 的水平流管中流动,流量为 Q。如果在半径为 $R/3$ 的流管中流动,其流量为_____。

2. 将半径为 r 与 $3r$ 的同种玻璃毛细管插入水中,在两管中水上升高度的关系为_____。

3. 一台收音机打开时,在某点产生的声强级为45dB,当10台收音机同时打开并发出同样响的声音时,在该处测得的声强级是_____。

4. 在置于磁场中通电的金属薄片两侧产生的霍尔电势差与_____、_____成正比。(其场强不是很大)

5. 在直流电疗时,通过人体的电流为2.0mA,如果电疗电极的面积为 $8cm^2$,则通过电极的电流密度大小为_____。

6. 波长为600nm的红光,通过距为0.3mm的双缝,在光屏上呈现干涉条纹。若干涉条纹中两个第2级明纹间的距离为8mm,则光屏与双缝的距离为_____。

7. 放射性活度相等的各种核素,半衰期越短的核素,放射性原子核的个数_____。

8. 一束光强为 I_0 的自然光通过两个偏振化方向成60°的偏振片后,光强为_____。

9. 一束平行单色光垂直入射在光栅上,当缝宽 a 与刻痕宽度 b 的比值 $a:b = $ _____时,$k = 3、6、9$ 等级次的主极大均不出现。

三、计算题

1. 水以 3×10^5 Pa 的绝对压强通过内径为6.0cm的管道从地下进入实验大楼,然后用内径为4.0cm的管道引导到8m高的实验室,当进口处的流速为4m/s时,求实验室水龙头(出口处)的流速和压强。

2. 在一劲度系数为180N/m的轻质弹簧下端挂有一质量为0.2kg的物体,物体以0.6m/s的速度从平衡位置开始向上做简谐振动,振幅为0.02m,若不计弹簧质量和空气阻力。求:

  (1)该弹簧的振动频率、周期、初相位。

  (2)选取竖直向上为 x 轴的正方向,平衡位置为坐标原点,试写出该简谐振动的位移、速度和加速度方程。

3. 某均匀带电薄圆环,内径为 $R/2$,外径为 R,面电荷密度为 σ。求圆环轴线上的电势及圆心处的电场强度。

4. 一无限长直导线通有电流 $I = 10\text{A}$,在一处弯成半径为 $R = 1.0\text{cm}$ 的半圆形(见图综 3-1),求圆心处的磁感应强度。

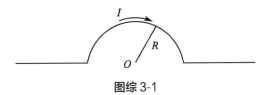

图综 3-1

5. 在杨氏双缝干涉实验的装置中,入射光的波长为 λ。若用厚度为 h、折射率为 n 的透明介质遮盖狭缝 S_2,如图综 3-2 所示。试问:原来的零级亮条纹将如何移动? 如果观测到零级亮条纹移到了原来的 k 级亮条纹处,求该透明介质的厚度。

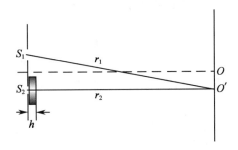

图综 3-2

6. 波长 590nm 的单色光垂直入射光栅,在衍射角 $\sin\varphi = 0.295$ 处应出现的第 3 级明纹正好缺级。求:

(1)光栅常数和最小缝宽。

(2)最多能看到几条谱线?

(3)如果用波长分别为 590nm 和 560nm 的两种单色光同时入射该光栅,在焦距为 2m 的透镜焦面处的屏上,这两种单色光第 1 级谱线间的距离是多少?

综合模拟试题四

一、填空题

1. 一束自然光以起偏角从空气中入射到玻璃片上,现测得折射角为 35°,玻璃片的折射率是_____。

2. 某药物的水溶液,在 20℃ 时对钠黄光的旋光率是 $6.20° \, \text{cm}^3/(\text{g} \cdot \text{dm})$。现将其装入 20cm 长的玻璃管中,用旋光计测得旋转角为 8.3°,则溶液的浓度为_____。

3. 用波长 500nm 的光照射单缝,单缝宽度为 0.4mm,在焦距 0.8m 的透镜焦面处的屏上观察到中央明纹的宽度为_____mm,角宽度为_____。

4. 空气中有一层折射率为 1.30 的油膜,当垂直入射时,可看到油膜反射光波长为 550nm,油膜的最小厚度是_____ nm。

5. 平行板电容器极板面积 S,极板间距 d,极板间充满电容率为 ε 的均匀电介质,该电容器的电容是_____。若将电压 V 加在该电容器的两极板上,场强大小是_____,电容器储存的电场能量是_____。

6. X 射线谱的短波极限与_____成反比。

7. 在激光发射原理中,要实现光放大,就必须使处于高能级上的粒子数多于处在低能级上的粒子数,这种与正常分布相反的分布称为_____。

二、选择题

1. 下列说法正确的是(   )

    A. 作用在定轴转动刚体上的合力矩越大,刚体转动的角加速度越大

    B. 作用在定轴转动刚体上的合力矩越大,刚体转动的角速度越大

    C. 作用在定轴转动刚体上的合力矩越大,刚体上轴外各点速度越大

    D. 作用在定轴转动刚体上的合力矩为零,刚体转动的角速度为零

2. 水平管道中的理想流体作稳定流动时,横截面积 S_1 大的 1 处压强 p_1 与横截面积 S_2 小的 2 处压强 p_2 之间满足(   )

    A. $p_1 < p_2$ B. $p_1 > p_2$

    C. $p_1 = p_2$ D. p_1 与 p_2 之间无任何关系

3. 关于理想气体分子的最概然速率、平均速率和方均根速率,下列哪种说法是正确的(   )

    A. 与温度有关且成正比

    B. 与分子质量有关且成正比

    C. 与摩尔质量有关且成正比

    D. 与热力学温度和分子质量之比的平方根有关且成正比

4. 如果将半径和所带电量相同的均匀带电球面和均匀带电球体置于真空中,比较这两种情况的静电能,下面说法正确的是(   )

    A. 球体的大于球面的

    B. 球体的等于球面的

    C. 球体的小于球面的

    D. 球体外的大于球面外的

5. 有一蓄电池的电动势为 12V,内阻为 0.1Ω,另一电池以 10A 的电流给它充电,问被充电池的端电压是(   )

    A. 0V   B. 11V   C. 12V   D. 13V

6. 下列现象,属于电磁感应现象的是(   )

    A. 磁场对电流产生力的作用

    B. 变化的磁场使闭合电路中产生电流

    C. 电流周围产生磁场

    D. 插在通电螺线管中的软铁棒被磁化

7. 有一质点在 x 轴上做简谐振动,已知 $t=0$ 时,$x_0 = -0.01\text{m}$,$v_0 = 0.03\text{m/s}$,$\omega = \sqrt{3}\text{r/s}$,则质点的振动方程为(   )

    A. $x = 0.02\cos\left(\sqrt{3}\,t + \dfrac{2\pi}{3}\right)\text{m}$ B. $x = 0.02\cos\left(\sqrt{3}\,t + \dfrac{4\pi}{3}\right)\text{m}$

    C. $x = 0.01\cos\left(\sqrt{3}\,t + \dfrac{2\pi}{3}\right)\text{m}$ D. $x = 0.01\cos\left(\sqrt{3}\,t + \dfrac{4\pi}{3}\right)\text{m}$

8. 洛埃镜的实验表明(　　)

　　A. 当光从光密介质入射到光疏的介质时,反射光的相位会发生 π 的变化

　　B. 当光从光疏介质入射到光密的介质时,入射光的相位会发生 π 的变化

　　C. 当光从光疏介质以接近于 90° 的角度入射到光密的介质时,反射光的相位会发生 π 的变化

　　D. 当光从光密介质入射到光疏的介质时,入射光的相位会发生 π 的变化

9. 一位老人看远物时戴一凹透镜,而看近物时需戴一凸透镜,这说明他的眼睛有缺陷,为(　　)

　　A. 远视眼　　　　　　B. 近视眼　　　　　　C. 老花眼　　　　　　D. 近视且老花眼

10. 在热平衡状态下,黑体的辐射出射度 $M(T)$ 与(　　)成正比。

　　A. T　　　　　　B. T^2　　　　　　C. T^3　　　　　　D. T^4

三、判断题

1. 简谐运动中 $t = 0$ 的时刻就是质点刚刚开始运动的时刻。(　　)

2. 角动量守恒定律只适用于刚体。(　　)

3. 波的相干条件是:同频率,同振动方向,相位差恒定。(　　)

4. 电势能零点一定要选在无穷远处。(　　)

5. 两个大小不等的液泡相通必然会产生大泡越来越大,小泡越来越小的现象。(　　)

6. 从连续性方程来看管子愈粗流速愈慢,而从泊肃叶定律来看管子愈粗流速愈快,两者有矛盾。(　　)

7. 金属受到足够的光强照射就会发生光电效应。(　　)

8. 在做匀速直线运动的任一惯性参考系中,所测得的光在真空中的传播速度不一定相等。(　　)

9. 用光栅方程可以解决 X 射线的衍射问题。(　　)

10. 在提取磁共振信号时,残存的横向磁化矢量越大,则相应的信号越强。(　　)

四、计算题

1. 直径为 0.6m 的转轮,从静止开始作匀变速转动,经 20 秒后,它的角速度达到 100π r/s,求角加速度和在这一段时间内转轮转过的角度。

2. 一大水槽中的水面高度为 H,在水面下深度为 h 处的槽壁上开一小孔,让水射出。试求:

　　(1)水流在地面上的射程 S。

　　(2)h 为多大时射程最远。

　　(3)最远的射程 S_{max}。

3. 一 U 形玻璃管的两竖直管的内径分别为 1mm 和 3mm,管内注入少量的水,试求两管内液面的高度差。设水的表面张力系数为 73×10^{-3}N/m。

4. 两个同方向、同频率的简谐振动方程分别为 $x_1 = 4\cos\left(3\pi t + \dfrac{\pi}{3}\right)$ m 和 $x_2 = 3\cos\left(3\pi t - \dfrac{\pi}{6}\right)$ m,试求它们的合振动的运动方程。

5. 人眼的角膜可看作是曲率半径为 7.8mm 的单球面,它的物方空间是空气,像方空间折射率为 1.33 的液体,如果瞳孔看起来好像在角膜后 3.6mm 处,且直径为 4mm,求瞳孔在

眼中的实际位置和实际直径。

综合模拟试题五

一、填空题

1. 一束自然光以 53°起偏角从空气中入射到某透明薄片上,该透明薄片的折射率是_____。

2. 尼科耳棱镜是利用_____现象,将自然光分成_____条偏振光。然后依据_____原理,除去其中的_____光,从而获得一束线偏振光。

3. 已知铯的红限频率 $\nu_0 = 4.6 \times 10^{14}$ Hz,则铯的红限波长为_____;当波长为 5.0×10^{-7} m 的光照射在铯上时,铯所放出的光电子的最大初动能是_____。

4. 光线经过一定厚度的溶液时,透射光强度 I_1 与入射光强度 I_0 之比为 $\frac{1}{3}$,若保持溶液的厚度不变,而改变溶液的浓度,使透射光强度 I_2 与入射光强度 I_0 之比为 $\frac{1}{9}$,则改变后溶液浓度 C_2 与改变前溶液浓度 C_1 的比值为_____。

5. 一选手在地球上以 12s 的时间跑完 100m,在飞行速度为 $0.8c$,飞行方向与跑动方向相反的飞船中观察者看来,这选手需用的时间为_____,所跑的距离为_____。

二、判断题

1. 由于流管并不存在真实的管壁,因此理想流体作定常流动时流管外的流体可以进入流管内。(　　)

2. 做简谐振动的物体任意时刻的动能和势能完全相等。(　　)

3. 在同一媒质中,两声波的声强级相差 20dB,则它们的声强之比为 100:1。(　　)

4. 半径为 R 的球形肥皂泡,作用在球泡内的附加压强是 $\frac{2\alpha}{R}$。(　　)

5. 根据毛细现象,如果把毛细管往水中插入更深一些,那么水在玻璃毛细管中会上升得更高。(　　)

6. 场强大小相等的地方电势梯度值一定相等。(　　)

7. 边长为 a 的正方体中心放置一电荷 Q,则通过一个侧面的电通量为 $\frac{Q}{4\varepsilon_0}$。(　　)

8. 两根截面积不等而长度相等的铜棒 A 与 B 串联在一起,两端的总电压为 U,则两棒中的电流密度相等 $j_A = j_B$。(　　)

9. 温差电动势形成的原因主要是两种金属的逸出电势不同。(　　)

10. 通过任何闭合曲面的磁通量恒为零,称为磁场的高斯定理。(　　)

11. 随着绝对温度的升高,黑体的最大辐射能量将向长波方向移动。(　　)

12. 一束单色光照在金属的表面时,能否产生光电效应取决于入射光的强度。(　　)

13. 根据玻尔理论,当氢原子的量子数 n 由 2 增到 4 时,电子轨道半径是原来的 4 倍。(　　)

14. β^- 衰变的位移法则是子核在周期表的位置比母核前移一位。(　　)

15. $^{99}\text{Mo} \rightarrow ^{99m}\text{Tc} \rightarrow ^{99}\text{Tc}$,医院里常用 ^{99}Mo 作"母牛",这是因为 ^{99}Mo 的半衰期较 ^{99m}Tc 的

半衰期短得多。( )

三、选择题

1. 某蔗糖溶液的旋光率是 $66.4°\text{cm}^3/(\text{g}\cdot\text{dm})$ 现将其装在 0.20m 长的管中,20℃时对钠黄光的旋光角为 8.3°,溶液的浓度是( )

    A. $0.062\ 5\text{g/cm}^3$ B. $0.006\ 25\text{g/cm}^3$

    C. 0.625g/cm^3 D. 1.600g/cm^3

2. 已知晶体的晶格常数为 0.252nm,X 射线以 30°的掠射角入射,观察到第 3 级反射极大,X 射线的波长为( )

    A. 0.084nm   B. 0.042nm   C. 0.168nm   D. 0.252nm

3. 两个偏振片,它们偏振化方向的夹角为 45°,强度 I_0 的自然光垂直入射,则通过第二个偏振片的光强是( )

    A. $\dfrac{1}{2}I_0$ B. $\dfrac{1}{4}I_0$ C. $\dfrac{\sqrt{2}}{2}I_0$ D. $\dfrac{\sqrt{2}}{4}I_0$

4. 用波长 500nm 的光照射单缝,单缝宽度为 0.4mm,在焦距为 0.8m 的透镜焦平面处的屏上观察到中央明纹的宽度为( )

    A. 1mm   B. 0.5mm   C. 2mm   D. 4mm

5. 一折射率为 1.4,尖角 $\theta = 10^{-4}\text{rad}$ 的劈尖,以某单色光垂直照射,观察到两相邻条纹间距为 0.25cm,则单色光的波长为( )

    A. 500nm   B. 700nm   C. 350nm   D. 600nm

6. 在杨氏双缝实验中,用某入射光照射相距为 0.60mm 的双缝上,在距双缝 2.5m 远处的屏上出现干涉条纹,现测得相邻两明条纹中心的距离为 2.27mm,则入射光的波长为( )

    A. 272.4nm   B. 1 089.6nm   C. 544.8nm   D. 650.5nm

7. 利用晶体的双折射现象而获得偏振光的光学元件是( )

    A. 偏振片   B. 玻璃片堆   C. 尼科尔棱镜   D. 透镜

8. 真空中长为 L 的均匀带电细棒 AB,所带电荷为 Q,其延长线上距最近端 B 为 d 的 P 点的电势为( )

    A. $\dfrac{Q}{4\pi\varepsilon_0}\ln\dfrac{d+L}{d}$ B. $\dfrac{Q}{4\pi\varepsilon_0 L}\ln\dfrac{d+L}{d}$

    C. $\dfrac{Q}{4\pi\varepsilon_0 L}$ D. $\dfrac{Q}{4\pi\varepsilon_0 L}\ln\dfrac{d}{d+L}$

9. 一束自然光入射一个各向异性的方解石晶体的表面上,将有几条光线从方解石透射出来( )

    A. 一定有 1 条   B. 一定有 2 条

    C. 可能有 1 条   D. 可能有 0 条

10. 两个完全相同的弹簧,分别挂有质量不同的物体,当这两个弹簧振子以相同的振幅做简谐振动时,这两个弹簧振子的振动能量和振动周期为( )

    A. 能量和周期都相同   B. 能量相同而周期不同

    C. 能量不同而周期相同   D. 能量和周期都不同

11. 一根条形磁铁在空中自由下落,中途穿过一闭合金属环,则它在环的上方和下方加

速度 a 的数值一定是(　　)

    A. 在环的上方和下方 $a < g$

    B. 在环的上方和下方 $a > g$

    C. 在环的上方 $a < g$, 在环的下方 $a > g$

    D. 在环的上方 $a > g$, 在环的下方 $a < g$

12. 长度相等、通电电流相等的两根直导线分别弯成圆形和正方形的两个闭合线圈, 则(　　)

    A. 两线圈的磁矩相等

    B. 圆形线圈的磁矩大于正方形线圈的磁矩

    C. 圆形线圈的磁矩小于正方形线圈的磁矩

    D. 以上说法都不对

13. 两初相相同的相干光源在空间某点干涉加强的条件是(　　)

    A. 几何路径相同   B. 光强相同

    C. 光程差是波长的整数倍   D. 相位差恒定

14. 用波长为 λ 的单色光垂直入射宽度为 a 的单缝, 所产生的中央明纹的角半宽度是波长为 600nm 的红光入射时所形成图样的中央明纹角半宽度的 $\frac{4}{5}$, 则该光波波长为(　　)

    A. 400nm   B. 480nm   C. 600nm   D. 750nm

15. 一束白光垂直投射在一光栅上形成衍射图样。若波长为 λ 的三级谱线与波长为 600nm 的二级谱线重合, 则波长 λ 为(　　)

    A. 400nm   B. 450nm   C. 480nm   D. 600nm

16. 在光电效应实验中, 如果入射光的波长从 λ 减小到 $\frac{3}{4}\lambda$ 时, 则从金属表面发射的光子的遏止电压将(　　)

    A. 增大 $\frac{4hc}{3e\lambda}$ B. 减小 $\frac{2hc}{3e\lambda}$ C. 减小 $\frac{3hc}{4e\lambda}$ D. 增大 $\frac{hc}{3e\lambda}$

17. 两偏振片的偏振化方向成 90° 夹角时, 在它们之间插入两块偏振片, 使相邻两偏振片的偏振化方向成 30° 角, 如果入射的自然光强度为 I_0, 则当通过所有偏振片后光强为(　　)

    A. $\frac{27I_0}{128}$ B. $\frac{27I_0}{64}$ C. $\frac{27I_0}{32}$ D. $\frac{9I_0}{32}$

18. 给黑体加温, 使其总辐射出射度增大至原来的 16 倍, 则其辐射的峰值波长由原来的 λ_m 变为(　　)

    A. $\frac{1}{4}\lambda_m$ B. $2\lambda_m$ C. $\frac{1}{2}\lambda_m$ D. $\frac{1}{16}\lambda_m$

19. 若电子的物质波波长与光子的波长都为 λ, 电子质量为 m, 则电子的动能与光子的能量之比为(　　)

    A. 1   B. $\frac{mc\lambda}{h}$ C. $\frac{h}{mc\lambda}$ D. $\frac{h}{2mc\lambda}$

20. 医疗中常用 ^{60}Co 照射, 它的半衰期为 5.27 年, 那么 ^{60}Co 的平均寿命应为(　　)

    A. 7.6 年   B. 3.65 年   C. 0.13 年   D. 10.98 年

四、计算题

1. 一个患者需要点滴注射 5% 葡萄糖溶液,如果点滴瓶悬挂在离患者手臂上方约 1.2m 高的地方,而注射器针孔的截面积约为 $0.02mm^2$。若将 5% 葡萄糖溶液看作理想流体,试估算 500ml、5% 葡萄糖溶液全部注射完毕需要多少时间?

2. 一沿 x 轴正方向传播的波,波速为 2m/s,原点的振动方程为 $y_0 = 0.06\cos \pi t(m)$。求:
(1)该波的波长。
(2)波动方程。
(3)同一质点在 1 秒末与 2 秒末的相位差。

3. 设真空中有一半径为 R 的均匀带电球体,所带总电量为 q,求该球体内、外的场强。

4. 折射率为 $\frac{3}{2}$、焦距为 10cm 的薄透镜置于折射率为 $\frac{4}{3}$ 的水中。试求:位于透镜左方 30cm 处光轴上的小物体,通过该薄透镜折射所成像的像距。

5. 已知一种用于器官扫描的放射性核素的物理半衰期为 1.5 天,它在该器官内的生物半衰期为 3 天。问:
(1)有效半衰期。
(2)如果在器官内原来的放射性活度为 10mCi,4 天后尚余多少?

综合模拟试题六

一、选择题

1. 水在水平管中作稳定流动,管半径为 3.0cm 处的流速为 1.0m/s,那么在管中半径为 1.5cm 处的流速是(　　)
  A. 0.25m/s   B. 0.5m/s   C. 2.0m/s   D. 4.0m/s

2. 把单摆从平衡位置拉开,使摆线与竖直方向成一微小角度 θ,然后由静止放手任其振动,从放手时开始计时。若用余弦函数表示其运动方程,则该单摆振动的初相位为(　　)
  A. θ B. $3\pi/2$ C. 0   D. $\pi/2$

3. 运用黏滞定律的条件是(　　)
  A. 理想液体做稳定流动   B. 牛顿流体做湍流
  C. 非牛顿流体做层流   D. 牛顿流体做层流

4. 某种黏滞流体通过管半径为 r 的管道时流阻为 R_f,如果将管半径增加一倍其流阻变为(　　)
  A. $\dfrac{R_f}{2}$ B. $\dfrac{R_f}{8}$ C. $\dfrac{R_f}{16}$ D. $8R_f$

5. 一质点做简谐振动,振幅为 A,在起始时刻质点的位移为 $-\dfrac{A}{2}$,且向 x 轴正方向运动,代表此简谐振动的旋转矢量为(　　)

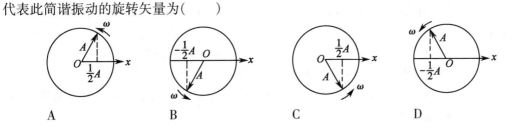

6. 两种理想气体的温度相同时,则(　　)
　　A. 两种气体的能量一定相同　　　　　　B. 两种气体的压强一定相同
　　C. 两种气体分子的动能都相同　　　　　D. 两种气体分子的平均平动动能相同

7. 一瓶氦气和一瓶氮气密度相同,分子平均平动动能相同,而且它们都处于平衡状态,则它们(　　)
　　A. 温度相同、压强相同
　　B. 温度、压强都不同
　　C. 温度相同,但氦气的压强大于氮气的压强
　　D. 温度相同,但氦气的压强小于氮气的压强

8. 水的表面张力系数比肥皂液的大,所以表面张力(　　)
　　A. 水的一定大于肥皂液　　　　　　　　B. 水的一定小于肥皂液
　　C. 两者一定相等　　　　　　　　　　　D. 条件不足无法确定

9. 通过导体任意一点的电流密度(　　)
　　A. 只与该点的场强有关　　　　　　　　B. 只与该点的导体性质有关
　　C. 与该点的场强及导体性质有关　　　　D. 与导体长度和截面积有关

10. 一个电流元 $I\mathrm{d}\vec{l}$,(　　)
　　A. 在周围任意点都能产生磁场
　　B. 在垂直于 $I\mathrm{d}\vec{l}$ 的沿线上不能产生磁场
　　C. 在平行于 $I\mathrm{d}\vec{l}$ 的沿线上不能产生磁场
　　D. 只在电流元 $I\mathrm{d}\vec{l}$ 的沿线上不能产生磁场

11. 三种不同的导体薄片,载流子浓度之比为 $1:2:3$,厚度比为 $1:2:3$,当在其中通上相同的电流,垂直于它们的磁感应强度 $\vec{B}$ 也相同时,霍尔电势差之比为(　　)
　　A. $1:2:3$ 　　　B. $3:2:1$ 　　　C. $9:4:1$ 　　　D. $1:\dfrac{1}{4}:\dfrac{1}{9}$

12. 相干光产生干涉现象,在空间某点加强或减弱的决定因素是(　　)
　　A. 两光源的光强度　　　　　　　　　　B. 两光源到该点的光程差
　　C. 两光源到该点的几何路程差　　　　　D. 初相位差

13. 欲提高显微镜的分辨率,应该(　　)
　　A. 增大数值孔径,增大入射光波长　　　B. 增大数值孔径,减小入射光波长
　　C. 减小数值孔径,减小入射光波长　　　D. 减小数值孔径,增大入射光波长

14. 下列有关光的现象中,可用光的粒子性解释的是(　　)
　　A. 光电效应　　　B. 单缝衍射　　　C. 光的折射　　　D. 薄膜干涉

15. 光电效应产生的光电流依赖于(　　)
　　A. 入射光的强度　　B. 光照时间　　　C. 照射面积的大小　　D. 光投照方向

二、判断题

1. 刚体对轴的转动惯量,取决于刚体的质量和质量分布,与轴的位置无关。(　　)

2. 电场中高斯面上各点的电场强度是由高斯面内电荷代数和决定的。(　　)

3. 一平面简谐波在弹性介质中传播,在某一瞬时,介质中某质量元正处于平衡位置,此时它的动能最大,势能为零。(　　)

4. X 射线的衍射图样是明暗相间的直条纹。(　　)

5. 在单缝衍射中,保持入射光的波长不变,则缝宽越大衍射现象就越明显。(　　)

6. 作用在刚体上合外力矩的功等于刚体角动量的增量。(　　)

7. 波动是振动状态和能量的传播。(　　)

8. 洛埃镜实验表明,当光线从光疏介质入射到光密介质时,折射光线有半波损失。(　　)

9. 线偏振光的振动面在传播过程中发生旋转的现象称为双折射现象。(　　)

10. 光的双折射现象中 o 光和 e 光的振动方向一定垂直。(　　)

三、计算题

1. 薄钢片上有两条紧靠的平行细缝,用波长为 $\lambda = 546.1nm$ 的平面光正入射到钢片上。屏幕距双缝的距离为 $D = 2.00m$,测得中央明条纹两侧的第 5 级明条纹间的距离为 $\Delta x = 12.0mm$。

(1)求两缝间的距离。

(2)从任一明条纹(计作 0)向一边数到第 20 条明条纹,间距是多少?

2. 载流导线如图综 6-1 所示。求图中 O 点处的磁感应强度 B。

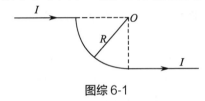

图综 6-1

3. 质量 M、长为 L 的均匀细棒 OA 可绕端点 O 转动,设棒由静止从水平位置落下。求:

(1)棒开始落下时的角加速度。

(2)棒旋转到竖直位置时的角速度及总加速度。

(3)竖直位置时,棒端点 A 的速度。

4. 水在粗细不均匀的水平管中作稳定流动(内摩擦忽略不计),截面 S_1 处的压强为 105Pa,流速为 0.1m/s,截面 S_2 处的压强为 30Pa,求 S_2 处水的流速及水管两处的截面比(水的密度 $\rho = 1.0 \times 10^3 kg/m^3$)。

5. 一个沿 x 轴做简谐振动的物体,振幅为 $5.0 \times 10^{-2}m$,频率为 2.0Hz,在 $t = 0$ 时,振动物体经平衡位置处向 x 轴正方向运动,求振动表达式。

综合模拟试题七

一、填空题

1. 设简谐振动的运动方程为 $x = A\cos(\omega t + \varphi)$,该振动的最大速度是＿＿＿＿＿。

2. 通常人眼瞳孔直径为 3mm,人眼对波长为 550nm 的光最小分辨角为＿＿＿rad。若在教室的黑板写一个等号,其两横线相距为 4.0mm,则教室的长度不超过＿＿＿m 时,最后一排的人眼睛才能分辨这两横。

3. 一束自然光以起偏角从空气中入射到盖玻片上,测得入射角为 30°,盖玻片的折射角是＿＿＿＿＿＿＿＿。

4. 设平面余弦波的振幅为 20m,频率为 250Hz,以波速 100m/s 在密度为 400kg/m³ 的介质中传播,则波的强度是_____。

5. 两个同方向同频率的简谐振动的运动方程为 $x_1 = 4\cos(5\pi t + \pi/3)$ m 和 $x_2 = 3\cos(5\pi t - \pi/6)$ m,它们合振动的振幅是_____ m。

6. 水以 3×10^5 Pa 的绝对压强通过内径为 6.0cm 的管道从地下进入一实验大楼,然后用内径为 4.0cm 的管道引导到 15m 高的实验室,当进口处的流速为 4m/s 时,则实验室水龙头(出口处)的流速是_____m/s,压强是_____Pa。

7. 一振动的质点沿 x 轴做简谐振动,其振幅为 5.0×10^{-2}m,频率 2.0Hz,在时间 $t = 0$ 时,经平衡位置处向 x 轴正方向运动,则振动表达式是_____。

8. 真空中半径 R_1 的导体球 A 带电 Q,一个原来不带电、半径为 R_2 的金属球壳 B(其厚度不计)同心地罩在 A 球的外面,导体球 A 的内部场强大小是_____,金属球壳 B 的外面场强大小是_____,介于导体球 A 与金属球壳 B 之间的区域场强大小是_____,导体球 A 的电势为_____,金属球壳 B 的电势为_____。

9. 单缝衍射实验中,若在距中央明纹中心的某点 P 观察到第 3 级明纹,那么从点 P 来看,狭缝处的波面可分为_____ 个半波带。

二、选择题

1. 已知流体在一流管截面积 $S_1 = 0.1\text{m}^2$ 处的流速为 0.5m/s。则流经截面积 $S_2 = 0.5\text{m}^2$ 处的流速应为(   )

A. 0.1m/s   B. 0.5m/s   C. 5.0m/s   D. 1.0m/s

2. 在圆柱形容器内盛有 4m 深的水,在侧壁水面下 3m 和 1m 处各有两个同样大的小孔,在此瞬时从上下两孔流出水的流量之比是(   )

A. 1:3   B. $\sqrt{3}:1$ C. $1:\sqrt{3}$ D. 3:1

3. 一个截面积很大,顶端开口的容器,在其底侧面和底部中心各开一个截面积为 0.5cm^2 的小孔,水从容器顶部以 $200\text{cm}^3/\text{s}$ 的流量注入容器中,则容器中水面的最大高度为(   )

A. 0.5cm   B. 5cm   C. 10cm   D. 20cm

4. 一个质点做上下方向的简谐振动,设向上方向为正方向。当质点在平衡位置上方最大位移的 1/2 处开始向下运动时,则初位相为(   )

A. $\dfrac{\pi}{6}$ B. $\dfrac{\pi}{3}$ C. π D. 0

5. 三种不同的导体薄片,载流子浓度之比为 $1:2:3$,厚度比为 $1:2:3$,当在其中通上相同的电流、垂直于它们的磁感应强度 $\vec{B}$ 也相同时,霍尔电势差之比为(   )

A. $1:2:3$ B. $3:2:1$ C. $9:4:1$ D. $1:\dfrac{1}{4}:\dfrac{1}{9}$

6. 把一个表面张力系数为 α 的肥皂泡半径由 R 吹至 $3R$ 所做的功为(   )
A. $8\pi\alpha R^2$ B. $16\pi\alpha R^2$ C. $32\pi\alpha R^2$ D. $64\pi\alpha R^2$

7. 在以一点电荷为中心,r 为半径的球面上各处的场强(   )
A. 一定相同   B. 完全不相同
C. 方向一定相同   D. 大小一定相同

8. 一个半径为 R 的圆环,其上均匀带电,线密度为 λ,设圆环中心处的场强值为 E,则(   )

　　A. $E = \infty$　　　　　　B. $E = 0$　　　　　　C. $E = \dfrac{k\lambda}{R}$　　　　　　D. $E = \dfrac{k\lambda}{R^2}$

9. 在一橡皮球表面上均匀地分布着正电荷,在其被吹大的过程中,有始终处在球外的一点和始终处在球内的一点,它们的场强和电势将(　　)

　　A. $E_内$为零,$E_外$减小,$U_内$不变,$U_外$增大

　　B. $E_内$为零,$E_外$不变,$U_内$减小,$U_外$不变

　　C. $E_内$为零,$E_外$增大,$U_内$增大,$U_外$减小

　　D. $E_内$、$E_外$、$U_内$、$U_外$均增大

10. 把截面相同长度相同的铜丝和钨丝串联在电压为 U 的直流电路中,比较铜、钨的电流密度 J_1、J_2 和电压 U_1、U_2 的关系,已知铜、钨的电导率 $\gamma_1 > \gamma_2$(　　)

　　A. $J_1 = J_2$,$U_1 > U_2$　　　　　　　　　　B. $J_1 = J_2$,$U_1 < U_2$

　　C. $J_1 > J_2$,$U_1 = U_2$　　　　　　　　　　D. $J_1 < J_2$,$U_1 = U_2$

三、判断题

1. 波动中任意时刻,介质中任一体积元的动能和势能完全相等。(　　)

2. 电子显微镜的分辨能力以它所能分辨的相邻两点的最小间距来表示,即称为该仪器的最高点分辨率。(　　)

3. 将两块玻璃板叠在一起,在玻璃板一侧摆放一细丝,使得两玻璃板之间的空气成楔形,将一束单色光垂直照射到上玻璃板,在光学显微镜内可以观察干涉条纹。(　　)

4. 静电场中绕闭合路径一周,电场力做功为 0。(　　)

5. 只含有单一方向的光振动称为横向偏振光。(　　)

6. 质量 M、长 L 的直棒绕通过棒端点与棒垂直的轴转动时的转动惯量与质量 M、长 $2L$ 的直棒绕通过棒中心与棒垂直的轴转动惯量相同。(　　)

7. 静电平衡状态下,导体内部的电势为 0。(　　)

8. 真空中无限长带电直线电荷线密度 λ,距直线 r 处的场强大小为 $E = \dfrac{\lambda}{4\pi\varepsilon_0 r}$(　　)

9. 极化电荷不能脱离电介质表面而独立存在。(　　)

10. 双折射是指一条入射光线产生两条折射光线的现象。(　　)

四、计算题

1. 一轻质绳绕于质量 20kg,半径 $r = 0.1$m 的圆盘边缘,圆盘可绕通过中心并与盘面垂直的轴转动,现用恒力 $F = 10$N 拉绳的一端,使圆盘由静止开始作匀加速转动(见图综 7-1)。求:

　　(1)圆盘的角加速度。

　　(2)由静止开始经 10 秒,圆盘的角速度。

　　(3)力矩做的功。

2. 一列平面简谐波沿 x 轴正方向传播,波函数为 $y = 0.05\cos$ $(10\pi t - 4\pi x)$m,式中,x、y 以米计,t 以秒计。求:

　　(1)该平面简谐波的波速。

　　(2)频率。

　　(3)若波线上 A、B 两点分别距波源 0.2m 和 0.4m,则 A、B 两点的相位差。

图综 7-1

3. 一名近视眼患者的远点在眼前 2m 处,今欲使其能看清无穷远处物体时应佩戴多少度的何种眼镜?

4. 水在粗细不均匀的水平管中作稳定流动(内摩擦忽略不计),截面 S_1 处的压强为 105Pa,流速为 0.1m/s,截面 S_2 处的压强为 30Pa,求 S_2 处水的流速及水管两处的截面比(水的密度 $\rho = 1.0 \times 10^3 kg/m^3$)。

5. 一个沿 x 轴做简谐振动的物体,振幅为 $5.0 \times 10^{-2} m$,频率为 2.0Hz,在 $t = 0$ 时,振动物体经平衡位置处向 x 轴正方向运动,求振动表达式。

综合模拟试题八

一、填空题

1. 定常流动是_____。

2. 车间有 10 台同样的机器。设每台机器噪声的声强级为 80dB,则它们同时工作时将产生_____ dB 的噪声。

3. 由于肺泡表面覆盖着一层黏性组织液,其表面张力系数约为 0.05N/m,若把肺泡看成球形,平均半径为 $0.50 \times 10^{-4} m$,那么肺泡表面所产生的附加压强为_____ _____ kPa。

4. 两种 X 射线谱为_____和_____ 。

5. 一近视眼的远点在眼前 0.5m 处,今欲使其能看清远物,应配_____ 度的_____ 透镜。

6. 光学显微镜的放大率是物镜的_____ 和目镜的_____ 的乘积。

7. 激光的特性有 _____、_____、_____、_____。

8. α 衰变是_____,衰变反应式为_____,位移法则是_____ 。

二、选择题

1. 理想流体作稳定流动时(   )
   A. 流经空间中各点速度相同   B. 流速一定很小
   C. 其流线是一组平行线   D. 流线上各点的速度都不随时间而变

2. 人耳是否能听到声音决定于(   )
   A. 声波的频率   B. 声波的速度
   C. 声波的压强   D. 声波的频率和强度

3. 两根截面不同的铁杆串联在一起,两端加有电压,则(   )
   A. 通过两杆的电流密度相同   B. 通过两杆的电流强度相同
   C. 通过两杆的电场强度相同   D. 以上说法都不对

4. 用折射率为 1.5 的玻璃制成的平凹透镜,凹面的曲率半径为 20cm,置于水中,该透镜的焦距为(   )(水的折射率为 1.33)
   A. + 156.5cm   B. - 156.5cm   C. - 78cm   D. + 78cm

5. 封闭在一固定容器内的气体,当温度增加时,压强(   )
   A. 增加   B. 减小   C. 不变   D. 都不对

6. M 型超声诊断仪和 B 型超声诊断仪的共同点是(   )

A. M 型超声诊断仪是幅度调制,B 型超声诊断仪是辉度调制

B. M 型超声诊断仪是辉度调制,B 型超声诊断仪是幅度调制

C. M 型超声诊断仪和 B 型超声诊断仪都是幅度调制

D. M 型超声诊断仪和 B 型超声诊断仪都是辉度调制

7. 由于光子数不易测出,故通常采用(　　)来间接表示 X 射线的强度大小,称为毫安率。

A. 管电压的毫安数　　　　　　　　　　B. 管电流的毫安数

C. 管电压的千伏数　　　　　　　　　　D. 管电流的千伏数

三、判断题

1. 流体在稳定流动时,流管内流动的流体可以流出管外。(　　)

2. A 超是幅度调制型,B 超是辉度调制型。(　　)

3. 血液在水平的血管中流动时,血细胞呈均匀分布状态。(　　)

4. 在观察毛细现象时,润湿现象中液面下降,液面呈上凸形。(　　)

5. 定轴转动的刚体,质量越大,转动惯量越大。(　　)

6. 核衰变属于受激辐射。(　　)

7. X 射线的硬度可以用管电流间接表示。(　　)

8. 在管电压较低时产生标志 X 射线谱,管电压较高时产生连续谱。(　　)

9. γ 射线是核外层电子向内层电子跃迁产生的。(　　)

10. 远视眼的折光本领比正常眼的折光本领弱。(　　)

四、计算题

1. 假设排尿时尿从计示压强为 40mmHg 的膀胱经过尿道后由尿道口排出,已知尿道长为 4cm,体积流量为 21cm³/s,尿的黏度为 6.9×10^{-4}Pa/s,求尿道的有效直径。($g = 9.8$N/kg,$\rho_{水银} = 13.6 \times 10^3$kg/m³)

2. 利用 ^{131}I 作核素成像的显像剂,刚出厂的试剂,满足显像要求的注射量为 0.5ml。求:

(1)如试剂存放了 11 天,满足成像要求的注射量。

(2)如果最大注射量不得超过 8ml,则该显像剂的最长存放时间。(设 ^{131}I 的半衰期为 8.04 天)

3. 如图综 8-1 所示电路,$\varepsilon_1 = 6.0$V,$\varepsilon_2 = 4.5$V,$E_3 = 2.5$V,$r_1 = 0.2\Omega$,$r_2 = r_3 = 0.1\Omega$,$R_1 = R_2 = 0.5\Omega$,$R_3 = 2.5\Omega$。求:通过电阻 R_1、R_2、R_3 中电流。(按图中所示电流方向和环绕方向计算,只列出方程式,不必计算结果)

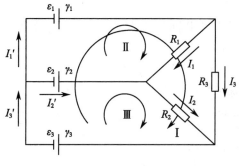

图综 8-1

4. 使自然光强度 I_0 通过起偏器后经过旋光物质,再经过检偏器,已知起偏器竖直放置,

旋光物质为左旋,检偏器与竖直方向右旋夹角30°,求经过检偏器后的出射光强为多少?(旋光物质的旋光率为 $a = 52.5°cm^3/(g \cdot dm)$,浓度 $c = \dfrac{2}{7}g/ml$,长度为 $l = 20cm$)

5. 设密度为 $3g/cm^3$ 的物质对于某单色 X 射线束的质量吸收系数为 $0.03cm^2/g$,求该射线束分别穿过厚度为 $1.0mm$ 、 $5.0mm$ 和 $1.0cm$ 的吸收层后的强度为原来强度的百分比。

6. 质量为 $500g$ 、直径为 $40cm$ 的圆盘,绕过盘心的垂直轴转动,转速为 $1\ 500r/min$ 。要使它在 20 秒内停止转动,求制动力矩的大小、圆盘原来的转动动能和该力矩的功。

综合模拟试题九

一、填空题

1. 曲线运动的加速度矢量可分解为法向加速度和切向加速度两个分量,对匀速率圆周运动,_____加速度为零,总的加速度等于_____加速度。

2. 人造地球卫星沿椭圆轨道围绕地球运动,在运动过程中,卫星的动量_____,卫星对地心的角动量_____(填守恒或不守恒)。

3. 通以稳恒电流的长直导线,在其周围空间_____电场,_____磁场(填产生或不产生)。

4. 热电偶可以用来测量温度。它的主要原理是利用了不同金属的_____,并且一个接头要置于已知温度点上,比如_____中。

5. 两个容积相同的容器分别装有氧气和氮气,当它们的压强相同时,则两种气体的_____相同(填温度或分子数密度或内能)。

6. 物体的动能发生变化,它的动量_____发生变化;物体的动量发生了变化,它的动能_____发生变化(填"一定"或"不一定")。

7. 力所做的功仅仅依赖于受力质点的始末位置,与质点经过的路径_____,这种力称为保守力。万有引力是_____,摩擦力是_____。

8. 一密闭容器内装有 10^5 个气体分子,当给容器加热升温时,气体分子的平均动能_____(填增大或减少),对容器壁达到碰撞次数_____(填增多或减少)。

9. 若两组线圈缠绕在同一圆柱上,其中任一线圈产生的磁感应线全部并均等地通过另一线圈的每一匝。设其中一线圈的自感为 L_1 ,若两线圈的长度相等,且两线圈的互感为 M ,则另一线圈的自感 L_2 为_____。

10. 相同核子数的核素 A 和 B 同时开始衰变,5 年后 A 的数目是 B 的数目的一半,再过 5 年后,A 的数目是 B 的数目的_____。

二、选择题

1. 关于势能,正确的说法是(　　　)

　　A. 重力势能总是正的

　　B. 弹性势能总是负的

　　C. 万有引力势能总是负的

　　D. 势能的正负只是相对于势能零点而言

2. 假设月球上有丰富的矿藏,将来可把月球上的矿石不断地运到地球上。月球与地球之间的距离保持不变,那么月球与地球之间的万有引力将(　　　)

A. 越来越大　　　　B. 越来越小　　　　C. 先小后大　　　　D. 保持不变

3. 工人戴耳套防止车间噪声,已知耳套的平均噪声衰减为 40dB,求耳套内外的声强之比为(　　)

A. 1 : 20　　　　　　B. 1 : 40　　　　　　C. 1 : 100　　　　　　D. 1 : 10 000

4. 根据能量按自由度均分定理,温度为 T 的刚性双原子分子理想气体中,1mol 刚性双原子理想气体的总动能为(　　)

A. 1.5kT　　　　　　B. 1.5RT　　　　　　C. 2.5RT　　　　　　D. 2.5kT

5. 两个电荷相距一定的距离,若在这两个点电荷连线的中垂线上电势为零,那么这两个点电荷(　　)

A. 电量相等,符号相同　　　　　　　　　B. 电量相等,符号不同

C. 电量不等,符号相同　　　　　　　　　D. 电量不等,符号不同

6. 一面积较大的盛水容器,水面距离底部为 H,在容器的底面上有一面积为 A 的小孔,水从小孔流出,开始时的流量为(　　)

A. $A\sqrt{2gH}$　　　　B. $\sqrt{2gH}$　　　　C. $\sqrt{2AgH}$　　　　D. $2AH$

7. 一个质点做上下方向的简谐振动,假设向上方向为正方向。当质点在平衡位置开始向下振动,则初相位为(　　)

A. 0　　　　　　B. $\dfrac{\pi}{2}$　　　　　　C. $-\dfrac{\pi}{2}$　　　　　　D. $\dfrac{\pi}{3}$

8. 在光电效应实验和康普顿效应实验中,光子与电子的作用机制是(　　)

A. 均为吸收　　　　　　　　　　　B. 均为碰撞

C. 前者为吸收,后者为碰撞　　　　　D. 前者为碰撞,后者为吸收

9. 一个半径为 R 的圆环,其上均匀带电,线密度为 λ,设圆环中心处的场强值为 E,则(　　)

A. $E \rightarrow \infty$　　　　B. $E = 0$　　　　C. $E = \dfrac{\lambda}{R}$　　　　D. $E = \dfrac{\lambda}{R^2}$

10. 把截面相同、长度相同的铜丝和钨丝串联在电压为 U 的直流电路中,比较铜、钨的电流密度 J_1、J_2 和电压 U_1、U_2 的关系,已知铜、钨的电导率 $\gamma_1 > \gamma_2$,则(　　)

A. $J_1 = J_2, U_1 < U_2$　　　　　　　　B. $J_1 = J_2, U_1 > U_2$

C. $J_1 > J_2, U_1 = U_2$　　　　　　　　D. $J_1 < J_2, U_1 = U_2$

三、计算题

1. 一质量为 65kg 的人带着一个 5kg 的铅球,在冰上以 1m/s 的速度朝前滑行。当铅球以 5m/s 的速度被向前抛出后,滑冰者的速度变为多少?

2. 质量为 100kg 的物体在力 $f = 3 + 2x$(SI 制)作用下,从静止开始沿 x 轴运动。求物体运动 3m 时的动能。

3. 假设氢气的温度为 $T = 273$K,试求:

(1)氢气分子的平均平动动能。

(2)氢气分子的平均动能。($k = 1.38 \times 10^{-23}$J/K)

4. 一个透射平面光栅,每厘米刻有 5 000 条狭缝。

(1)当波长为 632.8nm 的氦氖激光垂直照射时,问最多能够观察多少条亮条纹?

(2)当另外一种未知光波同样垂直照射该光栅时,其第 3 级亮条纹刚好落在氦氖激光的

第 2 级亮条纹位置,求未知光波的波长。

5. 半径 R_1 的导体球 A 带电 Q,一个原来不带电、半径为 R_2 的金属球壳 B(其厚度不计)同心地罩在 A 球的外面,球壳内外均为真空。求:

(1)导体球 A 的电势。

(2)导体球 A 与金属球壳 B 间的电势差。

6. 河北省磁山遗迹中发现有古时的栗。获取这种栗的样品中含有 1g 的碳,经检测其活度为 2.8×10^{-12}Ci,求这些栗的年龄。(已知 ^{14}C 的半衰期为 5730 年,天然植物中 ^{14}C 的丰度为 1.3×10^{-13})

综合模拟试题十

一、判断题

1. 在静电场中,作闭合曲面 S,若有 $\oint_S \vec{D} \cdot d\vec{S} = 0$(式中 $\vec{D}$ 为电位移矢量),则 S 面内自由电荷的代数和为零。(   )

2. 两个等量异号的点电荷 $+q$、$-q$ 相距为 d,以两电荷的中点为圆心,r 为半径作一高斯面,则高斯面上场强为零。(   )。

3. 双折射现象中的 o 光和 e 光都是部分偏振光。(   )。

4. 作用在刚体上合外力矩的功等于刚体转动动能的增量。(   )

5. 波动中任意时刻各质点的动能和势能相互转化,总能量保持不变。(   )

6. 单缝衍射中缝宽越大中央明条纹的宽度也越大。(   )

7. 应用布拉格方程可以解决钠光通过光栅的衍射问题。(   )

8. 两个玻璃片组成的空气劈尖干涉中,零级条纹是暗条纹。(   )

9. 静电平衡状态下,导体内部的场强为 0。(   )

10. 自然光通过某些物质的溶液时能发生振动面旋转的现象。(   )

二、选择题

1. 理想流体在水平管中定常流动时,横截面积为 S_1 处的流速 v_1,压强 P_1;横截面积为 S_2 处的流速 v_2,压强 P_2。若 $v_1 < v_2$,则(   )

    A. $S_1 > S_2, P_1 > P_2$ B. $S_1 > S_2, P_1 < P_2$

    C. $S_1 < S_2, P_1 > P_2$ D. $S_1 < S_2, P_1 < P_2$

2. 温度为 T,自由度为 i,1mol 的理想气体分子的内能为(   )

    A. $\frac{i}{2}KT$ B. $\frac{3}{2}KT$ C. $\frac{i}{2}RT$ D. $\frac{3}{2}RT$

3. 欲使热力学第一定律 $Q = \Delta E + A$ 中三个量均为负值,系统所经历的过程必须是(   )

    A. 等体积降压过程 B. 等压压缩过程   C. 等温压缩过程   D. 绝热压缩过程

4. 一个电子在电场强度为 1.0×10^4N/C 的匀强电场中顺着电场线方向移动了 0.05m,电场所做的功为(   )

    A. -8.0×10^{-17}J   B. 1.6×10^{-15}J   C. 8.0×10^{-17}J   D. -1.6×10^{-15}J

5. 一点电荷浸在相对介电常数为 4 的油中,电场某点的场强为 7.80×10^3N/C,若把油

放掉并抽成真空,该点的场强为(　　)N/C

　　A. 1.95×10^3　　　　　B. 3.90×10^3　　　　　C. 7.80×10^3　　　　　D. 1.2×10^3

　　6. 一直流电路如图综 10-1 所示,已知 $R = 5\Omega, r_1 = r_2 = 1\Omega, \varepsilon_1 = \varepsilon_2 = 2V, I_1 = 1A, I_2 = 0.5A, I_3 = 1.5A$,则 $U_a - U_b$ 为(　　)

　　A. 0V　　　　　　　B. 4V　　　　　　　C. 5.5V　　　　　　　D. 6V

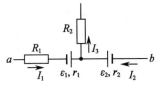

图综 10-1

　　7. 关于楞次定律,下列说法正确的是(　　)

　　A. 感应电流磁场的方向总是与外磁场的方向相反

　　B. 感应电流磁场的方向总是与外磁场的方向相同

　　C. 感应电流磁场的方向可能与原磁场方向相反,也可能与原磁场方向相同

　　D. 感应电流的磁场总是阻碍原来磁场的变化

　　8. 如图综 10-2 所示,六根导线互相绝缘,通以电流强度均为 I 的电流,区域 a、b、c、d 均为相等的正方形,那么指向纸面的磁通量最大的区域是(　　)

　　A. a 区域　　　　　B. b 区域　　　　　C. c 区域　　　　　D. d 区域

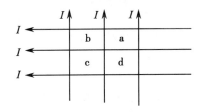

图综 10-2

　　9. 一束光是自然光和线偏振光的混合光,让它垂直通过一偏振片,若以此入射光束为轴旋转偏振片,测得透射光强度最大值是最小值的 5 倍,那么入射光束中自然光与线偏振光的光强比值为(　　)

　　A. 1/2　　　　　　　B. 1/3　　　　　　　C. 1/4　　　　　　　D. 1/5

　　10. 光从空气射向某种介质,入射光线与界面的夹角为 32°,反射光线恰好与折射光线垂直,则折射角为(　　)

　　A. 22°　　　　　　　B. 32°　　　　　　　C. 48°　　　　　　　D. 58°

三、填空题

　　1. 一定滑轮质量为 M、半径为 R,对水平轴的转动惯量 $I = \dfrac{1}{2}MR^2$。在滑轮的边缘绕一细绳,绳的下端挂一质量为 m 的物体,绳的质量可以忽略且不能伸长,滑轮与轴承间无摩擦。则绳中的张力 $T =$ ＿＿＿＿＿＿＿＿＿＿＿。

　　2. 一空气劈尖的尖角 $\theta = 10^{-4}$rad,用波长 500nm 垂直照射,则条纹间距是＿＿＿＿＿＿;第 5 级暗纹中心对应的厚度是＿＿＿＿＿＿。

3. 一质点做简谐振动的位移、速度、加速度都是时间的余弦函数或正弦函数。这三个物理量的振幅是否相同_____;同一时刻速度与位移的相位差是_____;加速度与位移的相位差是_____。

4. 一平面简谐波沿 x 轴正方向传播,振动周期为 0.4 秒,已知波线上相距 0.2m 的两质点振动的相位差为 π/6,则波长为_____;波速为_____。

5. 自然光照射到空气中一平板玻璃上,观察到反射光恰为线偏振光,且折射光的折射角为 32°,则自然光的入射角为_____;玻璃的折射率为_____。

四、计算题

1. 沿 x 轴正向传播的平面简谐波在 $t = 0$ 时的波形曲线如图综 10-3,波长 $\lambda = 1$m,波速 $u = 10$m/s,振幅 $A = 0.1$m。试写出:

(1)O 点的振动方程。

(2)平面简谐波的波动方程。

(3)$x = 1.5$m 处质点的振动方程。

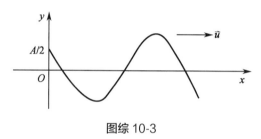

图综 10-3

2. 双缝干涉实验中,双缝与屏之间的距离为 120cm,两缝之间的距离为 0.5mm,用波长为 500nm 的单色光垂直照射双缝。求:

(1)零级明条纹上方第 3 级明条纹的位置。

(2)如果用厚度 $l = 0.01$mm,折射率 $n = 1.58$ 的透明薄膜盖下边的那条缝,求此时第 5 级明条纹的位置。

3. 某种单色平行光垂直射在单缝上,单缝宽 $a = 0.15$mm,缝后放一个焦距 $f = 400$mm 的凸透镜,在透镜的焦平面上,测得中央明条纹两侧的两个第 3 级暗条纹之间的距离为 8.0mm,求入射光的波长。

4. 长为 L,质量为 m_0 的细棒,可绕垂直于一端的水平轴自由转动。棒原来处于平衡状态。现有一质量为 m 的小球沿光滑水平面飞来,正好与棒的下端相碰(设碰撞完全弹性),使杆向上摆到 60°处,求小球的初速度。

5. 地面观测者测定某火箭通过地面上相距 120km 的两城市花了 5×10^{-4} 秒,问由火箭观测者测定的两城市的空间距离和飞越时间间隔是多少?

综合模拟试题一

一、选择题

1. D；2. D；3. B；4. B；5. D；6. D；7. B；8. B；9. A；10. A；11. C；12. B；13. D；14. A；15. C

二、填空题

1. 15

2. 208J

3. $1A$，$-\dfrac{1}{3}A$，$\dfrac{2}{3}A$

4. $\dfrac{\mu_0 I}{8R}$，垂直指向纸面

5. $\dfrac{\mu_0 I_1 I_2 b}{2\pi a}$，水平向右

6. 向上偏转

7. $9.9 \times 10^{-17}J$，$3.31 \times 10^{-25}kg \cdot m/s$

8. $5.89 \times 10^{-4}m$

9. $1.8 \times 10^8 m/s$，$1.6 \times 10^{-4}s$

三、判断题

1. √；2. √；3. ×；4. √；5. ×

四、计算题

1. (1) $y = 2\cos(4\pi t + \pi)m$

(2) $y = 2\cos\left(4\pi t - \dfrac{\pi}{2}x + \pi\right)m$

(3) $y_P = 2\cos 4\pi t\, m$

2. (1) $r > R$，$E = \dfrac{q}{4\pi\varepsilon_0 r^2}$，方向沿半径由球心指向球外

(2) $r \leqslant R$，$E = \dfrac{qr}{4\pi\varepsilon_0 R^3}$，方向沿半径由球心指向球外

3. $\varepsilon_i = \dfrac{\mu_0 I}{2\pi}v\ln\left(\dfrac{d+L}{d}\right)$，方向：$B \rightarrow A$

4. (1) $\Delta x = 550 \times 10^{-6}m$

（2）中央明纹上移

（3）折射率 $n = 1.5$

5. （1）物体成虚像于薄透镜 L_2 左侧 3cm 处

（2）物体成实像于薄透镜 L_2 右侧 3.2cm 处

综合模拟试题二

一、填空题

1. $1 : 32$

2. $3, \dfrac{\pi}{2}$

3. $4.2 \times 10^{-3}, 8.0 \times 10^{-6}$

4. 4

5. 6.79

6. $\sqrt{2gh}$

7. 0

8. $6.28\text{rad/s}^2, 4.71\text{N}, 222\text{J}$

9. $\dfrac{Q}{4\pi\varepsilon_0 R_1}, \dfrac{Q}{4\pi\varepsilon_0 R_2}$

二、选择题

1. C；2. D；3. C；4. B；5. A；6. A；7. D；8. D；9. D；10. D

三、判断题

1. ×；2. ×；3. ×；4. ×；5. ×；6. ×；7. ×；8. ×；9. ×；10. √

四、计算题

1. 解题要点：劈尖干涉条纹间距公式、光程差公式、条纹数目的计算。

（1）$(1 \sim 3) l = 2.5 \times 10^{-3}\text{m}$；（2）$e = 1.25 \times 10^{-6}\text{m}$；（3）21；（4）略

2. 解题要点：波函数的表达式及其意义、两点相位差的求法

（1）$y = 0.02\cos 500\pi \left(t - \dfrac{x}{2.5} \right)\text{m}$

（2）$y = 0.02\cos(500\pi t - 40\pi)\text{m}$

（3）$y = 0.02\cos(1\,000\pi - 200\pi x)\text{m}$

（4）$\Delta\varphi = 80\pi$

（5）$\varphi = 460\pi, t = 0.92\text{s}$

3. 解题要点：刚体机械能守恒、角动量守恒和角冲量的计算

（1）$\dfrac{1}{2}I\omega^2 = Mg\dfrac{L}{2}(1 - \cos\theta), I = \dfrac{1}{3}ML^2, \Rightarrow \omega = \sqrt{\dfrac{3g}{L}(1 - \cos\theta)}, mv_0 l = \dfrac{1}{3}ML^2\omega + mvl \Rightarrow$

$v_0 = \dfrac{\dfrac{1}{3}ML^2\omega}{ml} + v_\circ$

（2）$\Delta L = \dfrac{1}{3}ML^2\omega$

4. 解题要点：弹簧振子圆频率公式、初相位的确定、时间的计算

$(1)A = 0.05\mathrm{m},\omega = 10\mathrm{rad/s},\varphi = -\dfrac{\pi}{2}$。

$(2)t = 0.16\mathrm{s}$

5. 解题要点:本题要求综合掌握电场中的一些基本概念和规律,如高斯定理、电势的定义、极化电荷、电场能量的计算等

$(1)0(r < R_1),\dfrac{q_1}{4\pi\varepsilon_0\varepsilon_r r^2}(R_1 < r < R_2),\dfrac{q_1}{4\pi\varepsilon_0 r^2}(r > R_2)$。

$(2)\dfrac{q_1}{4\pi\varepsilon_0\varepsilon_r}\left(\dfrac{1}{R_1} - \dfrac{1}{R_2}\right) + \dfrac{q_1}{4\pi\varepsilon_0 R_2}$。

$(3)\sigma'_1 = -\left(1 - \dfrac{1}{\varepsilon_r}\right)\dfrac{q_1}{4\pi R_1^2},\sigma'_2 = \left(1 - \dfrac{1}{\varepsilon_r}\right)\dfrac{q_1}{4\pi R_2^2}$。

$(4)\dfrac{q_1^2}{8\pi\varepsilon_0\varepsilon_r}\left(\dfrac{1}{R_1} - \dfrac{1}{R_2}\right)$。

综合模拟试题三

一、选择题

1. D; 2. A; 3. D; 4. B; 5. D; 6. C; 7. C; 8. A; 9. B; 10. C

二、填空题

1. $Q/81$

2. 细管高于粗管 3 倍

3. 55dB

4. 电流 I,磁感应强度 B

5. $0.25\mathrm{mA/cm^2}$

6. 1m

7. 越少

8. $I_0/8$

9. $1:2$

三、计算题

1. $9\mathrm{m/s};1.875 \times 10^5\mathrm{Pa}$

2. $(1)\omega = \sqrt{\dfrac{k}{m}} = \sqrt{\dfrac{180}{0.2}} = 30\mathrm{r/s} \qquad \nu = \dfrac{1}{2\pi}\sqrt{\dfrac{k}{m}} = \dfrac{30}{2\pi} = 4.76\mathrm{Hz}$

$T = \dfrac{1}{\nu} = 0.21\mathrm{s} \qquad \varphi = -\dfrac{\pi}{2}$

$(2)x = A\cos(\omega t + \varphi) = 0.02\cos\left(30t - \dfrac{\pi}{2}\right)\mathrm{m}$

$v = -A\omega\sin(\omega t + \varphi) = -0.6\sin\left(30t - \dfrac{\pi}{2}\right)\mathrm{m/s}$

$a = -A\omega^2\cos(\omega t + \varphi) = -18\cos\left(30t - \dfrac{\pi}{2}\right)\mathrm{m/s^2}$

3. $dV = \dfrac{1}{4\pi\varepsilon_0} \dfrac{2\pi r\sigma dr}{(x^2+l^2)^{\frac{1}{2}}}$

$V = \displaystyle\int_{R/2}^{R} \dfrac{1}{4\pi\varepsilon_0} \dfrac{2\pi r\sigma dr}{(x^2+l^2)^{\frac{1}{2}}} = \dfrac{\sigma}{2\varepsilon_0}\left[(R^2+x^2)^{\frac{1}{2}} - \left(\dfrac{R^2}{4}+x^2\right)^{\frac{1}{2}}\right]$

$E = 0$

4. 半圆弧电流在 O 点产生的磁感应强度大小为:

$B_0 = \dfrac{1}{2}\dfrac{\mu_0 I}{2R} = \dfrac{4\pi\times10^{-7}\times10}{4\times0.01} = 3.14\times10^{-4}\text{T}$ 方向垂直纸面向里。

5. 透明介质的厚度为 $h = \dfrac{k\lambda}{n-1}$

6. 解题要点:光栅常数的概念、光栅方程、缺级条件

(1) $6\times10^{-6}\text{m}, 2\times10^{-6}\text{m}$

(2) k = 0、±1、±2、±4、±5、±7、±8、±10 共 15 条

(3) 0.01m

综合模拟试题四

一、填空题

1. 1.428

2. 0.669

3. $4.2\times10^{-3}, 8.0\times10^{-6}$

4. 105.8

5. $\dfrac{\varepsilon S}{d}, \dfrac{V}{d}, \dfrac{\varepsilon SV^2}{2d}$

6. 管电压

7. 粒子数反转

二、选择题

1. C; 2. B; 3. D; 4. A; 5. C; 6. B; 7. B; 8. C; 9. D; 10. D

三、判断题

1. ×; 2. ×; 3. √; 4. ×; 5. ×; 6. ×; 7. ×; 8. ×; 9. ×; 10. √

四、计算题

1. $\beta = \dfrac{\omega}{t} = \dfrac{100\pi}{20} = 5\pi \text{ r/s}^2$

$\theta = \dfrac{1}{2}\beta t^2 = \dfrac{1}{2}\times5\pi\times20^2 = 1\,000\pi \text{ r}$

2. (1) $S = v_2 \cdot t = \sqrt{2g(H-h)} \cdot \sqrt{\dfrac{2h}{g}} = 2\sqrt{h(H-h)}$

(2) $h = \dfrac{H}{2}$

(3) $S_{\max} = 2\sqrt{\dfrac{H}{2}\cdot\dfrac{H}{2}} = H$

3. 2cm

4. $x = 5\cos(3\pi t + 0.128\pi)\,\mathrm{m}$

5. $4.15\mathrm{mm};4.6\mathrm{mm}$

综合模拟试题五

一、填空题

1. 1.327

2. 双折射,2,全反射,o

3. $652\mathrm{nm},9.3 \times 10^{-20}\mathrm{J}$

4. $2:1$

5. $20\mathrm{s},4.8 \times 10^{9}\mathrm{m}$

二、判断题

1. ×; 2. ×; 3. √; 4. ×; 5. ×; 6. √; 7. ×; 8. ×; 9. ×; 10. √; 11. ×; 12. ×;

13. √; 14. ×; 15. ×

三、选择题

1. A; 2. A; 3. B; 4. C; 5. B; 6. C; 7. C; 8. B; 9. C; 10. B; 11. A; 12. B;

13. C; 14. B; 15. A; 16. D; 17. A; 18. C; 19. D; 20. A

四、计算题

1. 86 分钟

2. (1)4m;(2)$y = 0.06\cos \pi\left(t - \dfrac{x}{2}\right)$(m);(3)$\Delta\varphi = \pi$

3. (1)$E = \dfrac{q}{4\pi\varepsilon_0 r^2}$;(2)$E = \dfrac{qr}{4\pi\varepsilon_0 R^3}$

4. $v = -120\mathrm{cm}$

5. (1)1 天;(2)0.625mCi

综合模拟试题六

一、选择题

1. D; 2. C; 3. D; 4. C; 5. B; 6. D; 7. C; 8. D; 9. C; 10. D;11. D; 12. B;

13. B; 14. A; 15. A

二、判断题

1. ×; 2. ×; 3. √; 4. ×; 5. ×; 6. ×; 7. √; 8. ×; 9. ×; 10. ×

三、计算题

1. (1)由明条纹排列,计算条纹间距,再由间距公式计算,$d = 0.910\mathrm{mm}$

　(2)$l = 24.0\mathrm{mm}$

2. $B = \dfrac{1}{4} \cdot \dfrac{\mu_0 I}{2R} + \dfrac{1}{2} \cdot \dfrac{\mu_0 I}{2\pi R} = \dfrac{\mu_0 I}{4R}\left(\dfrac{1}{2} + \dfrac{1}{\pi}\right)$

3. 解题要点:转动定律,机械能守恒,切向加速度、法向加速度及总加速度概念;转动惯量的计算

$\beta = \dfrac{3g}{2L}, \omega = \sqrt{\dfrac{3g}{L}}, a = 3g, \nu = \sqrt{3gL}$

4. $v_2 = 0.4\mathrm{m/s}$　$\dfrac{S_2}{S_1} = \dfrac{v_1}{v_2} = \dfrac{1}{4}$

5. $x = 5 \times 10^{-2} \cos\left(4\pi t + \dfrac{3}{2}\pi\right)$ m

综合模拟试题七

一、填空题

1. $-A\omega$

2. 2.24×10^{-4}, 17.9

3. $60°$

4. 1.976×10^{13}

5. 5

6. 9, 1.175×10^{5}

7. $x = 5.0 \times 10^{-2} \cos\left(4\pi t - \dfrac{\pi}{2}\right)$ m

8. 0, $Q/4\pi\varepsilon r^2$, $Q/4\pi\varepsilon r^2$, $Q/4\pi\varepsilon R_1$, $Q/4\pi\varepsilon R_1$

9. 7

二、选择题

1. C；2. C；3. D；4. B；5. D；6. D；7. D；8. B；9. B；10. B

三、判断题

1. √；2. √；3. √；4. √；5. ×；6. √；7. ×；8. ×；9. √；10. √

四、计算题

1. 解题要点:转动定律、力矩做功及转动中的动能定理

$\beta = 10 \text{r/s}^2$, $\omega = 100 \text{rad/s}$, $A = 500 \text{J}$

2. 解题要点:波函数的表达式及其意义,两点相位差的求法

$u = 2.5 \text{m/s}$, $\nu = 5 \text{Hz}$, 0.8π

3. 应佩戴 -50 度的凹透镜。

4. 0.4m/s; $1:4$

5. $x = 5 \times 10^{-2} \cos\left(4\pi t + \dfrac{3}{2}\pi\right)$ m

综合模拟试题八

一、填空题

1. 流体质元流经空间任一固定点时,速度的大小和方向均不发生改变的现象

2. 90

3. 2

4. 连续谱、标识谱

5. $-200°$, 凹

6. 线放大率、角放大率

7. 方向性好、亮度高强度大、单色性好、相干性好

8. 放射性核素的原子核放出 α 粒子而衰变为另外一种原子核的过程,$_Z^A X \rightarrow _{Z-2}^{A-4} Y + _2^4 He + Q$,子核在元素周期表中的位置比母核前移 2 位

二、选择题

1. D；2. D；3. B；4. B；5. A；6. D；7. B

三、判断题

1. ×；2. √；3. ×；4. ×；5. ×；6. ×；7. ×；8. ×；9. ×；10. √

四、计算题

1. 1.4 mm

2. (1)1.3ml；(2)32 天

3. $-\varepsilon_1 + \varepsilon_2 + I'_1 r_1 + I_1 R_1 - I'_2 r_2 = 0$

$-\varepsilon_2 + \varepsilon_3 + I_2 R_2 + I'_3 r_3 + I'_2 r_2 = 0$

$-\varepsilon_1 + \varepsilon_3 + I'_1 r_1 + I_3 R_3 + I'_3 r_3 = 0$

$I'_3 = I'_1 + I'_2$

$I'_1 = I_1 + I_3$

$I'_3 = I_3 + I_2$

4. $\dfrac{1}{8}I_0$

5. 99.1%、95.6% 和 91.4%。

6. 123J；123J

综合模拟试题九

一、填空题

1. 切向，法向

2. 不守恒，守恒

3. 产生，产生

4. 温差电动势，冰水

5. 内能

6. 一定，不一定

7. 无关，保守力，非保守力

8. 增大，增多

9. M^2 / L_1

10. 1/4

二、选择题

1. D；2. B；3. D；4. C；5. B；6. A；7. B；8. C；9. B；10. A

三、计算题

1. 假设向前为正，则 $(M+m)v = Mv_1 + mv_2$，

$$v_1 = \frac{(M+m)v - mv_2}{M} = \frac{(65+5)\times 1 - 5 \times 5}{65}\text{m/s} = 0.69\text{m/s}，方向向前$$

2. $E_k = A = \int_0^3 f \cdot \mathrm{d}x = \int_0^3 (3+2x)\mathrm{d}x = (3x + x^2)\big|_0^3 = (3\times 3 + 3^2)\text{J} = 18\text{J}$

3. $\overline{\varepsilon}_{k,t} = \dfrac{1}{2}m\overline{v^2} = \dfrac{3}{2}kT = \dfrac{3}{2}\times 1.38\times 10^{-23}\times 273\text{J} \approx 5.65\times 10^{-21}\text{J}$

$\overline{\varepsilon}_k = \dfrac{1}{2}(k+r+s)T = \dfrac{1}{2}\times(3+2+0)\times 1.38\times 10^{-23}\times 273\text{J} \approx 9.42\times 10^{-21}\text{J}$

4. (1)最多能看到 7 条亮条纹

$(2)\lambda_2 = \dfrac{k_1}{k_2}\lambda_1 = \dfrac{2}{3} \times 632.8 = 421.9nm$

5. $U_A = \dfrac{Q}{4\pi\varepsilon_0 R_1}, U_A - U_B = \dfrac{Q}{4\pi\varepsilon_0}\left(\dfrac{1}{R_1} - \dfrac{1}{R_2}\right)$

6. $N_0 = \dfrac{1 \times 1.3 \times 10^{-12}}{12} \times N_A \approx 6.5 \times 10^{10}, A_0 = \lambda N_0 \approx 6.8 \times 10^{-12}Ci,$

$t = \dfrac{\tau}{0.693} \cdot \ln\dfrac{A_0}{A_t} = \dfrac{5\,730}{0.693} \times \ln\dfrac{6.8 \times 10^{-12}}{2.8 \times 10^{-12}}a \approx 7\,336a$

综合模拟试题十

一、判断题

1. ×；2. ×；3. ×；4. ×；5. ×；6. ×；7. ×；8. ×；9. √；10. ×

二、选择题

1. A；2. C；3. B；4. A；5. D；6. C；7. C；8. A；9. A；10. B

三、填空题

1. $\dfrac{Mmg}{2m + M}$

2. 2.5mm，1.25×10^{-3}mm

3. 不同，$\dfrac{\pi}{2}$，π

4. 2.4m，6m/s

5. 58°，1.6

四、计算题

1.（1）O 点的振动方程为 $y = 0.1\cos\left(20\pi t - \dfrac{\pi}{3}\right)$（SI 制）

（2）以 O 为原点的波动方程：$y = 0.1\cos\left[20\pi\left(t - \dfrac{x}{10}\right) - \dfrac{\pi}{3}\right]$（SI 制）

（3）将 $x = 1.5$m 代入波动方程中得该点振动方程：$y = 0.1\cos\left(20\pi t - \dfrac{10\pi}{3}\right)$（SI 制）

2.（1）第 3 级明纹的坐标为，

$x_3 = 3\dfrac{D}{d}\lambda = 3 \times \dfrac{1.20 \times 500.0 \times 10^{-9}}{0.50 \times 10^{-3}} = 3.3 \times 10^{-3}$mm

（2）$x_5' = \dfrac{d}{D}[5\lambda + (n-1)l] = -1.3 \times 10^{-3}$mm

3. 500nm

4. $\dfrac{M + 3m}{12m}\sqrt{6gL}$

5. 72km；3×10^{-4}s